ABIcrash
LOESUNGSBUCH

W0405358

OBERSTUFENWISSEN
MATHEMATIK

GYMNASIUM

ABI CRASH

Unsere Projekte

ABIcrash / ABIapparel

MARBA GmbH
Education For A New Generation
©ABIcrash

Mundsburger Damm 1
22087 Hamburg
www.abicrash.com

Projektleitung:
Marvin Balletshofer und Paul Bergold

Autoren im Auftrag von ABIcrash:
Sabrina Primus und Florian Rasshofer

Grafik:
Simon Burks und Miruel Tiebe

Cover:
Leonardo Wassermann

Das Werk und alle seine Bestandteile sind urheberrechtlich geschützt. Jede vollständige oder teilweise Vervielfältigung, Verbreitung und Veröffentlichung bedarf der ausdrücklichen Genehmigung des Verlages. Dies gilt insbesondere für Vervielfältigungen, Mikroverfilmungen sowie die Speicherung und Verarbeitung in elektronischen Systemen.

Wenn Du Fragen, Anmerkungen oder Vorschläge zu diesem Dokument hast, dann sende uns diese bitte an folgende E-Mail-Adresse: marba-verlag@abicrash.com

MARBA Verlag
Auflage 2021/1
ISBN 978-3-949121-02-9

VORWORT

Liebe Leserin, lieber Leser,

mit dem Ziel, Schüler*innen den Spass am Fach Mathematik zu vermitteln, begann der visionäre Student und Gründer von ABIcrash, Marvin Balletshofer, ein eigenes Nachhilfekonzept zu entwickeln und brachte 2017 erste Kursgruppen erfolgreich zum Abitur.
Marvins Entschiedenheit, glückliche Begegnungen und die wachsende Nachfrage an Vorbereitungskursen steuerte ABIcrash innerhalb der ersten zwei Jahre zu einem der erfolgreichsten Bildungs-Start-ups Deutschlands mit Schwerpunkt Mathematik.

Passend zu unserem ABIcrash-Skript findest Du in diesem Buch knapp 300 Aufgaben, unterteilt in drei Leistungsniveaus und grundlegende Aufgabentypen, die Dich in den Bereichen Analysis, Lineare Algebra und Stochastik flächendeckend auf die bevorstehende Abiturprüfung vorbereiten. Jedes ABIcrash Produkt trägt unseren Anspruch mit sich, hochqualitative Bildung cool und schülernah zu gestalten, sodass gemeinsames Lernen mit Spass zu Erfolgsgeschichten führt!

Wir empfehlen die Verwendung dieser Aufgabensammlung und des entsprechenden Lösungsbuchs mit folgenden Hilfen:

1

ABIcrash-Skript:

Alles, was Du fürs Abitur wissen musst auf knapp 300 Seiten. Aufgeteilt in die Kapitel Grundlagen, Analysis, Lineare Algebra und Stochastik, handelt es sich bei unserem Skript um den perfekten Leitfaden für Deine Prüfungsvorbereitung.

2

ABIcrash-Checklisten:

Diese bundeslandspezifischen Themenlisten beinhalten eine Übersicht der stofflichen Anforderungen in Deinem Bundesland. Ausserdem kannst Du mit ihnen Deinen Fortschritt bis zur Abiturprüfung oder von Kurs zu Kurs (Kombipaketbuchung) hervorragend nachvollziehen.

3

ABIcrash-Kurse und virtuelle Einzelcoachings:

Neben Präsenzkursen in über 60 deutschen Städten haben wir auch virtuelle Einzelcoachings und Online-Angebote, mit denen Du den ABIcrash Effekt zu Dir nach Hause holen kannst!

Unser Team hilft Dir bei kleineren oder grösseren Schwierigkeiten schnell weiter, sodass Dir auf Deinem Weg zum erfolgreichen Mathe-Abi so wenig Hürden wie nur möglich begegnen werden! Weitere Informationen findest Du unter www.abicrash.com.

Wir freuen uns, dass Du Dich für ABIcrash entschieden hast und wünschen Dir viel Erfolg auf dem Weg zum Abitur!

Viele Grüsse aus Hamburg,
Dein ABIcrash-Team

Lösung Analysis

Definitions- & Wertemenge

Lösung zu Aufgabe 1

Zu Teil a): $\mathbb{D}_f =]-\infty\,;2[$ und $\mathbb{W}_f = \mathbb{R}$

Zu Teil b): $\mathbb{D}_g =]-\infty\,;-1] \cup [1\,;\infty[$ und $\mathbb{W}_g = [2\,;\infty[$

Zu Teil c): $\mathbb{D}_h = \mathbb{R} \setminus \{0\}$ und $\mathbb{W}_h = \mathbb{R} \setminus \{0\}$

Zu Teil d): $\mathbb{D}_i =]1\,;2[\cup]2\,;\infty[$ und $\mathbb{W}_i = \mathbb{R} \setminus [-1\,;0]$

Lösung zu Aufgabe 2

Zu Teil a): $\mathbb{D}_f = \mathbb{R}\setminus\{1\}$ und $\mathbb{W}_f = \mathbb{R} \setminus \{0\}$

Zu Teil b): $\mathbb{D}_g = \mathbb{R}\setminus\{\pm 3\}$ und $\mathbb{W}_g = \mathbb{R}$

Zu Teil c): $\mathbb{D}_h = \mathbb{R}$ und $\mathbb{W}_h = [5\,;\infty[$

Zu Teil d): $\mathbb{D}_i =]0;\infty[$ und $\mathbb{W}_i =]0;\infty[$

Grenzwerte

Lösung zu Aufgabe 3

Gefragt ist jeweils nach dem Verhalten der Funktionen für $x \to \pm\infty$.

Zu Teil a):
Es handelt sich um eine gebrochenrationale Funktion mit Zähler- und Nennergrad 2. Wir erhalten also

$$\lim_{x\to-\infty} f(x) = -3 \quad \text{und} \quad \lim_{x\to\infty} f(x) = -3.$$

Die Funktion f hat demnach eine waagrechte Asymptote bei $y = -3$.

Zu Teil b):
Hier benutzen wir die Dominanzordnung und erhalten

$$\lim_{x\to-\infty} g(x) = -1 \quad \text{und} \quad \lim_{x\to\infty} g(x) = \infty.$$

Die Funktion hat also eine waagrechte Asymptote bei $y = -1$.

Zu Teil c):
Hier benutzen wir wieder die Dominanzordnung und erhalten

$$\lim_{x\to-\infty} h(x) = n.d. \quad \text{und} \quad \lim_{x\to\infty} h(x) = 0.$$

Der Limes $x \to -\infty$ ist hier nicht definiert, da der Definitionsbereich der Logarithmusfunktion negative Werte ausschließt. Die Funktion hat nur eine waagrechte Asymptote bei $y = 0$.

Zu Teil d):
Hier benutzen wir noch einmal die Dominanzordnung und erhalten

$$\lim_{x\to-\infty} i(x) = \infty \quad \text{und} \quad \lim_{x\to\infty} i(x) = 0.$$

Die Funktion hat also eine waagrechte Asymptote bei $y = 0$.

Lösung zu Aufgabe 4

Hier ist zu beachten, dass nicht nur waagrechte, sondern alle Arten von Asymptoten gesucht werden.

Zu Teil a):
Es handelt sich um eine gebrochenrationale Funktion mit einer stetig hebbaren Definitionslücke bei $x = 0$. Die Funktion hat also keine senkrechte Asymptote.
Der Zählergrad ist um eins größer als der Nennergrad. Die Funktion hat demnach eine schräge Asymptote bei

$$y = \frac{4x^2 - 3x}{2x} = 2x - \frac{3}{2}.$$

Zu Teil b):
Die Funktion hat keine senkrechte Asymptote. Für das Verhalten im Unendlichen benutzen wir die Dominanzordnung und erhalten

$$\lim_{x \to -\infty} g(x) = -\infty \quad \text{und} \quad \lim_{x \to \infty} g(x) = 0.$$

Die Funktion hat also eine waagrechte Asymptote bei $y = 0$.

Zu Teil c):
Um die senkrechten Asymptoten zu bestimmen, benötigen wir die Nullstellen des Nenners. Diese erhalten wir mit Hilfe der Mitternachtsformel.

$$x_{1,2} = \frac{-6 \pm \sqrt{36 - 4 \cdot 2 \cdot 4}}{4} = \frac{-6 \pm 2}{4}$$

Ein kurzer Vergleich mit den Nullstellen des Zählers liefert, dass die Funktion senkrechte Asymptoten bei

$$x_1 = -1 \quad \text{und} \quad x_2 = -2$$

besitzt. Für die waagrechten Asymptoten bemerken wir, dass es sich um eine gebrochenrationale Funktion mit Zähler- und Nennergrad 2 handelt.
Die Funktion hat also zusätzlich eine waagrechte Asymptote bei $y = \frac{5}{2}$.

Zu Teil d):
Die Funktion hat eine senkrechte Asymptote bei $x = 0$. Für das Verhalten im Unendlichen benutzen wir die Dominanzordnung und erhalten

$$\lim_{x \to -\infty} i(x) = n.d. \quad \text{und} \quad \lim_{x \to \infty} i(x) = 0.$$

Der Limes $x \to -\infty$ ist hier nicht definiert, da der Definitionsbereich der Wurzelfunktion negative Werte ausschließt. Die Funktion besitzt also auch ein waagrechte Asymptote bei $y = 0$.

Lösung zu Aufgabe 5

Zu Teil a):
Der Nenner der Funktion hat eine Nullstelle bei $x = 0$. Da es sich hierbei nicht gleichzeitig um eine Nullstelle des Zählers handelt, hat die Funktion dort eine senkrechte Asymptote. Für diese Funktion gilt

$$\text{Zählergrad} = \text{Nennergrad}.$$

Es genügt hier also, die Vorfaktoren der beiden x-Werte mit dem größten Exponenten zu betrachten. Es gilt:

$$\lim_{x\to\infty} \frac{1+x}{x} = \frac{1}{1} = 1$$

Die Funktion hat also eine waagrechte Asymptote bei $y = 1$.

Zu Teil b):
Es handelt sich hier um eine gebrochenrationale Funktion. Bringen wie beide Ausdrücke auf einen Nenner, so erkennen wir:

$$g(x) = x + \frac{1}{x} = \frac{x^2+1}{x}$$

Der Nenner der Funktion hat eine Nullstelle bei $x = 0$. Da es sich hierbei nicht gleichzeitig um eine Nullstelle des Zählers handelt, hat die Funktion dort eine senkrechte Asymptote.

Betrachten wir die Funktion, so erkennen sehen wir, dass für diese Funktion gilt:

$$\text{Zählergrad} = \text{Nennergrad} + 1$$

Die Funktion hat also ein schiefe Asymptote. Aus der ursprünglichen Form

$$g(x) = x + \frac{1}{x}$$

kann direkt die Geradengleichung der Asymptote abgelesen werden:

$$y = x$$

Zu Teil c):
Um die Asymptoten zu ermitteln, bestimmen wir zuerst die Nullstellen des Zählers und des Nenners. Mittels der 2. binomischen Formel erhalten wir

$$x^2 - 4x + 4 = (x - 2)^2.$$

Die Nennerfunktion besitzt folglich eine doppelte Nullstelle bei $x_1 = 2$. Die Nullstellen der Zählerfunktion können mithilfe der Mitternachtsformel bestimmt werden. Wir erhalten

$$x_2 = -2 \quad \text{und} \quad x_3 = 3.$$

Weil $x = 2$ also nur eine Nullstelle des Nenners ist, besitzt der Graph der Funktion hier eine senkrechte Asymptote ($x = 2$ ist eine Polstelle).

Für diese Funktion gilt:

$$\text{Zählergrad} = \text{Nennergrad}$$

Es genügt hier also, die Vorfaktoren der beiden x-Werte mit dem größten Exponenten zu betrachten. Es gilt:

$$\lim_{x \to \infty} h(x) = \frac{x^2 - x - 6}{x^2 - 4x + 4} = \frac{1}{1} = 1$$

Die Funktion hat also eine waagrechte Asymptote bei $y = 1$.

Sinus & Cosinus

Lösung zu Aufgabe 6

Zu Teil a):
Ein Gewichtsverlauf wie dieser ist plausibel, da zu Beginn der Aufzeichnungen ($t = 0$) der Bär sein maximales Gewicht hat. Hier hat er sich gerade seinen Winterspeck angefressen. Diesen verliert er im folgenden Winterschlaf, daher ist sein Gewicht im Frühling ($t = 6$, dies entspricht dem Monat April) am geringsten. Anschließend normalisiert sich sein Gewicht wieder ($t = 9$). In der letzten Phase beginnt er wieder sich Winterspeck für den kommenden Winter anzufressen.

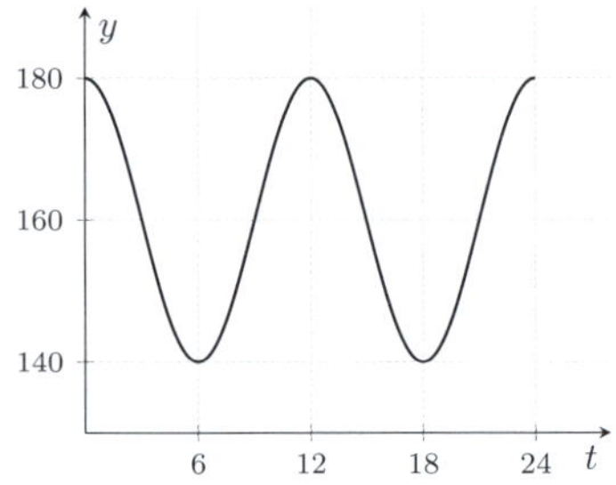

Zu Teil b):
Die Cosinusfunktion, die das Gewicht des Bären beschreibt, wurde um 160 Einheiten nach oben verschoben. Um diesen Wert schwankt das Gewicht des Bären.

Lösung zu Aufgabe 7

Zu Teil a):
Die Funktion p beschreibt den Preis im Tagesverlauf. Da ein Tag jedoch nur 24h hat ist es sinnvoll, die Variable t auf das Intervall $[0; 24]$ zu beschränken.

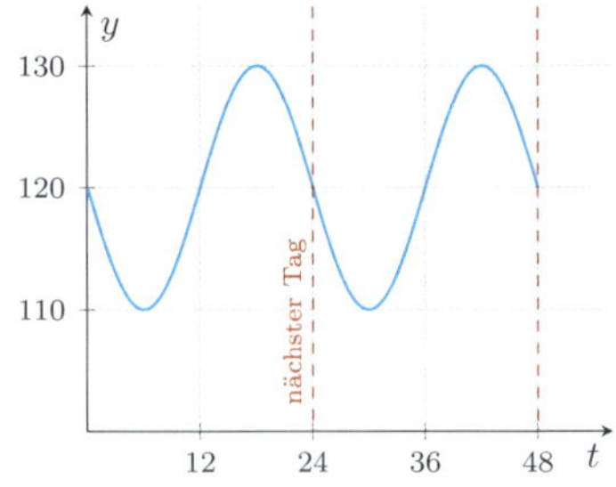

Zu Teil b):
Damit ein Flugticket genau 120 Euro kostet muss $p(t) = 120$ gelten:

$$\begin{aligned} 10\sin\left(\frac{\pi}{12}t\right) + 120 &= 120 \qquad \qquad | -120, \ :10 \\ \sin\left(\frac{\pi}{12}t\right) &= 0 \end{aligned}$$

Schritt 1:
Bestimme die allgemeinen Nullstellen:

$$\sin\left(\frac{\pi}{12}t\right) = 0$$

Definiere $z = \frac{\pi}{12}t$. Dann gilt

$$\sin(z) = 0.$$

Die allgemeinen Nullstellen der Sinus-Funktion liegen bei $z = n \cdot \pi, \ n \in \mathbb{Z}$. Damit gilt für die Nullstellen der ursprünglichen Funktion:

$$t = 12 \cdot n, \quad n \in \mathbb{N}_0.$$

Schritt 2:
Wir bestimmen nun, welche Nullstellen im vorgegebenen Intervall $[0; 24]$ liegen. Diese sind

$$t_0 = 0, \quad t_1 = 12 \quad \text{und} \quad t_2 = 24.$$

t_0 und t_2 entsprechen im Sachzusammenhang der selben Uhrzeit. Die Flugtickets kosten also um 0 und um 12 Uhr genau 120 Euro.

Lösung zu Aufgabe 8

Wir suchen die Zeitpunkte, zu denen das Modell 6 Sonnenstunden pro Tag vorhersagt. Das entspricht der Lösung der Gleichung $s(t) = 6$.

$$\begin{aligned} 5 - \sin\left(\frac{\pi}{6}t + \frac{\pi}{2}\right) &= 6 \qquad \qquad | -5, \ \cdot(-1) \\ \sin\left(\frac{\pi}{6}t + \frac{\pi}{2}\right) &= -1 \end{aligned}$$

Um diese Gleichung zu lösen, substituieren wir:

$$z = \frac{\pi}{6}t + \frac{\pi}{2}$$

Damit erhalten wir die Gleichung

$$\sin(z) = -1.$$

Die allgemeine Lösung für diese Gleichung lautet:

$$z = \frac{3\pi}{2} + n \cdot 2\pi = (4n+3) \cdot \frac{\pi}{2}, \quad n \in \mathbb{Z}.$$

Um die ursprüngliche Gleichung zu lösen setzen wir dieses Ergebnis mit der Substitutionsregel gleich:

$$\begin{aligned} \frac{\pi}{6}t + \frac{\pi}{2} &= (4n+3) \cdot \frac{\pi}{2} && \Big| -\frac{\pi}{2}, \ \cdot \frac{6}{\pi} \\ t &= 3 \cdot (4n+3) - 3 \\ t &= 3 \cdot (4n+2) \end{aligned}$$

Die einzige Lösung, die in unserem Zielintervall $[0; 12]$ liegt, ist $t = 6$. Das Modell sagt also lediglich im sechsten Monat (Juni) 6 Sonnenstunden pro Tag vorraus.

Lösung zu Aufgabe 9

Zu Teil a):

- Die gewünschte Wertemenge deckt ein Intervall der Länge sechs ab. Daher wählen wir $a = 3$. Ohne eine passende Wahl für d entspräche dies der Wertemenge $[-3; 3]$. Vergleichen wir dies mit der Angabe, so erkennen wir, dass die Funktion zusätzlich um eins nach oben verschoben werden muss. Wir wählen daher $d = 1$.
  Für b können wir einen beliebigen Wert wählen. Der Einfachste ist $b = 1$. Damit ergibt sich die Funktion
  $$h(x) = 3\cos(x) + 1.$$
- Die Standard-Cosinus Funktion hat im Intervall $[0; \pi]$ genau ein Nullstelle und im Intervall $[0; 2\pi]$ zwei. Wir müssen die Funktion also um den Faktor 2 entlang der x-Achse stauchen. Wir wählen daher $b = 2$.
  Für den Wert d wählen wir $d = 0$, da ansonsten die Funkton entlang der y-Achse verschoben wird, was die Nullstellen verändert.
  Der Parameter a kann beliebig gewählt werden. Die einfachste Möglichkeit ist $a = 1$. Damit ergibt sich die Funktion
  $$h(x) = \cos(2x).$$

- Eine Möglichkeit zu garantieren, dass die Funktion keinerlei Nullstellen hat, ist sie weit genug nach oben zu verschieben. Wichtig ist dabei lediglich, dass $|a| < |d|$ gilt.
  Eine mögliche Wahl ist dann $a = 1$, $b = 1$ und $d = 3$. Damit ergibt sich die Funktion
  $$h(x) = \cos(x) + 3.$$

Zu Teil b):
Die erste Ableitung ist

$$h'(x) = -b \cdot a \sin(bx).$$

Die Wertemenge ist damit $\mathbb{W}_{h'} = [\,-|ab|; |ab|\,]$.

Lösung zu Aufgabe 10

Zu Teil a):
Wie wir der Grafik entnehmen können, vergehen zwischen zwei Fluten genau 12h. Der zeitliche Verlauf des Wasserstandes hat also eine Periodenlänge von 12.

Zu Teil b):
Der Wasserstand zeigt, wie erwartet, einen periodischen Verlauf. Zur Beschreibung bietet sich also eine Sinus- oder Cosinusfunktion an.
Da der Funktionsverlauf bei $t = 0$ seinen Mittelwert annimmt, ist in diesem Fall der Sinus zu wählen. Der allgemeine Ansatz lautet:

$$f(x) = a \cdot \sin(b(x - c)) + d$$

Wie wir der Grafik entnehmen können, schwankt der Wasserstand um den Wert 6. Die Sinusfunktion wurde also um 6 Einheiten nach oben verschoben. Der Schwankungsbereich ist $[4; 8]$. Die Sinusfunktion hat also eine Amplitude von 2. Wir wählen daher

$$d = 6 \quad \text{und} \quad a = 2.$$

Zudem wissen wir aus Teilaufgabe a), dass eine volle Periode exakt 12h dauert. Daraus folgt

$$b = \frac{2\pi}{12} = \frac{\pi}{6}.$$

Zuletzt sehen wir, dass der Graph keine Verschiebung in x-Richtung aufweist. Daher gilt

$$c = 0.$$

Der Wasserstand der Themse im Tagesverlauf kann also durch die Funktion

$$f(x) = 2\sin\left(\frac{\pi}{6}x\right) + 6$$

beschrieben werden.

Lösung zu Aufgabe 11

Die Hütte kann nur in den Bereichen problemlos erbaut werden, in denen der Verlauf des Talkessels oberhalb des Wasserspiegels liegt. Der Wasserspiegel hat eine maximale Höhe von 200m, also 2 Längeneinheiten.
Wir können diesen also durch die horizontale Gerade $y = 2$ modellieren. Berechnen wir die Schnittpunkte zwischen dieser Gerade und der Funktion f, so entsprechen diese den RandpunkteN des Intervalls, in dem die Hütte nicht errichtet werden kann.

Schritt 1:
Berechne die zwei Schnittpunkte:

$$\begin{aligned} 2\cos(x) + 2 &= 2 \qquad\qquad \Big| -2,\ :2 \\ \cos(x) &= 0 \end{aligned}$$

Die allgemeinen Lösungen sind

$$x = (2k+1)\cdot\frac{\pi}{2}, \quad \text{k} \in \mathbb{Z}.$$

Wir benötigen lediglich die ersten zwei Lösungen. Diese sind

$$x_1 = \frac{\pi}{2} \quad \text{und} \quad x_2 = \frac{3\pi}{2}.$$

Schritt 2:
Gib das Intervall an:
Die Hütte sollte auf keinen Fall im Intervall $I = \left[\frac{\pi}{2}; \frac{3\pi}{2}\right]$ errichtet werden.

Manipulation von Funktionen

Lösung zu Aufgabe 12

Zu Teil a): Die Funktion ist punktsysmmetrisch bezüglich des Ursprungs.

Zu Teil b): Die Funktion weist keine Symmetrie auf.

Zu Teil c): Die Funktion ist punktsysmmetrisch bezüglich des Ursprungs.

Zu Teil d): Die Funktion ist punktsysmmetrisch bezüglich des Ursprungs.

Zu Teil e): Die Funktion weist keine Symmetrie auf.

Zu Teil f): Die Funktion ist achsensymmetrisch zur y-Achse.

Lösung zu Aufgabe 13

Zu Teil a):
Die Funktion wurde an der y-Achse gespiegelt, um 2 Einheiten nach rechts und um 2 Einheiten nach oben verschoben.

Zu Teil b):
Setze Aufgabenteil a) um:

$$g(x) = (-(x-2))^3 - 1 + 2 = (-x+2)^3 + 1$$

Lösung zu Aufgabe 14

Zu Teil a):
Wir testen auf Punkt- bzw. Achsensymmetrie und setzen dazu $-x$ in f ein:

$$f(-x) = \frac{1}{2(-x)^2 + (-x)^4} = \frac{1}{2x^2 + x^4} = f(x)$$

Die Funktion f ist demnach achsensymmetrisch.

Zu Teil b):
Wir bilden die 1. Ableitung mithilfe der Quotientenregel:

$$\begin{aligned} f'(x) &= \frac{(2x^2+x^4)\cdot 0 - 1\cdot(4x+4x^3)}{(2x^2+x^4)^2} \\ &= -\frac{4(1+x^2)}{x^3(2+x^2)^2} \end{aligned}$$

Nun testen wir wieder die Symmetrieeigenschaften:

$$f'(-x) = -\frac{4(1+(-x)^2)}{(-x)^3(2+(-x)^2)^2} = \frac{4(1+x^2)}{x^3(2+x^2)^2} = -f'(x)$$

Die 1. Ableitung ist also punktsymmetrisch zum Ursprung.

Zu Teil c):
Wir verschieben die Funktion f um 1 nach oben und strecken sie gleichzeitig mit dem Faktor 2 in y-Richtung:

$$g(x) = 2f(x) + 1 = \frac{2}{2x^2+x^4} + 1$$

Nun untersuchen wir die Funktion g auf Symmetrie:

$$g(-x) = \frac{2}{2(-x)^2+(-x)^4} + 1 = g(x)$$

Die manipulierte Funktion ist also weiterhin achsensymmetrisch.

Lösung zu Aufgabe 15

Zu Teil a):
Die Funktion wurde an der x- und y-Achse gespiegelt, und dann um 2 Einheiten nach links verschoben.
(Achtung: Die Reihenfolge spielt hier eine bedeutende Rolle!)

Zu Teil b):
Wir setzen Aufgabenteil a) nun um und spiegeln zunächst am Ursprung:

$$h(x) = -((-x)^4 - 2(-x)^3 + 1) = -x^4 - 2x^3 - 1$$

Nun verschieben wir h um 2 Einheiten nach links:

$$g(x) = h(x+2) = -(x+2)^4 - 2(x+2)^3 - 1$$

Lösung zu Aufgabe 16

Für die Funktion f gilt Punktsymmetrie in allen Fällen, also:

$$f(-x) = -f(x)$$

Zu Teil a):
Sei g nun punktsymmetrisch zum Ursprung, d.h. es gilt:

$$g(-x) = -g(x)$$

Setze nun $-x$ in h und k ein:

$$\begin{aligned} h(-x) &= f(-x) + g(-x) = -f(x) - g(x) = -(f(x) + g(x)) \\ &= -h(x) \end{aligned}$$

$$\begin{aligned} k(-x) &= f(-x) \cdot g(-x) = -f(x) \cdot (-g(x)) = f(x) \cdot g(x) \\ &= k(x) \end{aligned}$$

Da sich in dieser Aufgabe Punkt- und Achsensymmetrie gegenseitig ausschließen (diese Eigenschaft besitzt nur die konstante Nullfunktion), können wir festhalten:

	h	k
Punktsymmetrie	✓	✗
Achsensymmetrie	✗	✓

Zu Teil b):
Sei nun g achsensymmetrisch, d.h. es gilt:

$$g(-x) = g(x)$$

Setze nun $-x$ in h und k ein:

$$\begin{aligned} h(-x) &= f(-x) + g(-x) = -f(x) + g(x) \\ &\neq f(x) + g(x) = h(x) \end{aligned}$$

$$\begin{aligned} h(-x) &= f(-x) + g(-x) = -f(x) + g(x) = -(f(x) - g(x)) \\ &\neq -(f(x) + g(x)) = -h(x) \end{aligned}$$

$$\begin{aligned} k(-x) &= f(-x) \cdot g(-x) = -f(x) \cdot g(x) \\ &= -k(x) \end{aligned}$$

Wir können also festhalten:

	h	k
Punktsymmetrie	✗	✓
Achsensymmetrie	✗	✗

Lösung zu Aufgabe 17

Zu Teil a):
Gesucht ist die Nullstelle von f:

$$\begin{aligned} 4\ln(x-1)^2 &= 0 && \big| :4,\ \sqrt{\cdot} \\ \ln(x-1) &= 0 && \big| e^{(\cdot)} \\ x-1 &= 1 \end{aligned}$$

Die Funktion f hat also bei $x_0 = 2$ ihre Nullstelle. Der Abstand von x_0 und der Geraden $x = 3$ beträgt 1 LE. Die Nullstelle der gespiegelten Funktion muss also eine LE rechts von der Geraden liegen, also bei $x_1 = 4$.

Zu Teil b):
Wir spiegeln zuerst an der y-Achse, ersetzen also x durch $-x$:

$$g(x) = 4\ln(-x-1)^2$$

Nun soll die Funktion g nach rechts verschoben werden. Um die Anzahl der Einheiten herauszufinden, berechnen wir die Nullstelle von g:

$$\begin{aligned} 4\ln(-x-1)^2 &= 0 && \big| :4,\ \sqrt{\cdot} \\ \ln(-x-1) &= 0 && \big| e^{(\cdot)} \\ -x-1 &= 1 && \big| +1,\ :(-1) \\ x &= -2 \end{aligned}$$

Aus Aufgabenteil a) wissen wir, wohin wir die Nullstelle verschieben müssen, nämlich bis $x = 4$. Also muss die Funktion g um 6 Einheiten nach rechts verschoben werden. Es ergibt sich:

$$h(x) = 4\ln(-(x-6)-1)^2 = 4\ln(-x+5)^2$$

Lösung zu Aufgabe 18

Zu Teil a):
Wir testen auf Punkt- bzw. Achsensymmetrie und setzen dazu $-x$ in f ein:

$$f(-x) = \frac{e^{-(-x)^2}}{-x} = -\frac{e^{-x^2}}{x} = -f(x)$$

Die Funktion f ist also punktsymmetrisch.

Zu Teil b):
Wir bilden die 1. Ableitung mithilfe der Quotientenregel:

$$f'(x) = \frac{xe^{-x^2}(-2x) - e^{-x^2}}{x^2} = -\frac{e^{-x^2}(2x^2+1)}{x^2}$$

Teste die Symmetrieeigenschaften:

$$f'(-x) = -\frac{e^{-(-x)^2}(2(-x)^2+1)}{(-x)^2} = -\frac{e^{-x^2}(2x^2+1)}{x^2} = f'(x)$$

Die 1. Ableitung ist also achsensymmetrisch zur y-Achse.

Zu Teil c):
Wir verschieben die Funktion f um 2 nach rechts und stauchen sie gleichzeitig mit dem Faktor 3 in x-Richtung:

$$g(x) = f(3(x-2)) = f(3x-6) = \frac{e^{-(3x-6)^2}}{3x-6}$$

Nun untersuchen wir die Funktion g auf Symmetrie:

$$g(-x) = \frac{e^{-(-3x-6)^2}}{-3x-6} \neq g(x)$$

$$g(-x) = \frac{e^{-(-3x-6)^2}}{-3x-6} = -\frac{e^{-(3x+6)^2}}{3x+6} \neq -g(x)$$

Die manipulierte Funktion ist nun also nicht mehr symmetrisch.

Ableiten

Lösung zu Aufgabe 19

Zu Teil a): $f'(x) = 2$

Zu Teil b): $g'(x) = -x^2 + 2x$

Zu Teil c): $h'(x) = \frac{(2x) \cdot (x-2) - 1 \cdot (x^2 - 4)}{(x-2)^2} = \frac{x^2 - 4x + 4}{(x-2)^2} = 1$

Zu Teil d): $i'(x) = \frac{1}{2} \cdot \frac{3x^2 - 2x}{\sqrt{x^3 - x^2 + 5}}$

Zu Teil e): $j'(x) = \frac{\cos(x)}{2\pi}$

Zu Teil f): $k'(x) = 2x \cdot e^{-3x} - 3x^2 \cdot e^{-3x} = (2x - 3x^2) \cdot e^{-3x}$

Zu Teil g): $l'(x) = \frac{2x}{x^2 - 2} - 4\sin(x)$

Zu Teil h): $m'(x) = \frac{2e^{2x} \cdot x - e^{2x} \cdot 1}{x^2} = \frac{(2x-1) \cdot e^{2x}}{x^2}$

Lösung zu Aufgabe 20

Zu Teil a): $f'(x) = \frac{\cos(x) \cdot \cos(x) - (-\sin(x)) \cdot \sin(x)}{\cos(x)^2} = \frac{1}{\cos(x)^2}$

Zu Teil b): $g'(x) = \frac{(2x-6) \cdot (x-3) - 1 \cdot (x^2 - 6x + 5)}{(x-3)^2} = \frac{x^2 - 6x + 13}{(x-3)^2}$

Zu Teil c): $h'(x) = \frac{\cos(x) \cdot x - 1 \cdot \sin(x)}{x^2}$

Zu Teil d): $j'(x) = -\frac{1}{2} \cdot \frac{\ln(x)(2x-1)}{\sqrt{(x^2-x)^3}} + \frac{1}{\sqrt{x^2 - x}} \cdot \frac{1}{x}$

Zu Teil e): $k'(x) = (2x-3)\cdot e^{-0{,}5x} - 0{,}5\cdot(x^2-3x+4)\cdot e^{-0{,}5x} =$
$= (-0{,}5x^2+3{,}5x-5)\cdot e^{-0{,}5x}$

Zu Teil f): $l'(x) = \dfrac{e^x\cdot x^{0{,}5} - 0{,}5x^{-0{,}5}\cdot e^x}{x} = \dfrac{x^{0{,}5}-0{,}5x^{-0{,}5}}{x}\cdot e^x$

Lösung zu Aufgabe 21

Zu Teil a): $f_k'(x) = \dfrac{1}{x} - \dfrac{2x}{k}$

Zu Teil b): $g_k'(x) = \dfrac{k\cdot x^{k-1}\cdot(x-3) - 1\cdot(x^k-k)}{(x-3)^2} = \dfrac{(k-1)x^k - 3kx^{k-1}+k}{(x-3)^2}$

Zu Teil c): $h_k'(x) = 6kx\cos(3x^2)$

Zu Teil d): $i_k'(x) = \dfrac{1}{2}\dfrac{2kx}{\sqrt{kx^2+1}}\cdot e^{-0{,}5k} = \dfrac{kx}{\sqrt{kx^2+1}}\cdot e^{-0{,}5k}$

Tangenten & Normalen

Lösung zu Aufgabe 22

Zu Teil a):
Schritt 1:
Wir machen einen allgemeinen Ansatz für die Geradengleichung:

$$y = m \cdot x + c$$

Schritt 2:
Berechne die Steigung m durch die erste Ableitung von f bei $x = 1$:

$$f'(x) = 4x - 3 \quad \Rightarrow \quad m = f'(1) = 1$$

Schritt 3:
Benutze den Punkt P um den y-Achsenabschnitt c zu bestimmen:

$$\begin{aligned} f(1) &= 1 \cdot 1 + c \\ -5 &= 1 + c \qquad \Leftrightarrow \qquad c = -6. \end{aligned}$$

Damit ergibt sich die Funktion

$$y = x - 6.$$

Zu Teil b):
Schritt 1:
Wir machen einen allgemeinen Ansatz für die Geradengleichung:

$$y = m \cdot x + c$$

Schritt 2:
Berechne die Steigung m durch die erste Ableitung von g bei $x = e$:

$$g'(x) = \frac{3}{x} \quad \Rightarrow \quad m = g'(e) = \frac{3}{e}$$

Schritt 3:
Benutze den Punkt P um den y-Achsenabschnitt c zu bestimmen:

$$\begin{aligned} g(e) &= \frac{3}{e} \cdot e + c \\ 3 + e &= 3 + c \qquad \Leftrightarrow \qquad c = e. \end{aligned}$$

Damit ergibt sich die Funktion

$$y = \frac{3}{e}x + e.$$

Lösung zu Aufgabe 23

Zu Teil a):
Wir müssen die Tangente der Funktion f im Punkt $P\,(1{,}99 \mid f(1{,}99))$ bestimmen. Durch Einsetzen und Runden auf zwei Nachkommastellen erhalten wir den y-Wert:

$$y = f(1{,}99) \approx 2$$

Schritt 1:
Wir schreiben den allgemeinen Ansatz einer Tangente auf:

$$y = m \cdot x + t$$

Schritt 2:
Berechne die Steigung m durch die erste Ableitung von f bei $x = 1{,}99$:

$$f'(x) = -2x + 4 \quad \Rightarrow \quad m = f'(1{,}99) = 0{,}02$$

Schritt 3:
Benutze den Punkt P um den y-Achsenabschnitt t zu bestimmen:

$$\begin{aligned} f(1{,}99) &= 0{,}02 \cdot 1{,}99 + t \\ 2 &\approx 0{,}04 + t \qquad \Leftrightarrow \qquad t = 1{,}96 \end{aligned}$$

Die Brücke wird also durch die Gerade $y = 0{,}02 \cdot x + 1{,}96$ beschrieben.

Zu Teil b):
Die Brücke hat eine Steigung von 0,02. Damit verläuft sie nicht horizontal und ist auch nicht parallel zur x-Achse.

Lösung zu Aufgabe 24

Schritt 1:
Wir schreiben einen allgemeinen Ansatz für die Geradengleichung auf:

$$y = k \cdot x + t$$

Schritt 2:
Bestimme die Normalensteigung k. Für die Steigung k der Normale und die Steigung m der Tangente gilt:

$$m \cdot k = -1$$

Aus der Angabe können wir die Tangentensteigung ablesen:

$$m = 3$$

Damit gilt für die Normalensteigung

$$k = -\frac{1}{3}.$$

Schritt 3:
Bestimme den y-Achsenabschnitt t mittels des Punktes $P\,(1 \mid 4)$:

$$\begin{aligned} f(1) &= -\frac{1}{3} \cdot 1 + t \\ 4 &= -\frac{1}{3} + t \qquad \Leftrightarrow \qquad t = \frac{13}{3} \end{aligned}$$

Schritt 4:
Die Normale wird durch die folgende Gerade beschrieben:

$$y = -\frac{1}{3}x + \frac{13}{3}$$

Lösung zu Aufgabe 25

Der Verlauf des Kanals soll schnurgerade sein, er kann also durch eine Gerade beschrieben werden. Zudem wissen wir, dass er senkrecht auf dem Fluss steht. Hieraus können wir schlussfolgern, dass der Kanal durch die Normale der Funktion f im Punkt $P\,(2\pi \mid f(2\pi))$ beschrieben werden kann. Die Aufgabe besteht also darin diese Normale zu bestimmen.

Schritt 1:
Wir machen einen allgemeinen Ansatz für die Geradengleichung:

$$y = k \cdot x + t$$

Schritt 2:
Bestimme die Tangentensteigung m mittels der ersten Ableitung von f bei $x = 2\pi$:

$$f'(x) = 2\cos(x) \quad \Rightarrow \quad m = f'(2\pi) = 2$$

Wir wissen, dass für die Steigung m der Tangente und die Steigung k der Normale, die folgende Formel gilt:

$$m \cdot k = -1$$

Wir erhalten somit die Normalensteigung $k = -0,5$.

Schritt 3:
Benutze den Punkt $P\,(2\pi \mid 2)$ um den y-Achsenabschnitt t zu bestimmen:

$$\begin{aligned} f(2\pi) &= -0,5 \cdot 2\pi + t \\ 2 &= -\pi + t \qquad \Leftrightarrow \qquad t = 2 + \pi \end{aligned}$$

Schritt 4:
Gib die vollständige Funktion an. Der Verlauf des Kanals wird durch die folgende Gerade beschrieben:

$$y = -0,5x + 2 + \pi$$

Lösung zu Aufgabe 26

Zu Teil a):
Wir wissen, dass die Bahn des Lichtstrahls an der Position des Satelliten beginnt. Der Punkt hat also den x-Wert $x = 0$. Den dazugehörigen y-Wert erhalten wir durch Einsetzen in die Funktion f:

$$y = f(0) = 5 + \frac{1}{\sqrt{2}}$$

Der Satellit befindet sich also im Punkt

$$P\left(0 \,\middle|\, 5 + \frac{1}{\sqrt{2}}\right).$$

Zu Teil b):
Wie wir der Grafik entnehmen können, würde sich der Lichtstrahl ohne Ablenkung einfach geradlinig vom Satelliten weg bewegen. Die nichtabgelenkte Bahn entspricht also der Tangente an die Funktion f im Punkt P.

Schritt 1:
Wir schreiben den allgemeinen Ansatz für eine Geradengleichung auf:

$$y = m \cdot x + t$$

Schritt 2:
Bestimme die Steigung m durch den Wert der ersten Ableitung f' am Punkt P. Die Ableitung ist

$$f'(x) = \frac{-5x}{4\sqrt{1 - \frac{x^2}{4}}} - 1 = \frac{-5x}{2\sqrt{4 - x^2}} - 1.$$

Damit erhalten wir die Steigung

$$m = f'(0) = -1.$$

Schritt 3:
Benutze den Punkt $P\left(0 \,\middle|\, 5 + \frac{1}{\sqrt{2}}\right)$ um den y-Achsenabschnitt t zu bestimmen:

$$\begin{aligned} f(0) &= -1 \cdot 0 + t \\ 5 + \frac{1}{\sqrt{2}} &= t \end{aligned}$$

Die ursprüngliche, nicht abgelenkte Bahn kann somit durch die folgende Gerade beschrieben werden:

$$y = -x + 5 + \frac{1}{\sqrt{2}}$$

Lösung zu Aufgabe 27

Um zu entscheiden, ob es sich um eine Tangente handelt, müssen wir prüfen, ob die Gerade und die Funktion f Schnittpunkte besitzen, an welchen zusätzlich ihre Ableitungen übereinstimmen.

Schritt 1:
Bestimme die Schnittpunkte:

$$\begin{aligned} x^2 + x + 1 &= 3x + 1 \qquad && \mid -3x - 1 \\ x^2 - 2x &= 0 \\ x \cdot (x - 2) &= 0 \end{aligned}$$

Wir erhalten also die Schnittpunkte

$$x_1 = 0 \quad \text{und} \quad x_2 = 2.$$

Schritt 2:
Bestimme die Steigung der Funktion f an den Schnittpunkten. Die erste Ableitung ist

$$f'(x) = 2x + 1.$$

Wir erhalten:

$$\begin{aligned} f'(0) &= 1 \\ f'(2) &= 5 \end{aligned}$$

Da die Steigung der Geraden 3 beträgt, stimmt diese mit keiner der beiden Steigungen der Funktion an den Schnittpunkten überein.
Daher können wir schlussfolgern, dass die Gerade $y = 3x + 1$ keine Tangente der Funktion f ist.

Lösung zu Aufgabe 28

Zu Teil a):

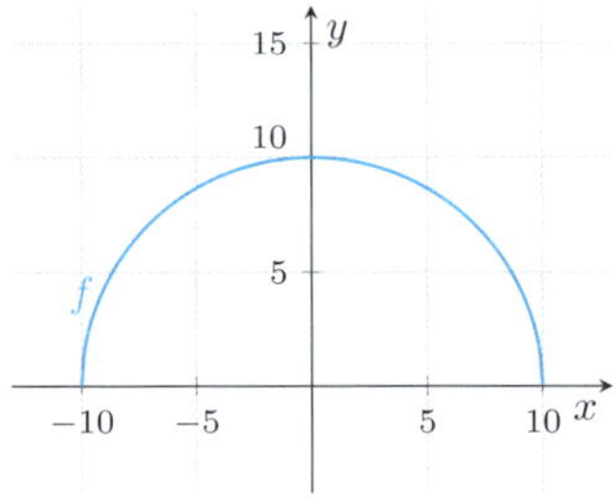

Der Radius beträgt also 1000km.

Zu Teil b):
Laut Angabe fliegt das Raumschiff nach dem Ausfall der Triebwerke tangential zur alten Flugbahn weiter. Wir müssen also die Tangente der Funktion f am Punkt $P(8 \mid f(8))$ berechnen.

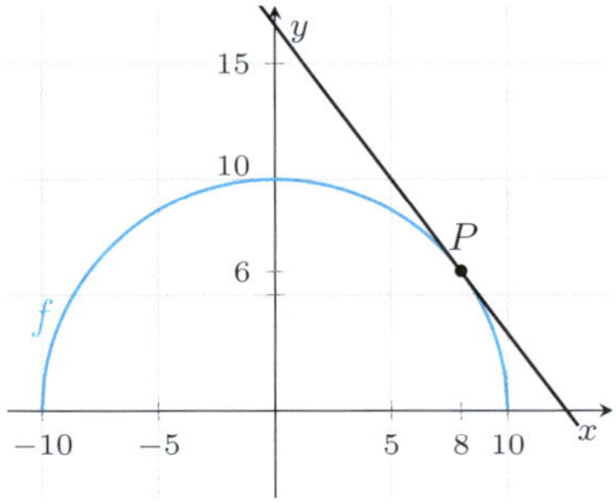

Schritt 1:
Wir machen einen allgemeinen Ansatz für die Geradengleichung:

$$y = m \cdot x + t$$

Schritt 2:
Berechne die Steigung m durch die erste Ableitung von f bei $x = 8$:

$$f'(x) = \frac{-x}{\sqrt{100 - x^2}} \quad \Rightarrow \quad m = f'(8) = -\frac{4}{3}$$

Schritt 3:
Berechne die y-Koordinate des Punktes P:

$$y = f(8) = \sqrt{100 - 8^2} = \sqrt{36} = 6$$

Schritt 4:
Benutze den Punkt P um den y-Achsenabschnitt t zu bestimmen:

$$f(8) = -\frac{4}{3} \cdot 8 + t$$
$$6 = -\frac{32}{3} + t \qquad \Leftrightarrow \qquad t = \frac{50}{3}$$

Damit erhalten wir die folgende Gerade:

$$y = -\frac{4}{3}x + \frac{50}{3}$$

Zu Teil c):
Laut Angabe fliegt das Raumschiff der Rettungsmission entlang der Normalen der Funktion f durch den Punkt $P(8 \mid 6)$. Diese Normalengleichung müssen wir bestimmen.

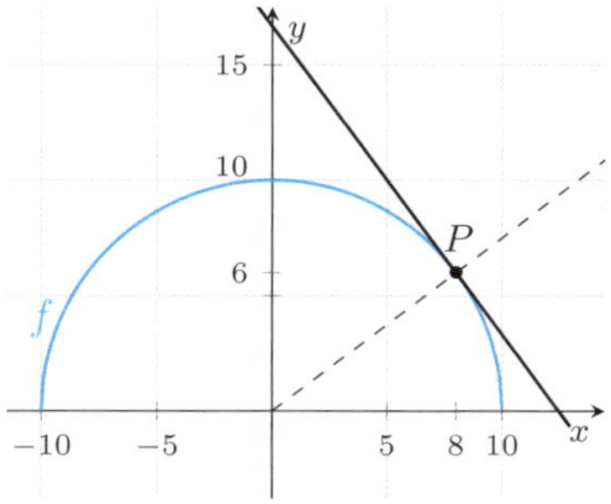

Schritt 1:
Wir machen einen allgemeinen Ansatz für die Geradengleichung:

$$y = k \cdot x + c$$

Schritt 2:
Für die Steigung k der Normalen und die Steigung m der Tangente gilt:

$$k \cdot m = -1$$

Diese Gleichung können wir benutzen, um k zu bestimmen:

$$k = \frac{-1}{m} = \frac{3}{4}$$

Schritt 3:
Benutze den Punkt P, um den Achsenabschnitt t zu bestimmen:

$$f(8) = \frac{3}{4} \cdot 8 + c$$
$$6 = 6 + c \qquad \Leftrightarrow \qquad c = 0$$

Die Flugbahn der Erkundungsmission wird also durch die folgende Geradengleichung beschrieben:

$$y = \frac{3}{4}x$$

Schnitt- & Berührpunkte

Lösung zu Aufgabe 29

Die Schnittpunkte erhalten wir durch Gleichsetzen beider Funktionen und anschließendem Einsetzen des ermittelten x-Wertes in eine der beiden Funktionen. Damit ergeben sich folgende Schnittpunkte:

Zu Teil a): $S_1(-1 \mid -1)$ und $S_2(2 \mid 2)$.

Zu Teil b): Keine Schnittpunkte.

Zu Teil c): $S(0 \mid -7)$

Lösung zu Aufgabe 30

Es ist also zu prüfen, ob die beiden Funktionen einen Schnitt- oder Berührpunkt im Intervall $[0,5;4]$ haben. Dazu setzen wir die Funktionsterme zunächst gleich:

$$\begin{aligned} \sqrt{\frac{x}{2}} &= \frac{1}{4}x^2 && |^2 \\ \frac{x}{2} &= \frac{x^4}{16} && | \cdot 16 \\ 8x &= x^4 && | - 8x \\ 0 &= x^4 - 8x = x(x^3 - 8) \end{aligned}$$

Wir erhalten also die Lösungen 0, 2 und -2, von denen nur $x_0 = 2$ im Definitionsbereich liegen und die Ausgangsgleichung löst. (Probe durchführen!)
Wir wissen also, dass sich die Funktionen bei $x_0 = 2$ schneiden. Testen wir nun noch, ob die Funktionen sich berühren indem wir die Steigung beider Funktionen in x_0 betrachten:

$$\begin{aligned} f'(x) &= \frac{1}{4}\sqrt{\frac{2}{x}} && \Rightarrow && f'(x_0) = \frac{1}{4} \\ g'(x) &= \frac{1}{2}x && \Rightarrow && g'(x_0) = 1 \end{aligned}$$

Da die Steigungen in x_0 nicht gleich sind, schneiden sich die Funktionen und die Ranger sollten sich auf einen Kampf einstellen.

Lösung zu Aufgabe 31

Gefragt ist hier nach einem möglichen Schnittpunkt. Wir setzen also die beiden Funktionen gleich:

$$\begin{aligned} 3x^2 - 3x - 5 &= x^2 - 3x - 5 \qquad &&\mid -x^2,\ +3x,\ +5 \\ 2x^2 &= 0 \\ x &= 0 \end{aligned}$$

Durch Einsetzen in die Funktion f erhalten wir den passenden y-Wert. Es gibt also einen gemeinsamen Punkt bei $(0 \mid -5)$.
Wir testen nun, ob dieser ein Berührpunkt oder nur ein Schnittpunkt ist. Dazu berechnen wir zunächst die ersten Ableitungen und setzen den x-Wert ein:

$$\begin{aligned} f'(x) &= 6x - 3 \quad &&\Rightarrow \quad f'(0) = -3 \\ g'(x) &= 2x - 3 \quad &&\Rightarrow \quad g'(0) = -3 \end{aligned}$$

Die Steigungen stimmen somit überein. Es liegt also ein Berührpunkt vor.

Lösung zu Aufgabe 32

Gefragt ist hier nach einem möglichen Schnittpunkt. Wir setzen also die beiden Funktionen gleich:

$$\begin{aligned} (x+1)^2 &= 2x + 1 \\ x^2 + 2x + 1 &= 2x + 1 \qquad &&\mid -2x,\ -1 \\ x &= 0 \end{aligned}$$

Bei Null stimmen die beiden Funktionen demnach überein. Teste nun, ob ein Schnitt- oder Berührpunkt vorliegt. Wir berechnen dazu die ersten Ableitungen:

$$\begin{aligned} f'(x) &= 2x + 2 \quad &&\Rightarrow \quad f'(0) = 2 \\ g'(x) &= 2 \quad &&\Rightarrow \quad g'(0) = 2 \end{aligned}$$

Damit stimmen die Steigungen überein. Es liegt also tatsächlich ein Berührpunkt vor und die beiden Staaten sind nochmal mit einem Schrecken davon gekommen.

Lösung zu Aufgabe 33

Gefragt ist nach einem möglichen Schnittpunkt. Wir setzen also die beiden Funktionen gleich:

$$\begin{aligned}
1+\sqrt{2x+7} &= x+3 && \mid -1\\
\sqrt{2x+7} &= x+2 && \mid^2\\
2x+7 &= (x+2)^2 &&\\
2x+7 &= x^2+4x+4 && \mid -2x,\ \ -7\\
0 &= x^2+2x-3 &&
\end{aligned}$$

Die Lösungen können wir mittels der Mitternachtsformel bestimmen.

$$x_{1,2}=\frac{-2\pm\sqrt{4+12}}{2}=-1\pm 2$$

Wir erhalten also die Lösungen

$$x_1=1 \quad \text{und} \quad x_2=-3.$$

Probe:

$$\begin{aligned}
x_1 = \ \ 1: \qquad 1+\sqrt{2+7} &= 1+3\\
4 &= 4 \quad \checkmark
\end{aligned}$$

$$\begin{aligned}
x_2 = -3: \qquad 1+\sqrt{1} &= 0\\
2 &= 0 \quad \lightning\ \textit{Widerspruch}
\end{aligned}$$

Es gibt also einen gemeinsamen Punkt bei $(1 \mid 4)$.
Wir testen nun, ob dieser ein Berührpunkt oder nur ein Schnittpunkt ist. Dazu berechnen wir zunächst die ersten Ableitungen und setzen den x-Wert ein:

$$\begin{aligned}
f'(x) &= \frac{1}{\sqrt{2x+7}} && \Rightarrow && f'(1)=\frac{1}{3}\\
g'(x) &= 1 && \Rightarrow && g'(1)=1
\end{aligned}$$

Die Ableitungen stimmen nicht überein. Es liegt also ein Schnittpunkt und kein Berührpunkt vor.

Lösung zu Aufgabe 34

Wir müssen zuerst die Normale im Punkt $(2{,}5 \mid f(2{,}5))$ aufstellen.

Schritt 1:
Schreibe die Funktion allgemein auf:

$$y = k \cdot x + t$$

Schritt 2:
Berechne die 1. Ableitung und setze den x-Wert ein.
Die erste Ableitung ist

$$f'(x) = \frac{1}{x+2}.$$

Setzen wir das in die erste Ableitung ein, so erhalten wir die Steigung m der Tangente:

$$m = f'(2{,}5) = \frac{2}{9}.$$

Schritt 3:
Berechne die Steigung k der Normalen mittels der Formel $m \cdot k = -1$:

$$k = -\frac{1}{\frac{2}{9}} = -\frac{9}{2}$$

Schritt 4:
Benutze den Punkt $(2{,}5 \mid 0{,}5)$ um den Achsenabschnitt t zu bestimmen:

$$0{,}5 = -4{,}5 \cdot 2{,}5 + t \quad \Leftrightarrow \quad t = 11{,}75$$

Die Normale ist also

$$n(x) = -4{,}5x + 11{,}75.$$

Nun testen wir n und g auf einen gemeinsamen Schnittpunkt. Dazu setzen wir die Funktionen gleich:

$$\begin{aligned} -4{,}5x + 11{,}75 &= 0{,}5x && \mid +4{,}5x \\ 5x &= 11{,}75 && \mid :5 \\ x &= 2{,}35 \end{aligned}$$

Da $x = 2{,}35$ noch im Intervall $[1; 2{,}5]$ liegt, trifft die Kanonenkugel die Mauer der Burg.

Lösung zu Aufgabe 35

Gefragt ist hier nach einem möglichen Schnittpunkt. Wir setzen also die beiden Funktionen gleich:

$$\begin{aligned} e^{2x} - 6e^x &= 4e^{2x} + 12e^x + 9 && \mid -e^{2x},\ +6e^x \\ 3e^{2x} + 18e^x + 9 &= 0 && \mid :3 \\ e^{2x} + 6e^x + 3 &= 0 \end{aligned}$$

Substituiere nun $u = e^x$. Daraus resultiert die Gleichung

$$u^2 + 6u + 3 = 0.$$

Die Lösungen erhalten wir durch die Mitternachtsformel:

$$u_{1,2} = \frac{-6 \pm \sqrt{24}}{2} = -3 \pm \sqrt{6} < 0$$

Substituiere nun zurück:

$$\begin{aligned} u &= e^x && \mid \ln \\ x &= \ln(u) \end{aligned}$$

Da nur positive Werte in die ln Funktion eingesetzt werden können, gibt es hier keinen Schnittpunkt.

Schnittwinkel

Lösung zu Aufgabe 36

Der Neigungswinkel der Rampe ist durch den Winkel gegeben, den die Funktion mit der x-Achse einschließt.

Schritt 1:
Berechne den Schnittpunkt der Funktion mit der x-Achse, also die Nullstelle von f:

$$\begin{aligned} \frac{1}{3}x - 1 &= 0 \qquad && \mid +1, \ \cdot 3 \\ x &= 3 \end{aligned}$$

Schritt 2:
Wir wissen, dass der Schnittwinkel α zwischen einer Funktionen f und der x-Achse mittels der folgenden Formel berechnet werden kann:

$$\alpha = \tan^{-1}\left(|f'(x_0)|\right)$$

Die Ableitung unserer Funktion ist

$$f'(x) = \frac{1}{3}.$$

Durch Einsetzen erhalten wir den Schnittwinkel

$$\alpha = \tan^{-1}\left(\frac{1}{3}\right) = 18{,}43°.$$

Die Rampe hat also einen Neigungswinkel von 18,43°.

Lösung zu Aufgabe 37

Schritt 1:
Zuerst bestimmen wir den Schnittpunkt x_0 der beiden Strahlen. Dazu setzen wir f und g gleich und lösen nach x auf:

$$\begin{aligned} 3x - 2 &= -4x + 5 \qquad && \mid +2, \ +4x \\ 7x &= 7 && \mid :7 \\ x &= 1 \end{aligned}$$

Der Schnittpunkt von f und g ist somit $x_0 = 1$.

Schritt 2:
Bestimme den Schnittwinkel. Für den Schnittwinkel α zwischen zwei Funktionen f und g gilt die Formel

$$\alpha = \left|\tan^{-1}(f'(x_0)) - \tan^{-1}(g'(x_0))\right|.$$

Die Ableitungen unserer Funktionen sind

$$f'(x) = 3 \qquad \text{und} \qquad g'(x) = -4.$$

Es folgt also direkt:

$$f'(x_0) = 3 \qquad \text{und} \qquad g'(x_0) = -4.$$

Für den Schnittwinkel ergibt sich damit

$$\alpha = \left|\tan^{-1}(3) - \tan^{-1}(-4)\right| \approx 147{,}53^\circ.$$

Lösung zu Aufgabe 38

Schritt 1:
Zuerst bestimmen wir die Schnittpunkte der beiden Straßen. Dazu setzen wir f und g gleich und lösen nach x auf:

$$\begin{aligned} x^3 - 3x^2 + 3x - 2 &= 4x - 2 \qquad && \Big| + 2, \ -4x \\ x^3 - 3x^2 - x &= 0 \\ x(x^2 - 3x - 1) &= 0 \end{aligned}$$

Durch den Satz vom Nullprodukt können wir die erste Lösung zu $x_1 = 0$ bestimmen. Dies ergibt den Schnittpunkt

$$S_1\,(0 \mid -2)\,.$$

Mit der Mitternachtsformel erhalten wir die übrigen Lösungen:

$$x_{2,3} = \frac{3 \pm \sqrt{13}}{2}$$

Durch Einsetzen in eine der beiden Funktionen erhalten wir die Schnittpunkte

$$S_2\left(1{,}5 + 0{,}5\sqrt{13} \mid 4 + 2\sqrt{13}\right) \quad \text{und} \quad S_3\left(1{,}5 - 0{,}5\sqrt{13} \mid 4 - 2\sqrt{13}\right).$$

Lediglich der Schnittpunkt S_2 liegt im ersten Quadranten. Wir müssen also nur einen Schnittwinkel berechnen.

Schritt 2:
Wir wissen, dass der Schnittwinkel α zwischen zwei Funktionen f und g am Punkt x_0 durch die Formel

$$\alpha = \left| \tan^{-1}(f'(x_0)) - \tan^{-1}(g'(x_0)) \right|$$

berechnet werden kann. Die Ableitungen unserer Funktionen sind

$$f'(x) = 4 \quad \text{und} \quad g'(x) = 3x^2 - 6x + 3.$$

Durch Einsetzen erhalten wir den Schnittwinkel

$$\alpha = 10{,}44°.$$

Lösung zu Aufgabe 39

Zu Teil a):

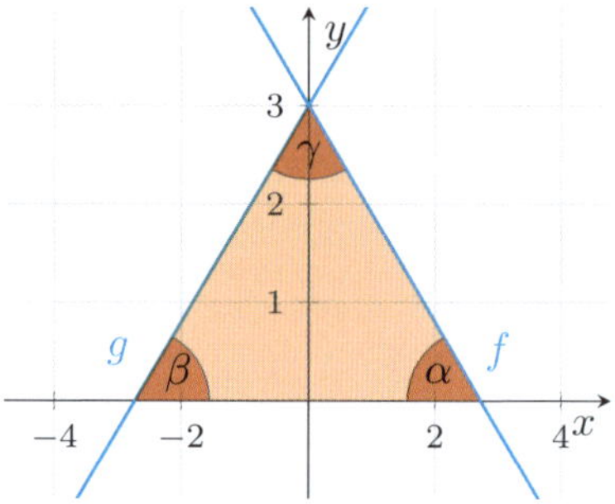

Zu Teil b):
Wie wir der Skizze entnehmen können, ist das Verkehrsschild ein gleichschenkliges Dreieck. Daher gilt

$$\alpha = \beta \qquad \text{und} \qquad \gamma = 180° - 2\alpha.$$

Es genügt daher, lediglich den Winkel α zu berechnen. Bei diesem handelt es sich um den Schnittwinkel zwischen der Funktion f und der x-Achse.

Schritt 1:
Berechne den Schnittpunkt der Funktion mit der x-Achse, also die Nullstelle von f:

$$\begin{aligned} -1{,}1x + 3 &= 0 \qquad && \big| -3, \ :(-1{,}1) \\ x &\approx 2{,}73 \end{aligned}$$

Schritt 2:
Wir wissen, dass der Schnittwinkel α zwischen einer Funktionen f und der x-Achse mittels der folgenden Formel berechnet werden kann:

$$\alpha = \tan^{-1}\left(|f'(x_0)|\right)$$

Die Ableitung unserer Funktion ist

$$f'(x) = -1{,}1.$$

Durch Einsetzen erhalten wir den Schnittwinkel

$$\alpha = \tan^{-1}\left(|-1{,}1|\right) = 47{,}73°.$$

Die Innenwinkel des Verkehrsschildes sind also:

$$\begin{aligned} \alpha &= 47{,}73° \\ \beta &= 47{,}73° \\ \gamma &= 84{,}54° \end{aligned}$$

Lösung zu Aufgabe 40

Gesucht ist der Winkel, in dem der Wasserfall auf den Boden auftrifft. Da der Boden durch die x-Achse beschrieben wird, suchen wir den Schnittwinkel zwischen der Funktion f und der x-Achse.

Schritt 1:
Bestimme die Nullstellen der Funktion f:

$$\begin{aligned} -0{,}25x^2 + 4 &= 0 \qquad && \big| -4, \ \cdot(-4) \\ x^2 &= 16 && \big| \sqrt{\cdot} \\ x &= \pm 4 \end{aligned}$$

Schritt 2:
Wir wissen, dass der Schnittwinkel α zwischen einer Funktionen f und der x-Achse durch die folgende Formel berechnet werden kann:

$$\alpha = \left|\tan^{-1}\left(f'(x_0)\right)\right|$$

Die erste Ableitung von f ist

$$f'(x) = -0{,}5x.$$

Durch Einsetzen erhalten wir den Schnittwinkel:

$$\alpha = \left|\tan^{-1}\left(-0{,}5 \cdot \pm 4\right)\right| = 63{,}43^\circ$$

Der Wasserfall trifft also in einem Winkel von ungefähr 63° auf den Erdboden.

Lösung zu Aufgabe 41

Der gesuchte Winkel wird von den beiden Funktionen f und g eingeschlossen.

Schritt 1:
Bestimme die Schnittpunkte der Funktionen. Dazu setzen wir f und g gleich und lösen nach x auf:

$$\begin{aligned} 0{,}25x^2 &= 2\sqrt{x} && \mid \cdot 4,\ (\cdot)^2 \\ x^4 &= 64x && \mid -64x \\ x \cdot (x^3 - 64) &= 0 \end{aligned}$$

Damit können wir die für uns relevante Lösung $x = 0$ ablesen.

Schritt 2:
Berechne den Schnittwinkel α.
Für den Schnittwinkel α zwischen zwei Funktionen f und g gilt die Formel

$$\alpha = \left|\tan^{-1}(f'(x_0)) - \tan^{-1}(g'(x_0))\right|.$$

Die Ableitungen unserer Funktionen sind

$$f'(x) = 0{,}5x \qquad \text{und} \qquad g'(x) = \frac{1}{\sqrt{x}}.$$

Damit können wir nun in die Formel einsetzen. Hierbei ergibt sich ein Problem. Der Wert Null kann streng genommen nicht in die Funktion $g'(x) = \frac{1}{\sqrt{x}}$ eingesetzt werden.

Mit der Information aus dem Tipp können wir dieses Problem jedoch umgehen. Es gilt:

$$\lim_{x\to 0} \tan^{-1}\left(\frac{1}{\sqrt{x}}\right) = \lim_{y\to\infty} \tan^{-1} y = 90°$$

Für alle praktischen Berechnungen genügt es, das asymptotische Verhalten zu kennen. Eine infinitesimale Änderung des Ortes, an dem die Ableitung ausgewertet wird, ändert den Schnittwinkel so wenig, dass das Ergebnis auf etliche Nachkommastellen korrekt wäre. Da wir aber stets nur zwei Nachkommastellen angeben, können wir damit suggestiv schreiben:

$$\tan^{-1}\left(\frac{1}{\sqrt{0}}\right) = 90°$$

Tatsächlich ist das sogar mathematisch korrekt, das Warum soll hier aber nicht erläutert werden. Somit erhalten wir für den Schnittwinkel

$$\alpha = \left|\tan^{-1}\left(\frac{1}{\sqrt{0}}\right) - \tan^{-1}(0{,}5 \cdot 0)\right| = 90°.$$

Graphisches Ableiten

Lösung zu Aufgabe 42

- Der Graph zeigt, dass die Funktion zwei Wendepunkte besitzt. Die Aussage ist somit falsch.
- Wir können dem Graphen entnehmen, dass die Funktion drei Extrempunkte besitzt. Dort ist die Steigung der Funktion Null. Sie hat also drei waagrechte Tangenten und die Aussage ist wahr.
- Diese Aussage ist wahr. Die Funktion besitzt dort einen Extrempunkt.
- Diese Aussage ist falsch. Der Graph der Funktion ist achsensymmetrisch.
- Der Graph der Funktion hat fallende Abschnitte. Die Ableitung ist dort negativ. Der Graph der ersten Ableitung verläuft somit nicht immer oberhalb der x-Achse. Die Aussage ist also falsch.

Lösung zu Aufgabe 43

- Die Funktion hat zwei Extrempunkte. Diese werden zu Nullstellen der ersten Ableitung.
- Zudem hat sie einen Wendepunkt, an dem die Funktion von negativer zu positiver Krümmung wechselt. Dies entspricht einem Tiefpunkt der ersten Ableitung.
- Die erste Ableitung hat lediglich einen Tiefpunkt. Dieser wird zu einer Nullstelle der zweiten Ableitung.

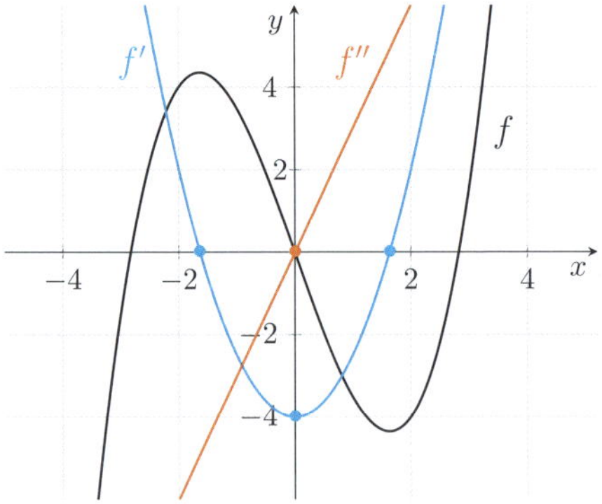

Lösung zu Aufgabe 44

- Die Funktion hat drei Extrempunkte. Diese werden zu Nullstellen der ersten Ableitung.
- Zudem hat sie zwei Wendepunkte. Beim ersten wechselt die Funktion von positiver zu negativer Krümmung. Dies entspricht einem Hochpunkt der ersten Ableitung.
- Beim zweiten Wendepunkt wechselt die Funktion von negativer zu positiver Krümmung. Dies entspricht einem Tiefpunkt der ersten Ableitung.
- 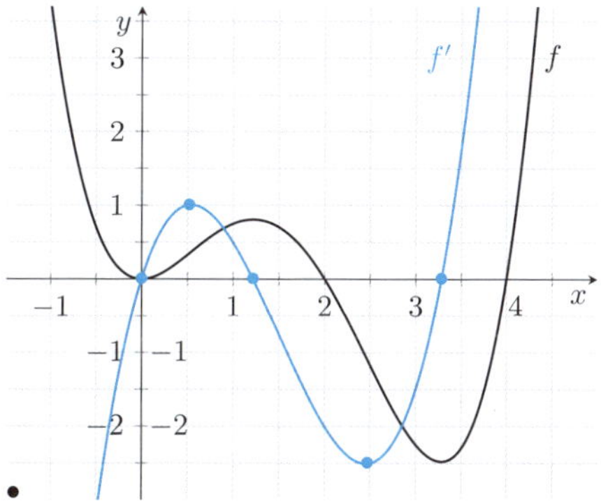

Lösung zu Aufgabe 45

- Der Graph zeigt, dass die Funktion lediglich einen Wendepunkt besitzt. Die Aussage ist somit falsch.
- Wir wissen bereits, dass die Funktion einen Wendepunkt besitzt. Die zweite Ableitung muss somit mindestens eine Nullstelle besitzen. Die Aussage ist damit wahr.
- Diese Aussage ist falsch. Die Funktion besitzt eine waagrechte Tangente bei $x = -1$.
- Diese Aussage ist wahr. Der Graph der Funktion berührt dort lediglich die x-Achse, schneidet diese aber nicht.
- Die Funktion hat sowohl einen Hoch-, als auch einen Tiefpunkt. Damit muss die erste Ableitung zwei einfache Nullstellen besitzen. Die Aussage ist damit wahr.

Lösung zu Aufgabe 46

- Die Funktion hat zwei Extrempunkte. Diese werden zu Nullstellen der ersten Ableitung.
- Zudem hat sie einen Wendepunkt. Dort wechselt die Funktion von positiver zu negativer Krümmung. Dies entspricht einem Hochpunkt der ersten Ableitung.

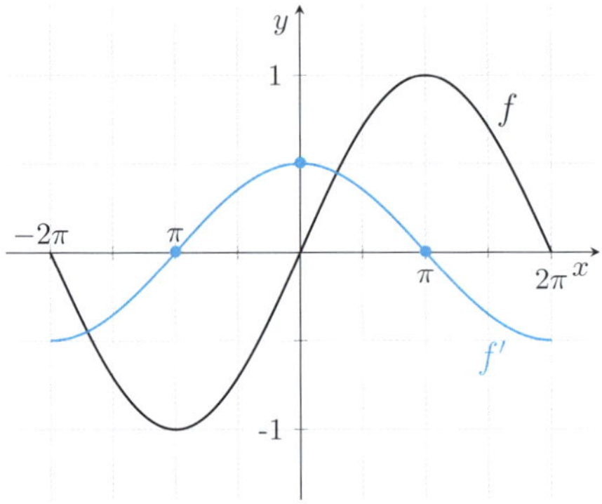

Lösung zu Aufgabe 47

- Der Graph zeigt, dass die Funktion einen Wendepunkt besitzt. Die Aussage ist somit wahr.
- Wir wissen, dass die Funktion einen Wendepunkt besitzt. Die zweite Ableitung hat somit mindestens eine Nullstelle. Die Aussage ist also wahr.
- Die Funktion hat bei $x = 0$ keine waagrechte Tangente. Damit ist die Ableitung ungleich Null und die Aussage falsch.
- Die Funktion hat sowohl steigende als auch fallende Abschnitte. Die Ableitung ist demnach sowohl positiv, als auch negativ und muss damit die x-Achse schneiden. Die Aussage ist also falsch.
- Bei $x = 1$ fällt die Funktion. Die Ableitung ist also negativ. Daher ist die Aussage falsch.
- Bei $x = -1$ ist die Ableitung positiv, bei $x = 1$ hingegen negativ. Damit ist die Aussage wahr.

Lösung zu Aufgabe 48

- Die Funktion hat zwei Extrempunkte. Diese werden zu Nullstellen der ersten Ableitung.
- Zudem hat sie einen Wendepunkt. Dort wechselt die Funktion von negativer zu positiver Krümmung. Dies entspricht einem Tiefpunkt der ersten Ableitung.
- Zudem besitzt die Funktion drei Nullstellen mit Vorzeichenwechsel. Diese werden zu Extrempunkten der Stammfunktion. So entspricht etwa die erste Nullstelle einem Tiefpunkt der Stammfunktion, da die Funktion dort einen Vorzeichenwechsel von negativ zu positiv besitzt.

Beachte, dass in der Lösung lediglich eine mögliche Stammfunktion eingezeichnet wurde. Alle entlang der y-Achse verschobenen Funktionen sind ebenfalls korrekt.

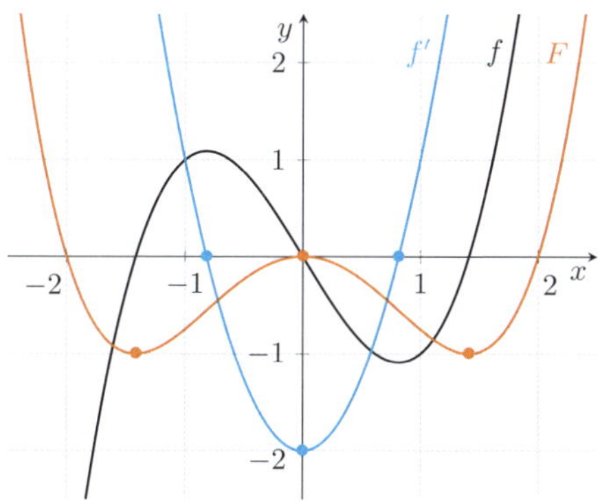

Funktionsverständnis

Lösung zu Aufgabe 49

(1) Die Funktion f erfüllt nur die zweite Eigenschaft, da sie die y-Achse bei 1 schneidet.

(2) Die Funktion g erfüllt nur die letzte Eigenschaft, da sie eine waagrechte Asymptote bei $y = 0$ und nicht bei $y = 3$ hat und durch den Punkt $\left(0 \,\middle|\, -\frac{2}{3}\right)$ verläuft.

(3) Die Funktion h erfüllt nur die dritte Anforderung, da sie eine waagrechte Asymptote bei $y = 1$ hat und die y-Achse bei -2 schneidet.

(4) Die Funktion i erfüllt alle Anforderungen.

Lediglich die Funktion i erfüllt alle Anforderungen.

Lösung zu Aufgabe 50

- Der zweite Graph ist der einzige mit einer Nullstelle bei $x = -2$. Damit entspricht er der Funktion g.
- Der dritte Graph ist der einzige mit einer doppelten Nullstelle bei $x = -1$. Damit entspricht er der Funktion f.
- Der erste Graph hat einfache Nullstellen bei $x = -1$, $x = 0$ und $x = 1$. Die einzige Funktion mit den gleichen Nullstellen ist i.
- Der vierte Graph ist achsensymmetrisch. Die einzige achsensymmetrische Funktion ist h.

Die Zuordnung lautet also:

$$\begin{aligned} f(x) &\Leftrightarrow \text{(III)} \qquad & h(x) &\Leftrightarrow \text{(IV)} \\ g(x) &\Leftrightarrow \text{(II)} \qquad & i(x) &\Leftrightarrow \text{(I)} \end{aligned}$$

Beachte, dass es sich hierbei nicht um die einzigen möglichen Erklärungen handelt. Die Zuordnung ist jedoch eindeutig.

Lösung zu Aufgabe 51

Wir wissen, dass es sich um eine ganzrationale Funktion dritten Grades handelt. Wie wir der Grafik entnehmen können, besitzt diese drei Nullstellen, nämlich bei

$$x_1 = -2, \quad x_2 = 0 \quad \text{und} \quad x_3 = 1.$$

Die Funktion ist somit eindeutig durch ihre Nullstellen definiert und der einzig mögliche Funktionsterm ist

$$\begin{aligned} f(x) &= a \cdot (x+2) \cdot x \cdot (x-1) \\ &= ax^3 + ax^2 - 2ax. \end{aligned}$$

Dabei ist $a \neq 0$ ein Parameter (Leitkoeffizient), den wir noch bestimmen müssen. Weil der Graph der Funktion durch den Punkt $(-1 \mid 2)$ geht, erhalten wir die Gleichung

$$2 = f(-1) = -a + a + 2a.$$

Die Lösung lautet $a = 1$ und daraus folgt $f(x) = x^3 + x^2 - 2x$.

Lösung zu Aufgabe 52

- Der vierte Graph hat eine waagrechte Asymptote bei $y = 0$. Die einzige Funktion mit waagrechter Asymptote ist g.
- Sowohl der erste als auch der zweite Graph haben Nullstellen bei $x = -1$ und $x = 2$. Dies trifft auf die Funktionen f und i zu. Allerdings hat der dritte Graph bei $x = -1$ eine doppelte Nullstelle. Dies trifft lediglich auf die Funktion f zu. Damit muss der zweite Graph zu i gehören.
- Der erste Graph hat eine senkrechte Asymptote bei $x = 0$. Dies trifft lediglich auf die Funktion h zu.

Die Zuordnung lautet also:

$$\begin{array}{lcl@{\qquad\qquad}lcl} f(x) & \Leftrightarrow & \text{(III)} & h(x) & \Leftrightarrow & \text{(I)} \\ g(x) & \Leftrightarrow & \text{(IV)} & i(x) & \Leftrightarrow & \text{(II)} \end{array}$$

Beachte, dass es sich hierbei nicht um die einzigen möglichen Erklärungen handelt. Die Zuordnung ist jedoch eindeutig.

Lösung zu Aufgabe 53

Um die beiden Parameter a und b zu bestimmen, müssen wir der Grafik zwei Informationen entnehmen und diese in Gleichungen umwandeln. Es gibt zwei offensichtliche Eigenschaften, die wir der Abbildung entnehmen können:

1. Der Funktionswert am Ursprung ist 5.
2. Die Funktion hat eine waagrechte Asymptote bei $y = 1$.

Daraus können wir zwei Gleichungen bilden:

$$\begin{aligned} &(1) \qquad & f(0) &= 5 \\ &(2) \qquad & \lim_{x\to\infty} f(x) &= 1 \end{aligned}$$

Setzen wir in diese Gleichungen die angegebene Form der Funktion ein, so erhalten wir:

$$\begin{aligned} &(1) \qquad & \frac{a}{3} + b &= 5 \\ &(2) \qquad & b &= 1 \end{aligned}$$

Setzen wir Gleichung (2) in Gleichung (1) ein, so erhalten wir $a = 12$. Die gesuchte Funktion ist also

$$f(x) = \frac{12}{3 + 2x^2} + 1 \ .$$

Lösung zu Aufgabe 54

Zu Teil a):
$T(0) = 37°\mathrm{C}$ entspricht der durchschnittlichen Körpertemperatur einer lebenden Person. Hierbei handelt es sich also um die Temperatur, die der Körper zum Zeitpunkt des Mordes hatte.

Zu Teil b):
Der Wert 5 entspricht der Temperatur des Kühlhauses. Langfristig wird die Leiche diese Temperatur annehmen.

Zu Teil c):
Der Parameter b darf nur Werte im Intervall $]0; 1[$ annehmen, da die Temperatur langfristig sinken muss.

Zu Teil d):
Innerhalb einer Stunde ist die Temperatur um 3,4°C von 28,2°C auf 24,8°C gesunken. Wenn wir t als den Zeitpunkt der Ankunft des Arztes bezeichnen und t in Stunden messen, dann können wir beides in die gegebene Formel einsetzen:

$$28,2 = 32 \cdot b^t + 5$$
$$24,8 = 32 \cdot b^{t+1} + 5$$

Wenn wir beide nach b^t auflösen, erhalten wir

$$b^t = \frac{23{,}2}{32}$$
$$b^{t+1} = \frac{19{,}8}{32}$$

Wir teilen die zweite Gleichung durch die erste und erhalten damit einen Wert für b:

$$b = \frac{19{,}8}{23{,}2} \approx 0{,}853$$

Die Temperaturabnahme beträgt also etwa 15% pro Stunde.

Lösung zu Aufgabe 55

- Sowohl der erste als auch der vierte Graph haben waagrechte Asymptoten bei $y = 0$. Dies trifft auf die Funktionen g und i zu. Der vierte Graph ist allerdings achsensymmetrisch, was nur auf i zutrifft.
- Sowohl der zweite als auch der dritte Graph haben Nullstellen bei $x = -1$ und $x = 1$. Dies trifft auf die Funktionen f und h zu. Allerdings handelt es sich beim dritten Graph jeweils um doppelte Nullstellen. Das trifft nur auf die Funktion f zu.

Die Zuordnung lautet also:

$$f(x) \Leftrightarrow \text{(III)} \qquad h(x) \Leftrightarrow \text{(II)}$$
$$g(x) \Leftrightarrow \text{(I)} \qquad i(x) \Leftrightarrow \text{(IV)}$$

Beachte, dass es sich hierbei nicht um die einzigen möglichen Erklärungen handelt. Die Zuordnung ist jedoch eindeutig.

Kurvendiskussion - Differentialrechnung

Lösung zu Aufgabe 56

Die Monotonie einer Funktion kann sich nur an Extrempunkten und Definitionslücken verändern. Beide Funktionen haben keine Definitionslücken, daher genügt es die Extrempunkte zu bestimmen.

Hochpunkt:

- linke Seite $\rightarrow$ streng monoton steigend.
- rechte Seite $\rightarrow$ streng monoton fallend.

Tiefpunkt:

- linke Seite $\rightarrow$ streng monoton fallend.
- rechte Seite $\rightarrow$ streng monoton steigend.

Zu Teil a):
Schritt 1:
Bestimme die Nullstellen der Ableitung.

$$f'(x) = 3x^2 - 12x + 8$$

Die Nullstellen können mittels der Mitternachtsformel bestimmt werden. Wir erhalten:

$$x_{1,2} = \frac{12 \pm \sqrt{144 - 4 \cdot 3 \cdot 8}}{6} = 2 \pm \frac{2\sqrt{3}}{3}$$

Schritt 2:
Fertige eine Monotonietabelle an:

x	$\left(-\infty\,; 2 - \frac{2\sqrt{3}}{3}\right)$	$x = 2 - \frac{2\sqrt{3}}{3}$	$\left(2 - \frac{2\sqrt{3}}{3}\,; 2 + \frac{2\sqrt{3}}{3}\right)$	$x = 2 + \frac{2\sqrt{3}}{3}$	$\left(x = 2 + \frac{2\sqrt{3}}{3}\,; \infty\right)$
$f'(x)$	$+$	0	$-$	0	$+$
	steigend	**HP**	**fallend**	**TP**	**steigend**

Zu Teil b):
Schritt 1:
Bestimme die Nullstellen der Ableitung.

$$f'(x) = -x \cdot e^{-x}$$

Die einzige Nullstelle befindet sich bei $x = 0$.

Schritt 2:
Fertige eine Monotonietabelle an:

x	$(-\infty\,;\,0)$	$x = 0$	$(0\,;\,\infty)$
$f'(x)$	$+$	0	$-$
	steigend	**HP**	**fallend**

Lösung zu Aufgabe 57

Zu Teil a):
Wir bilden zunächst die erste und zweite Ableitung von f:

$$\begin{aligned} f(x) &= x^3 - 6x^2 + 8x \\ f'(x) &= 3x^2 - 12x + 8 \\ f''(x) &= 6x - 12 \end{aligned}$$

Nullstellen:
Wir bestimmen die Nullstellen der Funktion f, indem wir sie gleich 0 setzen:

$$\begin{aligned} 0 &= x^3 - 6x^2 + 8x \\ 0 &= x(x^2 - 6x + 8) \qquad \Rightarrow\ x_1 = 0 \\ 0 &= x^2 - 6x + 8 \end{aligned}$$

Wir erhalten mit Hilfe der Mitternachtsformel noch zwei weitere Nullstellen:

$$x_{2,3} = \frac{6 \pm \sqrt{36 - 4 \cdot 8}}{2} = 3 \pm 1$$

Insgesamt erhalten wir die drei Nullstellen

$$x_1 = 0\,, \quad x_2 = 2 \quad \text{und} \quad x_3 = 4.$$

Extrempunkte:
Schritt 1:
Um die Extremwerte zu bestimmen, ermitteln wir zuerst die Nullstellen der ersten Ableitung:

$$0 = 3x^2 - 12x + 8$$

Diese Gleichung kann durch die Mitternachtsformel gelöst werden. Wir erhalten folgende mögliche Extremstellen:

$$x_1 = \frac{6 - 2\sqrt{3}}{3} \approx 0{,}85$$
$$x_2 = \frac{6 + 2\sqrt{3}}{3} \approx 3{,}15$$

Schritt 2:
Prüfe, um welche Art von Extrempunkte es sich handelt. Dazu bietet sich der Test mit der zweiten Ableitung an. Einsetzen der Werte in die zweite Ableitung liefert:

$$f''(x_1) \approx -6{,}93 < 0 \quad \Rightarrow \quad \text{HP}$$
$$f''(x_1) \approx \quad 6{,}93 > 0 \quad \Rightarrow \quad \text{TP}$$

Schritt 3:
Einsetzen der x-Werte in den ursprünglichen Funktionsterm f liefert uns die Funktionswerte der Extremstellen. Unsere Extrempunkte liegen bei

$$\text{H}\left(\frac{6 - 2\sqrt{3}}{3} \,\middle|\, \frac{16\sqrt{3}}{9}\right) \quad \text{und} \quad \text{T}\left(\frac{6 + 2\sqrt{3}}{3} \,\middle|\, -\frac{16\sqrt{3}}{9}\right).$$

Wendepunkte:
Schritt 1:
Bestimme die Nullstellen der zweiten Ableitung:

$$6x - 12 = 0 \qquad \mid +12, \; :6$$
$$x = 2$$

Schritt 2:
Prüfe, ob es sich wirklich um einen Wendepunkt handelt.
Wir sehen auf den ersten Blick, dass die zweite Ableitung bei $x = 2$ einen Vorzeichenwechsel besitzt. Es handelt sich also um einen echten Wendepunkt.

Schritt 3:
Setze in f ein, um die Koordinaten des Wendepunktes zu erhalten. Dieser liegt bei

$$W(2 \mid 0).$$

Zu Teil b):
Wir verfahren überall genauso, wie in Teil a) erläutert.
Als Resultat erhalten wir:

$$\begin{aligned} g(x) &= \frac{x^2}{x+1} \\ g'(x) &= \frac{x^2+2x}{(x+1)^2} \\ g''(x) &= \frac{2}{(x+1)^3} \end{aligned}$$

Nullstellen:
Die Funktion g besitzt eine doppelte Nullstelle bei $x_1 = 0$.

Extrempunkte:
Die Extrempunkte der Funktion g liegen bei $H(-2 \mid -4)$ und $T(0 \mid 0)$.

Wendepunkte:
Die zweite Ableitung der Funktion g besitzt keine Nullstellen, daher kann die Funktion auch keine Wendepunkte besitzen.

Zu Teil c):
Wir verfahren überall genauso, wie in Teil a) erläutert.
Als Resultat erhalten wir:

$$\begin{aligned} h(x) &= (x+1) \cdot e^{-x} \\ h'(x) &= -x \cdot e^{-x} \\ h''(x) &= (x-1) \cdot e^{-x} \end{aligned}$$

Nullstellen:
Die Funktion h besitzt eine einfache Nullstelle bei $x_1 = -1$.

Extrempunkte:
Die Funktion h besitzt einen Hochpunkt bei $H(0 \mid 1)$.

Wendepunkte:
Die Funktion h besitzt einen Wendepunkt bei $W\left(1 \mid \frac{2}{e}\right)$.

Lösung zu Aufgabe 58

Das Krümmungsverhalten einer Funktion wird durch die zweite Ableitung beschrieben und kann sich lediglich an Wendepunkten und Definitionslücken ändern.
Alle gegebenen Funktionen haben keinerlei Definitionslücken, daher genügt es hier die Wendepunkte zu bestimmen.

Zu Teil a):
Schritt 1:
Bestimme die zweite Ableitung:

$$f''(x) = -4 < 0$$

Schritt 2:
Normalerweise würde man nun eine Krümmungstabelle anfertigen. Das ist hier nicht notwendig, da die Funktion durchgehend rechtsgekrümmt ist. Sie hat also keine Wendepunkte.

Zu Teil b):
Schritt 1:
Bestimme die zweite Ableitung:

$$g''(x) = 6x$$

Die einzige Nullstelle liegt bei $x = 0$.

Schritt 2:
Fertige eine Krümmungstabelle an:

x	$(-\infty\,;0)$	$x = 0$	$(0, \infty)$
$g''(x)$	$-$	0	$+$
	rechts	**WP**	**links**

Die Funktion besitzt einen Wendepunkt.

Zu Teil c):
Schritt 1:

Bestimme die zweite Ableitung:

$$h''(x) = 60x^2(x-1)$$

Wir erhalten eine doppelte Nullstelle bei $x = 0$ und eine einfache Nullstelle bei $x = 1$.

Schritt 2:
Fertige eine Krümmungstabelle an:

x	$(-\infty\,;0)$	$x=0$	$(0,1)$	$x=1$	$(1\,;\infty)$
$h''(x)$	$-$	0	$-$	0	$+$
	rechts		**rechts**	**WP**	**links**

Die Funktion besitzt einen Wendepunkt.

Lösung zu Aufgabe 59

Zu Teil a):
Die mittlere Geschwindigkeit im Zeitraum $[0;3]$ ist:

$$v_{Mittel} = \frac{\Delta s}{\Delta t} = \frac{s(3)-s(0)}{3-0} = \frac{36}{3} = 12$$

Zu Teil b):
Die momentane Geschwindigkeit v entspricht der ersten Ableitung der zurückgelegten Strecke.

Schritt 1:
Berechne die Ableitung:

$$v(t) = s'(t) = 8t$$

Schritt 2:
Bestimme den Zeitpunkt, zu dem $v(t) = 120$ gilt:

$$\begin{aligned} 8t &= 120 \qquad &&|:8 \\ t &= 15 \end{aligned}$$

Das Rennauto erreicht also nach 15s die Geschwindigkeit von $120\,\frac{\text{m}}{\text{s}}$.

Zu Teil c):
Zuerst versuchen wir den Parametern v_0 und s_0 eine Bedeutung zuzuordnen. Dazu

betrachten wir

$$s(0) = s_0 \quad \text{und} \quad s'(0) = v_0.$$

Die Parameter entsprechen somit der zu Beginn zurückgelegten Strecke s_0, sowie der Startgeschwindigkeit v_0. Da das Auto jedoch laut Angabe aus dem Stand startet, die Anfangsgeschwindigkeit also Null beträgt, muss $v_0 = 0$ gelten. Des Weiteren wurde zu Beginn des Rennens keine Strecke zurückgelegt, daher gilt auch $s_0 = 0$.

Lösung zu Aufgabe 60

Laut Angabe soll untersucht werden, ob der Kurs der Abicrash Aktie, sprich die Funktion f, im gegebenen Intervall einen fallenden oder steigenden Verlauf hat. Verlangt ist also das Monotonieverhalten der Funktion.
Dieses wird allgemein beschrieben durch die erste Ableitung f'. Zudem wissen wir, dass sich das Monotonieverhalten einer Funktion nur an Extrempunkten und Definitionslücken ändern kann.
Da es sich hier um eine ganzrationale Funktion handelt, hat diese keine Definitionslücken. Wir müssen also nur prüfen, ob die Funktion im angegebenen Intervall einen Extrempunkt besitzt.

Schritt 1:
Berechne die Ableitung:

$$f'(t) = 3t^2 + 6t + 3$$

Schritt 2:
Bestimme alle Nullstellen der Ableitung. Hier bietet sich die Mitternachtsformel an:

$$t_{1,2} = \frac{-6 \pm \sqrt{36 - 4 \cdot 3 \cdot 3}}{6} = -1$$

Die Funktion f hat somit einen potentiellen Extrempunkt bei $t = -1$. Dieser liegt jedoch außerhalb des für uns relevanten Bereichs. Die Funktion ist somit im Intervall $[0; 2]$ streng monoton.

Schritt 3:
Durch Einsetzen eines beliebigen Wertes aus dem Intervall in die erste Ableitung f' erhalten wir die Steigung.

$$f'(1) = 12 > 0$$

Die Funktion ist im angegebenen Intervall somit streng monoton steigend. Da Jonathan Belfort nur diejenigen Aktien meidet, deren Kurs in den letzten zwei Monaten fallend war, kann er die Abicrash Aktie kaufen, da deren Kurs in den letzten zwei Monaten stieg.

Lösung zu Aufgabe 61

Gefragt ist nach dem Abstand, bei welchem die potentielle Energie des Elektrons minimal wird. Wir suchen also einen Tiefpunkt der Funktion ϕ.

Schritt 1:
Bestimme die erste Ableitung ϕ':

$$\phi'(r) = -\frac{2}{r^3} + \frac{1}{r^2}$$

Schritt 2:
Bestimme die Nullstellen der Ableitung:

$$\begin{aligned} -\frac{2}{r^3} + \frac{1}{r^2} &= 0 \qquad\qquad \Big| \cdot r^3,\ \ +2 \\ r &= 2 \end{aligned}$$

Schritt 3:
Prüfe, ob es sich hierbei wirklich um einen Tiefpunkt handelt. Dazu bietet sich der Test mit der zweiten Ableitung an. Die zweite Ableitung ist

$$\phi''(r) = \frac{6}{r^4} - \frac{2}{r^3}.$$

Setzen wir $r = 2$ in die zweite Ableitung ein, so erhalten wir

$$\phi''(2) = \frac{6}{16} - \frac{2}{8} = \frac{1}{8} > 0.$$

Es handelt sich also tatsächlich um einen Tiefpunkt und die Energie des Elektrons wird bei $r = 2$ minimal.

Lösung zu Aufgabe 62

Zu Teil a):
Wenn die Fahrt erst zum Zeitpunkt $t = 0$ beginnt, wird davor natürlich kein CO_2 ausgestoßen. Die Funktion k ist jedoch im Intervall $[-\infty, 0]$ nicht null. Daher müssen wir die Funktion auf das Intervall $[0, \infty]$ einschränken.

Zu Teil b):
Gesucht ist der Zeitpunkt, zu dem der LKW am meisten CO_2 ausstößt. Wir suchen also den Hochpunkt der Funktion k.

Schritt 1:
Bestimme die erste Ableitung k':

$$\begin{aligned} k'(t) &= \frac{(4t) \cdot (2t^2 - 2t + 1) - 2t^2 \cdot (4t - 2)}{(2t^2 - 2t + 1)^2} \\ &= \frac{4t \cdot (1 - t)}{(2t^2 - 2t + 1)^2} \end{aligned}$$

Schritt 2:
Bestimme die Nullstellen der ersten Ableitung. Da der Zähler der Ableitung bereits in Produktform ist, können wir diese ablesen:

$$x_1 = 0 \quad \text{und} \quad x_2 = 1$$

Schritt 3:
Prüfe, bei welcher der Nullstellen es sich um einen Hochpunkt handelt. Hierbei bietet sich der Vorzeichenwechsel-Test an:

$$\text{Für } x_1: \quad \left.\begin{array}{lll} k'(-0{,}1) & < & 0 \\ k'(0{,}1) & > & 0 \end{array}\right\} \text{VZW von - nach +} \quad \Rightarrow \text{TP}$$

$$\text{Für } x_2: \quad \left.\begin{array}{lll} k'(0{,}9) & > & 0 \\ k'(1{,}1) & < & 0 \end{array}\right\} \text{VZW von + nach -} \quad \Rightarrow \text{HP}$$

Der CO_2-Ausstoß ist also nach einer Minute am größten.

Zu Teil c):
Die durchschnittliche Änderung m des CO_2-Ausstoßes während der ersten halben Minute kann mit der folgenden Formel berechnet werden:

$$m = \frac{\Delta k}{\Delta t} = \frac{k(0{,}5) - k(0)}{0{,}5} = 2$$

Während der ersten halben Minute steigt der CO_2 Ausstoß also durchschnittlich um 2 Gramm pro Minute.

Zu Teil d):
Gefragt ist nach dem langfristigen CO_2-Ausstoß. Gesucht ist also das Verhalten der Funktion k für sehr lange Zeiten t. Das entspricht dem Ausdruck

$$\lim_{t\to\infty} k(t) = \lim_{t\to\infty} \frac{2t^2}{2t^2 - 2t + 1}.$$

Bei k handelt es sich um eine gebrochenrationale Funktion mit Zähler- und Nennergrad Zwei. Mit den Regeln für Limiten gebrochenrationaler Funktionen können wir also ablesen:

$$\lim_{t\to\infty} k(t) = \frac{2}{2} = 1$$

Das bedeutet, der LKW stößt bei sehr langen Fahrzeiten ein Gramm CO_2 pro Minute aus.

Lösung zu Aufgabe 63

Zu Teil a):

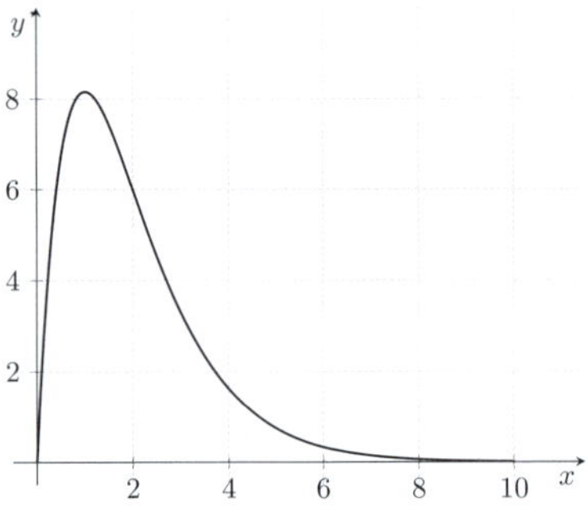

Zu Teil b):
Der Funktionsgraph steigt vom Zeitpunkt der Medikamenteneinnahme, bis zum höchsten Punkt an. Ab diesem Punkt fällt der Funktionsgraph wieder, da der Körper anfängt das Medikament zu verstoffwechseln. Für größere t nähert sich der Graph asymptotisch der Null, da der Körper das Medikament komplett abbaut.

Zu Teil c):
Gesucht ist das Maximum der Funktion f.

Schritt 1:
Berechne die Ableitung:

$$f'(t) = 3e^{2-t} - 3te^{2-t} = 3e^{2-t} \cdot (1-t)$$

Schritt 2:
Bestimme die Nullstellen der Ableitung:

$$\begin{aligned} 0 &= 3e^{2-t} \cdot (1-t) && \Big| : 3e^{2-t} \quad \text{(Term wird nie null)} \\ 0 &= 1-t && \Big| + t \\ t &= 1 \end{aligned}$$

Schritt 3:
Prüfe, ob es sich wirklich um einen Hochpunkt handelt. Hierbei bietet sich der Vorzeichenwechsel-Test an:

$$\left.\begin{array}{l} f'(0{,}99) > 0 \\ f'(1{,}01) < 0 \end{array}\right\} \text{VZW von + nach -} \qquad \Rightarrow \text{HP}$$

Es handelt sich also tatsächlich um ein Maximum. Setzen wir dies in die ursprüngliche Funktion ein, so erhalten wir auch den Wert der maximalen Konzentration.

$$f(1) = 3e \approx 8{,}15$$

Der Patient hatte also nach einer Stunde eine maximale Konzentration von 8,15mg im Blut.

Zu Teil d):
Gesucht ist das lokale Maximum der Ableitungsfunktion von f.

Schritt 1:
Bestimme die zweite Ableitung:

$$f''(t) = 3e^{2-t} \cdot (t-2)$$

Schritt 2:
Bestimme die Nullstellen der zweiten Ableitung:

$$\begin{aligned} 0 &= 3e^{2-t} \cdot (t-2) \qquad &\mid : 3e^{2-t} \\ 0 &= t-2 \\ t &= 2 \end{aligned}$$

Nun müsste geprüft werden, ob es sich tatsächlich um ein Minimum der Ableitung handelt. Alternativ kann auch mit der Abbildung aus Teil a) argumentiert werden. Wir sehen, dass die Funktion lediglich einen Wendepunkt besitzt, an dem die Krümmung von negativ zu positiv wechselt. Es handelt sich also tatsächlich um ein Minimum der Ableitung.
Die Abbaugeschwindigkeit ist also nach 2 Stunden am höchsten.

Zu Teil e):
Die n-te Ableitung lautet:

$$f^n(t) = (-1)^n \cdot 3e^{2-t} \cdot (t-n)$$

Lösung zu Aufgabe 64

Zu Teil a):
Die Temperatur des Patienten, eine Stunde nachdem er eingeliefert wurde, entspricht dem Funktionswert

$$T(1) \approx 37{,}74°.$$

Zu Teil b):
Fällt die Temperatur des Patienten, so fällt auch die Funktion T. Es muss also gelten:

$$T'(t) < 0$$

Schritt 1:
Bestimme die Ableitung T':

$$T'(t) = 2t \cdot (2-t) \cdot e^{-t}$$

Schritt 2:
Löse die folgende Ungleichung:

$$2t \cdot (2-t) \cdot e^{-t} < 0$$

Da die e-Funktion immer größer als Null ist, vereinfacht sich dies zu:

$$2t \cdot (2 - t) < 0$$

Der erste Faktor kann mit der angegebenen Definitionsmenge niemals kleiner als Null werden. Daher muss $2 - t < 0$ gelten, woraus wir $t > 2$ folgern.
Das bedeutet, dass das Fieber des Patienten nach zwei Stunden wieder zu sinken beginnt.

Zu Teil c):
Die mittlere Änderungsrate m der Temperatur im Intervall $[0; 2]$ kann mit der folgenden Formel berechnet werden:

$$m = \frac{\Delta T}{\Delta t} = \frac{T(2) - T(0)}{2 - 0} \approx 0{,}54$$

Die Temperatur des Patienten steigt in diesem Intervall also um ungefähr 0,54° pro Stunde.

Zu Teil d):
Gefragt ist, wann die Temperatur des Patienten am schnellsten stieg. Die Änderung der Temperatur ist durch die erste Ableitung T' gegeben. Wir suchen die maximale Zunahme, also den Hochpunkt der ersten Ableitung.

Schritt 1:
Bestimme die zweite Ableitung T'':

$$T''(t) = 2 \cdot (t^2 - 4t + 2) \cdot e^{-t}$$

Schritt 2:
Bestimme die Nullstellen der zweiten Ableitung:

$$\begin{aligned} 2 \cdot (t^2 - 4t + 2) \cdot e^{-t} &= 0 \qquad \Big| : 2e^{-t} \\ (t^2 - 4t + 2) &= 0 \end{aligned}$$

Mit der Mitternachtsformel können wir die Nullstellen ermitteln:

$$\begin{aligned} t_{1,2} &= \frac{4 \pm \sqrt{16 - 8}}{2} \\ &= 2 \pm \sqrt{2} \end{aligned}$$

Schritt 3:
Prüfe, bei welcher Nullstelle es sich um den Hochpunkt der ersten Ableitung handelt.

Hierzu bietet sich der Vorzeichenwechsel-Test an:

$$\text{Für } t_1: \quad \left.\begin{array}{lcl} T''(3{,}4) & < & 0 \\ T''(3{,}5) & > & 0 \end{array}\right\} \text{VZW von - nach +} \quad \Rightarrow \text{TP}$$

$$\text{Für } t_2: \quad \left.\begin{array}{lcl} T''(0{,}5) & > & 0 \\ T''(0{,}6) & < & 0 \end{array}\right\} \text{VZW von + nach -} \quad \Rightarrow \text{HP}$$

Die Temperatur des Patienten stieg also bei $t = 2 - \sqrt{2}$ am schnellsten.

Lösung zu Aufgabe 65

Zu Teil a):
Gesucht ist die kleinste Nullstelle der Funktion für $t > 0$:

$$\begin{aligned} 0 &= 2t^2(1{,}5 - \ln(t)) && \big| : 2t^2 \quad , \text{da } t > 0 \\ 0 &= 1{,}5 - \ln(t) && \big| + \ln(t), \ \ e^{(\cdot)} \\ t &\approx 4{,}5 \end{aligned}$$

Die Ballonfahrt dauert ungefähr 4,5 Stunden.

Zu Teil b):
In der Aufgabe ist das Maximum der Funktion gesucht.

Schritt 1:
Berechnen die erste Ableitung:

$$\begin{aligned} h'(t) &= 4t \cdot (1{,}5 - \ln(t)) + 2t^2 \cdot \left(-\frac{1}{t}\right) \\ &= 4t(1{,}5 - \ln(t)) - 2t \\ &= 4t(1 - \ln(t)) \end{aligned}$$

Schritt 2:
Nun setzen wir die Ableitung gleich Null:

$$\begin{aligned} 0 &= 4t(1 - \ln(t)) && \big| : 4t \\ 0 &= 1 - \ln(t) && \big| + \ln(t), \ \ e^{(\cdot)} \\ t &= e \end{aligned}$$

Schritt 3:
Um die Höhe zu ermitteln, setzen nun $t = e$ in unsere Ausgangsfunktion $h(t)$ ein:

$$h(e) = e^2 \approx 7{,}39$$

Der Ballon erreicht also eine maximale Höhe von $7{,}39 \cdot 100\text{m} = 739\text{m}$.

Zu Teil c):
Gesucht ist das Maximum der ersten Ableitung.

Schritt 1:
Berechne die zweite Ableitung:

$$h''(t) = -4\ln(t)$$

Schritt 2:
Bestimme die Nullstellen der zweiten Ableitung:

$$\begin{aligned} -4\ln(t) &= 0 \qquad\qquad \Big| : (-4),\ e^{(\cdot)} \\ t &= 1 \end{aligned}$$

Schritt 3:
Prüfe, ob es sich wirklich um einen Hochpunkt der Ableitung handelt. Dazu bietet sich der Test mit der zweiten Ableitung an. In dieses Fall muss dazu die dritte Ableitung bestimmt werden.

$$h'''(t) = -\frac{4}{t}$$

Setze wir nun den errechneten Wert für t ein, so erhalten wir:

$$h'''(1) = -4 < 0 \quad \Rightarrow \quad \text{HP}$$

Also steigt der Ballon nach einer Stunde am stärksten an.

Umkehrfunktion

Lösung zu Aufgabe 66

Zu Teil a):
Um zu bestimmen, zu welchem Zeitpunkt es erstmals 17 Hühner gab, müssen wir die folgende Gleichung lösen:

$$17 = 1 + 2^t$$

Da Exponentialfunktionen dieser Form streng monoton steigend sind, müssen wir dem Wort „erstmals“ hier keine Beachtung schenken.

$$\begin{aligned} 17 &= 1 + 2^t && \big| -1 \\ 16 &= 2^t && \big| \ln \\ \ln(16) &= t \cdot \ln(2) && \big| : \ln(2) \\ t &= 4 \end{aligned}$$

Es gab demnach nach vier Monaten zum ersten Mal 17 Hühner.

Zu Teil b):
Auf dem angegebenen Intervall ist die Funktion streng monoton steigend. Wir können also einfach die Umkehrfunktion bilden.

Schritt 1:
Schreibe die Funktion allgemein auf:

$$y = 1 + 2^t$$

Schritt 2:
Vertausche t und y, und löse nach y auf:

$$\begin{aligned} t &= 1 + 2^y && \big| -1 \\ t - 1 &= 2^y && \big| \ln \\ \ln(t-1) &= y \ln(2) && \big| : \ln(2) \\ y &= \frac{\ln(t-1)}{\ln(2)} \end{aligned}$$

Um den Zusammenhang noch klarer zu machen, benennen wir das Argument der Umkehrfunktion von t zu N um. Das ist immer möglich und ändert nichts am funktionellen Zusammenhang. Die Umkehrfunktion ist also:

$$f^{-1}(N) = \frac{\ln(N-1)}{\ln(2)}$$

Die Umkehrfunktion ist eine Verallgemeinerung von Teilaufgabe a). Sie gibt allgemein an, zu welchem Zeitpunkt N Hennen in der Hühnerzucht leben.

Lösung zu Aufgabe 67

Zu Teil a):
Eine Funktion ist genau dann auf einem Intervall umkehrbar, wenn sie streng monoton steigend oder fallend ist. Wir betrachten also zuerst die Monotonie der Funktion. Dazu bilden wir die erste Ableitung:

$$f'(x) = \frac{3}{2}x^2$$

Da dies eine quadratische Funktion mit positivem Vorfaktor ist, ist sie immer positiv oder Null. D.h. f steigt streng monoton auf den Intervallen $(-\infty; 0)$ und $(0; \infty)$.

Nun untersuchen wir noch den Punkt $x = 0$:
Dazu bemerken wir, dass eine Parabel nur an einem einzigen Punkt den Wert Null annimmt, nämlich am Scheitelpunkt, in diesem Fall dem Ursprung.
Also gibt es nur einen einzigen Punkt mit Steigung Null, wobei die Funktion f „davor“ und „danach“ weiter streng monoton ansteigt. Die strenge Monotonie ist hier also auch erfüllt und unsere Funktion auf ganz $\mathbb{R}$ umkehrbar.

Zu Teil b):
Bilde die Umkehrfunktion:

Schritt 1:
Schreibe die Funktion allgemein auf:

$$y = \frac{1}{2}x^3 + 2$$

Schritt 2:
Vertausche y und x und löse nach y auf:

$$\begin{aligned} x &= \frac{1}{2}y^3 + 2 && \big| -2, \ \cdot 2 \\ 2x - 4 &= y^3 && \big| \sqrt[3]{\cdot} \\ \sqrt[3]{2x-4} &= y \end{aligned}$$

Die Umkehrfunktion lautet also

$$f^{-1}(x) = \sqrt[3]{2x-4}.$$

Lösung zu Aufgabe 68

Zu Teil a):
Mit der 3. Binomischen Formel kann man den Nenner faktorisieren und erhält die zwei Polstellen

$$x = -2 \quad \text{und} \quad x = 2.$$

Daher lautet der Definitionsbereich $\mathbb{D}_f = \mathbb{R} \setminus \{-2; 2\}$.
Um den Wertebereich zu ermitteln, betrachten wir zunächst das Verhalten im Unendlichen:

$$\lim_{x\to\pm\infty} \frac{x^2}{x^2-4} = 1$$

Sowie an den Polstellen:

$$\lim_{x\to 2^-} \frac{x^2}{x^2-4} = -\infty, \qquad \lim_{x\to 2^+} \frac{x^2}{x^2-4} = +\infty,$$
$$\lim_{x\to -2^-} \frac{x^2}{x^2-4} = +\infty, \qquad \lim_{x\to -2^+} \frac{x^2}{x^2-4} = -\infty$$

Mithilfe des Hochpunktes kann die Funktion skizziert werden:

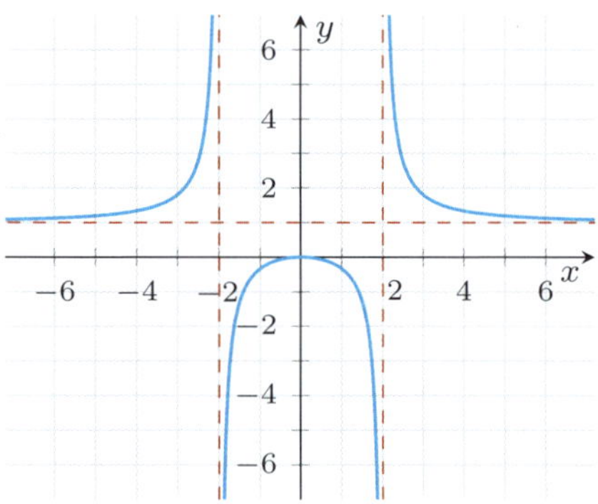

Der Wertebereich ist also

$$\mathbb{W}_f = \mathbb{R} \setminus (0; 1].$$

Zu Teil b):
Eine Funktion ist genau dann auf einem Bereich umkehrbar, wenn sie streng monoton steigend oder fallend und injektiv ist. Aus der Skizze erkennen wir, dass die Funktion auf den Bereichen

$$I_1 = (-\infty, 0] \setminus \{-2\} \quad \text{und} \quad I_2 = [0, \infty) \setminus \{2\}$$

umkehrbar ist.

Zu Teil c):
Bilde die Umkehrfunktion auf dem Intervall I_2.

Schritt 1:
Schreibe die Funktion allgemein auf:

$$y = \frac{x^2}{x^2 - 4}$$

Schritt 2:
Vertausche y und x und löse nach y auf:

$$\begin{aligned} x &= \frac{y^2}{y^2 - 4} && \Big| \cdot (y^2 - 4) \\ xy^2 - 4x &= y^2 && \Big| - y^2 \\ (x-1)y^2 - 4x &= 0 && \Big| + 4x, \ : (x-1), \ \sqrt{\cdot} \\ y &= \pm\sqrt{\frac{4x}{x-1}} \end{aligned}$$

Teilen durch $(x - 1)$ ist hier kein Problem, da der Wertebereich von f den Wert 1 ausschließt. Die richtige Umkehrfunktion lautet

$$f^{-1}(x) = \sqrt{\frac{4x}{x-1}}.$$

Lösung zu Aufgabe 69

Zu Teil a):
Wir wissen, dass sich die zweite benötigte Funktion aus der, an der Winkelhalbierenden gespiegelten, Funktion f ergibt. Zusätzlich wissen wir, dass das Spiegeln an der Winkelhalbierenden dem Bilden der Umkehrfunktion entspricht. Wir müssen also die Umkehrfunktion f^{-1} bilden.

Schritt 1:
Wir schreiben die Funktion allgemein auf:

$$y = \frac{x^2}{4}$$

Schritt 2:
Vertausche x und y und forme nach y um:

$$\begin{aligned} x &= \frac{y^2}{4} \qquad &&| \cdot 4, \;\; \sqrt{\cdot} \\ y &= \pm\sqrt{4x} \end{aligned}$$

Da, wie wir der Skizze entnehmen können, die gesuchte Funktion durchgehend postiv ist, ist die im Sachzusammenhang relevante Lösung gegeben durch:

$$f^{-1}(x) = \sqrt{4x}$$

Zu Teil b):
Zur Berechnung der Länge des Fischkörpers ermitteln wir zuerst den Schnittpunkt der Funktionen f und f^{-1}.

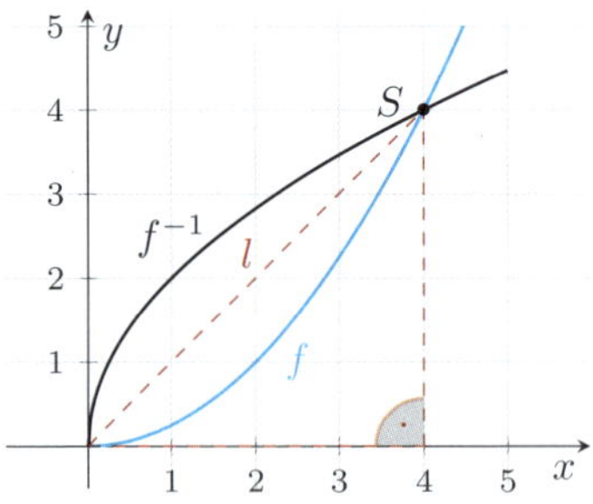

Schritt 1:
Wir setzen die Funktionen gleich und lösen nach x auf:

$$\begin{aligned} \frac{x^2}{4} &= \sqrt{4x} \qquad \qquad \Big|^2,\ -4x \\ \frac{x^4}{16} - 4x &= 0 \\ x \cdot \left(\frac{x^3}{16} - 4\right) &= 0 \end{aligned}$$

Mit dem Satz vom Nullprodukt erhalten wir damit die Lösungen

$$x_1 = 0 \quad \text{und} \quad x_2 = 4.$$

Aus der Skizze ergibt sich, dass die für uns relevante Lösung $x_2 = 4$ ist.
Durch Einsetzen des errechneten x-Wertes in eine der beiden Funktionen erhalten wir den y-Wert. Damit ergibt sich der Schnittpunkt

$$S(4 \mid 4).$$

Schritt 2:
Wir benutzen den Satz des Pythagoras, um die Länge l, des Fischkörpers zu bestimmen:

$$\begin{aligned} l^2 &= 4^2 + 4^2 \\ l &= \sqrt{32} \end{aligned}$$

Damit beträgt die Länge des Fischkörpers $\sqrt{32}$ m.

Lösung zu Aufgabe 70

Zu Teil a):
Der Rückschluss von der Größe auf die Anzahl der Sonnenstunden entspricht dem Bilden der Umkehrfunktion. Dies ist jedoch nur möglich, falls die gegebene Funktion streng monoton ist. Sollte dies nicht der Fall sein, gäbe es für einen y-Wert mehrere t-Werte. Damit wäre die Zuordnung nicht mehr eindeutig. Wir müssen also die Funktion d auf ihre Monotonie untersuchen.

Wir bestimmen die Ableitung d':

$$d'(t) = -t + 8$$

Diese hat bei $t = 8$ eine Nullstelle mit Vorzeichenwechsel. Die Funktion d hat an dieser

Stelle demnach einen Extrempunkt und ist somit nicht streng monoton. Die Aussage des Kollegen ist damit korrekt und die Funktion d nicht überall invertierbar.

Zu Teil b):
Die Funktion ist auf den Teilintervallen invertierbar, auf denen sie streng monoton ist. Die entsprechenden Intervalle sind

$$I_1 = [0; 8] \quad \text{und} \quad I_2 = [8; 16].$$

Zu Teil c)
Schritt 1:
Schreibe die Funktion allgemein auf:

$$y = -0{,}5(t-8)^2 + 32$$

Schritt 2:
Vertausche y und t und löse nach y auf:

$$\begin{aligned} t &= -0{,}5(y-8)^2 + 32 && \big| -32, \ \cdot(-2) \\ -2(t-32) &= (y-8)^2 && \big| \sqrt{\cdot}, \ +8 \\ y &= \pm\sqrt{64-2t} + 8 \end{aligned}$$

Eine mögliche Umkehrfunktion ist

$$d^{-1}(t) = \sqrt{64-2t} + 8.$$

Diese gehört zum Intervall I_2.

Lösung zu Aufgabe 71

Zu Teil a):
Da die e-Funktion keine negativen Werte annehmen kann, besitzt der Nenner keine Nullstellen, die Funktion selbst also keine Polstellen.
In der Abbildung kann man erkennen, dass der Graph streng monoton steigt, d.h. um den exakten Wertebereich anzugeben, müssen die Grenzwerte der Funktion betrachtet werden:

$$\lim_{x\to-\infty} \frac{2e^x - 25}{e^x + 5} = \frac{0-25}{0+5} = -5$$

$$\lim_{x\to+\infty} \frac{2e^x - 25}{e^x + 5} = \lim_{x\to+\infty} \frac{2e^x}{e^x} = 2$$

Der Wertebereich ist also

$$\mathbb{W}_f = (-5; 2).$$

Für den Definitionsbereich gilt

$$\mathbb{D}_f = \mathbb{R}.$$

Zu Teil b):
Eine Funktion ist genau dann auf einem Intervall umkehrbar, wenn sie streng monoton steigend oder fallend ist. Aus der Abbildung erkennt man bereits, dass die Funktion überall streng monoton steigend ist.
Ein mathematisch eindeutig überzeugendes Argument liefert die erste Ableitung:

$$f'(x) = \frac{35e^x}{(e^x + 5)^2}$$

Diese ist stets positiv. Daher ist f auf dem ganzen Definitionsbereich umkehrbar.

Zu Teil c):

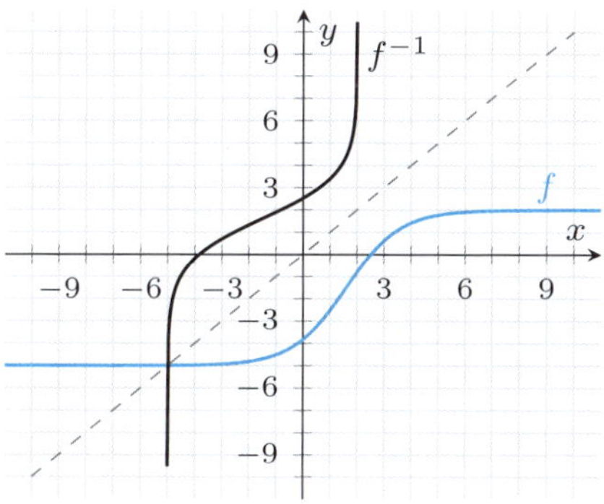

Zu Teil d):
Bilde die Umkehrfunktion.

Schritt 1:
Schreibe die Funktion allgemein auf:

$$y = \frac{2e^x - 25}{e^x + 5}$$

Schritt 2:
Vertausche y und x und löse nach y auf:

$$\begin{aligned} x &= \frac{2e^y - 25}{e^y + 5} && \Big| \cdot (e^y + 5) \\ xe^y + 5x &= 2e^y - 25 && \Big| - 2e^y, \ -5x \\ e^y(x-2) &= -25 - 5x && \Big| : (x-2) \\ e^y &= \frac{-25 - 5x}{x - 2} && \Big| \ln \\ y &= \ln\left(\frac{-25 - 5x}{x - 2}\right) \end{aligned}$$

Teilen durch $(x - 2)$ ist hier kein Problem, da der Wertebereich von f den Wert 2 ausschließt. Die Umkehrfunktion lautet also

$$f^{-1}(x) = \ln\left(\frac{-25 - 5x}{x - 2}\right).$$

Integrale

Lösung zu Aufgabe 72

Zu Teil a): $F(x) = 3\ln(|\ x\ |) - 2x$

Zu Teil b): $G(x) = \frac{1}{6}x^3 - 4x + \frac{3}{2}x^2$

Zu Teil c): $h(x) = x^{-2} + \cos(x) \quad \Rightarrow \quad H(x) = -\frac{1}{x} + \sin(x)$

Zu Teil d): $j(x) = 2x^{0,5} \quad \Rightarrow \quad J(x) = \frac{4}{3}x^{1,5}$

Zu Teil e): $k(x) = x^{-0,5} - 4x \quad \Rightarrow \quad K(x) = 2\sqrt{x} - 2x^2$

Zu Teil f): $L(x) = 3e^x - 16x$

Lösung zu Aufgabe 73

Zu Teil a): $F(x) = e^{x^3-4x}$ Hinweis: Aufleiten von Exponentialfunktionen

Zu Teil b): $G(x) = \ln(|2x^3 - 2x^2|)$ Hinweis: Hinweis: Log-Integration

Zu Teil c): $h(x) = (4x-3)^{0,5} + 2 \quad \Rightarrow \quad H(x) = \frac{1}{6}(4x-3)^{1,5} + 2x$

Zu Teil d): $j(x) = 2(2x-4)^{-2} \quad \Rightarrow \quad J(x) = -\frac{1}{(2x-4)}$

Zu Teil e): $k(x) = \frac{1}{x} \cdot e^{\ln(x)} \quad \Rightarrow \quad K(x) = e^{\ln(x)} = x$

Zu Teil f): $l(x) = -\frac{-\sin(x)}{\cos(x)} \quad \Rightarrow \quad L(x) = -\ln(|\cos(x)|)$

Lösung zu Aufgabe 74

Zu Teil a):
Zuerst berechnen wir die allgemeine Stammfunktion:

$$F(x) = \int \left(\frac{1}{3}x^2 - \sqrt{2x+1}\right)\,\mathrm{d}x = \frac{1}{9}x^3 - \frac{1}{3}(2x+1)^{1,5} + c$$

Die gesuchte Stammfunktion soll durch den Punkt P verlaufen. Diese Bedingung können wir benutzen um c zu bestimmen:

$$0 = \frac{1}{9}\cdot 0^3 - \frac{1}{3}\cdot(2\cdot 0+1)^{1,5} + c \quad\Leftrightarrow\quad c = \frac{1}{3}$$

Die gesuchte Stammfunktion ist also:

$$F(x) = \frac{1}{9}x^3 - \frac{1}{3}(2x+1)^{1,5} + \frac{1}{3}$$

Zu Teil b):
Zuerst berechnen wir die allgemeine Stammfunktion:

$$F(x) = \int \left((2x-4)^2 + 3\right)\,\mathrm{d}x = \frac{1}{6}(2x-4)^3 + 3x + c$$

Die gesuchte Stammfunktion soll durch den Punkt P verlaufen. Diese Bedingung können wir benutzen um c zu bestimmen:

$$0 = \frac{1}{6}(2\cdot 0-4)^3 + 3\cdot 0 + c \quad\Leftrightarrow\quad c = \frac{32}{3}$$

Die gesuchte Stammfunktion ist also:

$$F(x) = \frac{1}{6}(2x-4)^3 + 3x + \frac{32}{3}$$

Lösung zu Aufgabe 75

Zu Teil a): $\displaystyle\int_0^3 \sqrt{2x+3}\,\mathrm{d}x = \left[\frac{1}{3}(2x+3)^{\frac{3}{2}}\right]_0^3 = 9 - \sqrt{3}$

Zu Teil b): $\displaystyle\int_0^3 6x\cdot\sqrt{x^2+3}\,\mathrm{d}x = 2\left[(x^2+3)^{\frac{3}{2}}\right]_0^3 = 42\sqrt{3}$

Zu Teil c): $\displaystyle\int_0^{\frac{\pi}{3}} \sin(2x-\pi)\,\mathrm{d}x = \left[-\frac{1}{2}\cos(2x-\pi)\right]_0^{\frac{\pi}{3}} = -\frac{3}{4}$

Zu Teil d): $\displaystyle\int_0^1 \frac{3}{\sqrt{4x+1}}\,\mathrm{d}x = \left[\frac{3}{2}(4x+1)^{\frac{1}{2}}\right]_0^1 = \frac{3}{2}\sqrt{5}-\frac{3}{2}$

Zu Teil e): $\displaystyle\int_0^1 2x\cdot e^{x^2-1}\,\mathrm{d}x = \left[e^{x^2-1}\right]_0^1 = 1-\frac{1}{e}$

Zu Teil f): $\displaystyle\int_1^4 \frac{e^{\sqrt{x}}}{2\cdot\sqrt{x}}\,\mathrm{d}x = \left[e^{\sqrt{x}}\right]_1^4 = e^2-e$

Lösung zu Aufgabe 76

Zu Teil a): $\displaystyle\int_0^{\infty} e^{-3x+5}\,\mathrm{d}x = \lim_{z\to\infty}\int_0^z e^{-3x+5}\,\mathrm{d}x = \lim_{z\to\infty}\left[-\frac{1}{3}e^{-3x+5}\right]_0^z = \frac{1}{3}e^5$

Zu Teil b): $\displaystyle\int_0^{\infty} \frac{3x^2}{x^3+1}-\frac{3x^2+4x}{x^3+2x^2+5}\,\mathrm{d}x$

$$= \lim_{z\to\infty}\int_0^z \frac{3x^2}{x^3+1}-\frac{3x^2+4x}{x^3+2x^2+5}\,\mathrm{d}x$$

$$= \lim_{z\to\infty}\left[\ln\left(x^3+1\right)-\ln\left(x^3+2x^2+5\right)\right]_0^z$$

$$= \lim_{z\to\infty}\left[\ln\left(\frac{z^3+1}{z^3+2z^2+5}\right)-\ln\left(\frac{1}{5}\right)\right] \approx 1{,}61$$

Zu Teil c): $\displaystyle\int_2^{\infty} x^{-2}\,\mathrm{d}x = \lim_{z\to\infty}\int_2^z x^{-2}\,\mathrm{d}x = \lim_{z\to\infty}\left[-\frac{1}{x}\right]_2^z = \frac{1}{2}$

Zu Teil d): $\displaystyle\int_0^{\infty} e^{-\frac{1}{x}}\cdot\frac{1}{x^2}\,\mathrm{d}x = \lim_{z\to\infty}\int_{\frac{1}{z}}^z e^{-\frac{1}{x}}\cdot\frac{1}{x^2}\,\mathrm{d}x = \lim_{z\to\infty}\left[e^{-\frac{1}{x}}\right]_{\frac{1}{z}}^z = 1$

Lösung zu Aufgabe 77

Zu Teil a):
Für den Wert $z = a$ gilt für jede Integralfunktion:

$$F_a(a) = \int_a^a f(x)\,\mathrm{d}x = 0$$

Demnach hat jede Integralfunktion immer mindestens eine Nullstelle.

Zu Teil b):
Die Graphen der beiden Integralfunktionen unterscheiden sich lediglich durch eine Verschiebung entlang der y-Achse.

Zu Teil c):
Beim Bestimmen der Extrempunkte einer Integralfunktion verfahren wir genauso, wie für jede andere Funktion.

Schritt 1:
Bestimme die Ableitung:

$$F_0'(z) = f(z) = z^2 - z - 2$$

Schritt 2:
Bestimme die Nullstellen der Ableitung. Hierzu bietet sich die Mitternachtsformel an:

$$z_{1,2} = \frac{1 \pm \sqrt{1+8}}{2}$$

Wir erhalten also die Nullstellen

$$z_1 = -1 \quad \text{und} \quad z_2 = 2.$$

Schritt 3:
Prüfe, um welche Art von Extrempunkten es sich handelt. Hierzu bietet sich der Test mit der zweiten Ableitung an:

$$F_0''(z) = f'(z) = 2z - 1$$

Wir setzen in die zweite Ableitung ein und erhalten:

$$\begin{aligned} F_0''(z_1) &= -3 < 0 \quad \Rightarrow \quad \text{HP} \\ F_0''(z_2) &= 3 > 0 \quad \Rightarrow \quad \text{TP} \end{aligned}$$

Lösung zu Aufgabe 78

Zu Teil a):
Gefragt ist nach der Fläche zwischen den Funktionen f und g.

Schritt 1:
Bestimme den Schnittpunkt der beiden Funktionen:

$$\begin{aligned} \sqrt{x} &= 3 \qquad \Big|^2 \\ x &= 9 \end{aligned}$$

Schritt 2:
Da das Beet von links durch die y-Achse begrenzt ist, muss die untere Integralgrenze 0 sein. Wir berechnen die Fläche:

$$\begin{aligned} A_1 &= \left| \int_0^9 \sqrt{x} - 3 \, dx \right| \\ &= \left| \left[\frac{2}{3} \cdot x^{\frac{3}{2}} - 3x \right]_0^9 \right| \\ &= \left| \frac{2}{3} \cdot 9^{\frac{3}{2}} - 27 \right| \\ &= |18 - 27| = 9 \, \text{FE} \end{aligned}$$

Die schattige Fläche des Blumenbeetes beträgt demnach 9m^2.

Zu Teil b):
Nun ist noch nach der anteiligen Fläche des schattigen Bereichs am gesamten Beet gefragt. Dazu berechnen wir zunächst die Gesamtfläche des Beets:

$$A_2 = 20 \cdot 3 = 60 \, \text{FE}$$

Der Anteil beträgt also:

$$p = \frac{A_1}{A_2} = \frac{9}{60} = 0{,}15$$

Lösung zu Aufgabe 79

Um die Gesamtfläche zu bestimmen, ermitteln wir zuerst den Flächeninhalt, den die Funktion f mit der Winkelhalbierenden einschließt.

Schritt 1:
Berechne die Schnittpunkte:

$$\begin{aligned} -0{,}5x^2+2x+4 &= x \qquad \Big|-x \\ -0{,}5x^2+\ x+4 &= 0 \end{aligned}$$

Die Lösungen können wir mittels der Mitternachtsformel bestimmen. Wir erhalten

$$x_{1,2} = \frac{-1 \pm \sqrt{1+8}}{-1} = 1 \mp 3.$$

Die Schnittpunkte sind also

$$x_1 = -2 \quad \text{und} \quad x_2 = 4.$$

Schritt 2:
Bestimme den Flächeninhalt A:

$$\begin{aligned} A &= \left| \int_{-2}^{4} (-0{,}5x^2 + 2x + 4) - x \, \mathrm{d}x \right| \\ &= \left| \int_{-2}^{4} -0{,}5x^2 + x + 4 \, \mathrm{d}x \right| \\ &= \left| \left[-\frac{1}{6}x^3 + \frac{1}{2}x^2 + 4x \right]_{-2}^{4} \right| \\ &= 18\,\mathrm{FE} \end{aligned}$$

Der Flächeninhalt der halben Figur beträgt also 18 FE. Der Flächeninhalt des gesamten Herzens beträgt damit 36 FE.

Lösung zu Aufgabe 80

Bei Punktsymmetrie am Ursprung gilt:

$$f(-x) = -f(x)$$

Da bezüglich des Urpsrungs punktsymmetrische Funktionen nur ungerade Exponenten enthalten, besitzen ihre Aufleitungen nur gerade Exponenten und sind daher immer achsensymmetrisch. Damit können wir schlussfolgern, dass für die Stammfunktionen von punktsymmetrischen Funktionen gilt:

$$F(x) = F(-x)$$

Nun bestimmen wir das allgemeine Integral:

$$\int_{-a}^{a} f(x)\,\mathrm{d}x = \big[F(x)\big]_{-a}^{a} = F(a) - F(-a)$$

Benutzen wir nun unsere Erkenntnis über die Symmetrie der Aufleitung, so erhalten wir:

$$F(a) - \overbrace{F(-a)}^{=F(a)} = F(a) - F(a) = 0$$

Wir können also schlussfolgern, dass das Integral den Wert Null besitzt.

Lösung zu Aufgabe 81

Da, wie wir der Abbildung entnehmen können, Grund- und Deckfläche kongruent sind, können wir das Volumen über die Formel $V = A \cdot h$ berechnen. A entspricht hierbei dem Flächeninhalt der Grundfläche.
Wir berechnen also zuerst den Flächeninhalt der Grundfläche, mittels des bestimmten Integrals.

Schritt 1:
Berechne die Nullstellen der Funktion, um die Grenzen des Integrals zu bestimmen:

$$\begin{aligned} -(x-1)^3 + 1 &= 0 && \big| + (x-1)^3 \\ (x-1)^3 &= 1 && \big| \sqrt[3]{\cdot},\ +1 \\ x &= 2 \end{aligned}$$

Schritt 2:
Berechne den Flächeninhalt mithilfe des bestimmten Integrals:

$$\int_0^2 f(x)\,\mathrm{d}x = \int_0^2 -(x-1)^3 + 1\,\mathrm{d}x = \big[-0,25(x-1)^4 + x\big]_0^2 = 2\mathrm{m}^2$$

Damit können wir das Volumen als $V = 2\mathrm{m}^2 \cdot 2\mathrm{m} = 4\mathrm{m}^3$ bestimmen.

Lösung zu Aufgabe 82

Zu Teil a):
Die triviale Nullstelle der Integralfunktion F_1 liegt bei $z = 1$. Sonst gilt stets, dass die Funktion immer dann eine Nullstelle besitzt, wenn die Flächenbilanz des ursprünglichen Graphens Null ergibt. Dies ist zwei mal der Fall. Die Funktion hat also drei Nullstellen.

Zu Teil b):
Der Wert der Integralfunktion ergibt sich aus der Flächenbilanz des Graphen der Funktion f im Intervall $[0;2]$. Durch Zählen der Kästchen erhalten wir:

$$F_0(2) \approx 1$$

Lösung zu Aufgabe 83

Schritt 1:
Zuerst berechnen wir die Nullstellen der Funktion:

$$\begin{aligned} -\frac{1}{3}x^2 + 3 &= 0 \qquad && \vert -3, \ \cdot(-3) \\ x^2 &= 9 \end{aligned}$$

Wir erhalten also die Nullstellen

$$x_1 = 3 \quad \text{und} \quad x_2 = -3.$$

Schritt 2:
Um den Flächeninhalt A zu berechnen, benutzen wir das bestimmte Integral. Die obere Integralgrenze ist hierbei durch die positive Nullstelle gegeben, da diese im ersten Quadranten liegt. Damit erhalten wir:

$$A = \left| \int_0^3 -\frac{1}{3}x^2 + 3 \, \mathrm{d}x \right| = \left| \left[-\frac{1}{9}x^3 + 3x \right]_0^3 \right| = 6\,\mathrm{FE}$$

Das Baseballfeld ist also 6 FE groß.

Lösung zu Aufgabe 84

Die Funktion f beschreibt eine Änderungsrate. Die insgesamt ausgetretene Menge nach t Minuten wird durch die Integralfunktion $F(t)$ ausgedrückt:

$$\begin{aligned} F(t) &= \int_0^t f(s)\ \mathrm{d}s \\ &= \int_0^t 4 + 3e^{-3s}\ \mathrm{d}s \\ &= \left[4s - e^{-3s}\right]_0^t = 4t - e^{-3t} + 1 \end{aligned}$$

Die nach 2h, also 120min ausgetretene Menge M lässt sich damit berechnen:

$$M = F(120) = 481$$

Nach 2 Stunden sind somit 481 l ausgetreten.

Lösung zu Aufgabe 85

Gefragt ist nach dem Flächeninhalt zwischen zwei Funktionen.

Schritt 1:
Berechne die Schnittpunkte der Funktionen f und g:

$$\begin{aligned} -2x + \sqrt{3} &= \frac{1}{x + 0{,}5 \cdot \sqrt{3}} && \mid \cdot (x + 0{,}5\sqrt{3}) \\ -2x^2 + \sqrt{3}x - \sqrt{3}x + \frac{3}{2} &= 1 && \mid -\frac{3}{2},\ :(-2) \\ x^2 &= \frac{1}{4} && \mid \sqrt{\cdot} \\ x &= \pm\frac{1}{2} \end{aligned}$$

Schritt 2:
Berechne den Flächeninhalt A:

$$\begin{aligned} A &= \left| \int_{-\frac{1}{2}}^{\frac{1}{2}} \left(-2x + \sqrt{3}\right) - \left(\frac{1}{x + 0{,}5 \cdot \sqrt{3}}\right)\ \mathrm{d}x \right| \\ &= \left| \left[-x^2 + \sqrt{3}x - \ln(x + 0{,}5\sqrt{3})\right]_{-\frac{1}{2}}^{\frac{1}{2}} \right| \approx 0{,}41\,\mathrm{FE} \end{aligned}$$

Die eingeschlossene Fläche ist also ungefähr 0,41 FE groß.

Lösung zu Aufgabe 86

Wir wissen, dass die Länge L einer Kurve im Intervall $[a, b]$ gegeben ist durch:

$$L = \int_a^b \sqrt{1 + (f'(x))^2}\, \mathrm{d}x$$

Laut Angabe stehen die Pfosten 20m voneinander entfernt. Dies entspricht vier Längeneinheiten. Da die Funktion zudem symmetrisch ist, befindet sich der linke Pfosten bei $x = -2$ und der rechte bei $x = 2$. Wir können also berechnen:

$$\begin{aligned}
L &= \int_{-2}^{2} \sqrt{1 + (f'(x))^2}\, \mathrm{d}x \\
&= \int_{-2}^{2} \sqrt{1 + \left(\frac{e^x - e^{-x}}{2}\right)^2}\, \mathrm{d}x \\
&= \int_{-2}^{2} \sqrt{\frac{e^{2x}}{4} + \frac{1}{2} + \frac{e^{-2x}}{4}}\, \mathrm{d}x \\
&= \int_{-2}^{2} \sqrt{\left(\frac{e^x + e^{-x}}{2}\right)^2}\, \mathrm{d}x \\
&= \int_{-2}^{2} \frac{e^x + e^{-x}}{2}\, \mathrm{d}x = \left[\frac{e^x - e^{-x}}{2}\right]_{-2}^{2} = e^2 - e^{-2}
\end{aligned}$$

Lösung zu Aufgabe 87

Zu Teil a):
Für die Ableitung einer Integralfunktion gilt:

$$F_0'(z) = f(z)$$

Die Extrempunkte der Integralfunktion entsprechen also den Nullstellen der Funktion f. Die Extrempunkte der Integralfunktion entsprechen gerade den Nullstellen von f mit Vorzeichenwechsel (VZW), sie liegen also bei $z \approx \pm 1{,}4$. Weil $z = 0$ eine Nullstelle ohne VZW ist, hat die Integralfunktion dort einen Terrassenpunkt Ähnlich gilt:

$$F_0''(z) = f'(z)$$

Die Wendepunkte der Integralfunktion entsprechen also den Extrempunkten der Funktion f. Wir können also die Lage der Wendepunkte ablesen. Diese liegen bei:

$$z_4 = -1 \,, \quad z_5 = 0 \quad \text{und} \quad z_6 = 1$$

Zu Teil b):
Die Funktion hat drei Nullstellen.

Lösung zu Aufgabe 88

Um die Strecke, welche der Lastkahn nach fünf Minuten zurückgelegt hat, zu bestimmen, gibt es zwei Möglichkeiten. Wir behandeln zuerst die Ausführliche:

Möglichkeit 1) :
Durch den Tipp wissen wir, dass die Geschwindigkeit v die Ableitung der zurückgelegten Strecke s ist. Im Umkehrschluss ist die zurückgelegte Strecke s eine Stammfunktion der Geschwindigkeit v. Wir können also berechnen:

$$\begin{aligned} s(t) &= \int \frac{2t}{t^2+1} + 2 \text{ d}t \\ &= \ln(t^2+1) + 2t + s_0 \end{aligned}$$

Um die Konstante s_0 zu bestimmen benötigen wir eine Bedingung. Wir wissen, dass zum Zeitpunkt $t = 0$ noch keine Strecke zurückgelegt wurde. Es gilt also:

$$s(0) = 0$$

Damit erhalten wir die folgende Gleichung:

$$\begin{aligned} \ln(1) + 2 \cdot 0 + s_0 &= 0 \\ s_0 &= 0 \end{aligned}$$

Für die zurückgelegete Strecke gilt demnach:

$$s(t) = \ln(t^2+1) + 2t$$

Um die zurückgelegte Strecke nach 5min zu erhalten, müssen wir nur noch einsetzen:

$$\begin{aligned} s(5) &= \ln(5^2+1) + 2 \cdot 5 \\ &\approx 13{,}26 \text{ LE} \end{aligned}$$

Das Schiff hat also nach fünf Minuten ungefähr 13,26 Längeneinheiten zurückgelegt.

Möglichkeit 2) :
Anstatt zuerst die korrekte Stammfunktion zu bestimmen, kann die nach fünf Minuten zurückgelegte Strecke auch direkt mittels des bestimmten Integrals berechnet werden:

$$\begin{aligned} s(5) &= \int_0^5 \frac{2t}{t^2+1} + 2 \; \mathrm{d}t \\ &\approx 13{,}26 \text{ LE} \end{aligned}$$

Rotationskörper

Lösung zu Aufgabe 89

Allgemein gilt für das Volumen V eines Rotationskörpers, der aus der Rotation einer Funktion f im Intervall $[a;b]$ entsteht, die folgende Formel:

$$V = \pi \cdot \int_a^b f(x)^2 \, \mathrm{d}x$$

Zu Teil a):

$$\begin{aligned} V_f &= \pi \cdot \int_0^1 \left(\sqrt{\frac{1}{x+1} + 2}\right)^2 \, \mathrm{d}x \\ &= \pi \cdot \int_0^1 \frac{1}{x+1} + 2 \, \mathrm{d}x \\ &= \pi \cdot \big[\ln(x+1) + 2x\big]_0^1 \\ &= \pi(\ln(2) + 2) \approx 8{,}46 \end{aligned}$$

Zu Teil b):

$$\begin{aligned} V_g &= \pi \cdot \int_0^1 \left(-2x^2 + 3x\right)^2 \, \mathrm{d}x \\ &= \pi \cdot \int_0^1 4x^4 - 12x^3 + 9x^2 \, \mathrm{d}x \\ &= \pi \cdot \left[\frac{4}{5}x^5 - 3x^4 + 3x^3\right]_0^1 \\ &= \frac{4}{5}\pi \end{aligned}$$

Zu Teil c):

$$\begin{aligned} V_h &= \pi \cdot \int_0^1 \left(e^{3x+1}\right)^2 \, \mathrm{d}x \\ &= \pi \cdot \int_0^1 e^{6x+2} \, \mathrm{d}x \\ &= \frac{\pi}{6} \cdot \left[e^{6x+2}\right]_0^1 \\ &\approx 1556{,}96 \end{aligned}$$

Lösung zu Aufgabe 90

Zu Teil a):
Allgemein gilt für das Volumen V eines Rotationskörpers, der aus der Rotation einer Funktion f im Intervall $[a;b]$ entsteht:

$$V = \pi \cdot \int_a^b f(x)^2 \, \mathrm{d}x$$

Wir können also berechnen:

$$\begin{aligned} V &= \pi \cdot \int_0^5 \left(\sqrt{x}+2\right)^2 \, \mathrm{d}x \\ &= \pi \cdot \int_0^5 x + 4\sqrt{x} + 4 \, \mathrm{d}x \\ &= \pi \cdot \left[\frac{1}{2}x^2 + \frac{8}{3}x^{1{,}5} + 4x\right]_0^5 \\ &\approx 195{,}77 \end{aligned}$$

Der Behälter hat also ein Volumen von etwa 195,77 VE. Das entspricht in etwa $1{,}57\mathrm{m}^3$.

Zu Teil b):
Die Funktion f, welche den Radius des Behälters entlang seiner Symmetrieachse angibt, ist streng monoton steigend. Der schmalste Teil befindet sich also bei $x = 0$ und der breiteste bei $x = 5$. Der Boden befindet sich also bei $x = 5$, da sich der Deckel am schmalsten Teil, also bei $x = 0$ befinden sollte, um Schweißarbeiten zu minimieren.

Zu Teil c):
Der Radius r des Deckels kann durch den Wert der Funktion f bei $x = 0$ bestimmt werden. Für den Durchmesser d erhalten wir damit:

$$d = 2 \cdot r = 2 \cdot f(0) = 4\,\mathrm{LE}$$

Der Behälterdeckel hat also einen Durchmesser von 80 Zentimetern.

Zu Teil d):
Wird der Behälter um zwanzig Prozent tiefer, bedeutet das, dass nun über das Intervall $I' = [0;6]$ integriert wird. Für das neue Volumen erhalten wir:

$$V' = \pi \cdot \left[\frac{1}{2}x^2 + \frac{8}{3}x^{1{,}5} + 4x\right]_0^6 \approx 255{,}10$$

Der neue Behälter hat also ein Volumen von etwa 2,04m^3. Das entspricht einer Zunahme des Volumens von 30%.

Lösung zu Aufgabe 91

Allgemein gilt für das Volumen V eines Rotationskörpers, der aus der Rotation einer Funktion f im Intervall $[a; b]$ entsteht:

$$V = \pi \cdot \int_a^b f(x)^2 \, \mathrm{d}x$$

Die Integralgrenzen sind nicht bekannt, wir wissen jedoch, dass das Integrationsintervall I die Länge 2 besitzt. Es gilt also $I = [a; a+2]$, wobei der Parameter a in $\mathbb{R}^+$ liegt.

Bestimme den allgemeinen Wert des Volumens in Abhängigkeit von a:

$$\begin{aligned} V(a) &= \pi \cdot \int_a^{a+2} \left(\sqrt{\frac{2x}{x^2+1}}\right)^2 \, \mathrm{d}x \\ &= \pi \cdot \int_a^{a+2} \frac{2x}{x^2+1} \, \mathrm{d}x \\ &= \pi \cdot \ln\left(\frac{a^2+4a+5}{a^2+1}\right) \end{aligned}$$

Dabei haben wir verwendet, dass $a^2+4a+5 = (a+2)^2+1 > 0$ und $a^2+1 > 0$, sodass

$$\ln\left(\frac{|a^2+4a+5|}{|a^2+1|}\right) = \ln\left(\frac{a^2+4a+5}{a^2+1}\right)$$

Extremwertaufgaben

Lösung zu Aufgabe 92

Hierbei handelt es sich um eine klassische Extremwertaufgabe.

Schritt 1:
Benutze die gegebenen Informationen um eine Skizze anzufertigen und stelle eine allgemeine Formel für das Volumen der Schachtel auf.

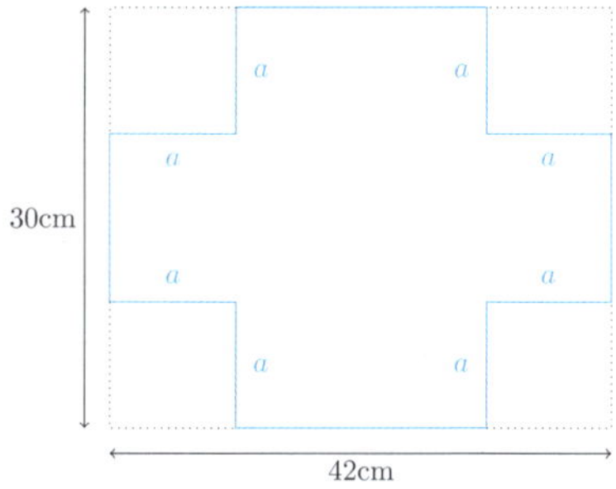

$$V(a) = (42 - 2a) \cdot (30 - 2a) \cdot a = 4a^3 - 144a^2 + 1260a$$

Schritt 2:
Berechne die Ableitung der Volumenfunktion und bestimme deren Nullstellen:

$$V'(a) = 12a^2 - 288a + 1260$$

Die Nullstellen können mit der Mitternachtsformel berechnet werden:

$$a_{1,2} = \frac{288 \pm \sqrt{288^2 - 4 \cdot 12 \cdot 1260}}{24}$$

Wir erhalten

$$a_1 = 12 + \sqrt{39} \quad \text{und} \quad a_2 = 12 - \sqrt{39}.$$

Schritt 3:
Anstatt zu prüfen, um welche Art von Extrempunkte es sich handelt, kann hier auch direkt in die ursprüngliche Funktion eingesetzt werden.

$$V(a_1) \approx -652{,}44$$
$$V(a_2) \approx \ 3244{,}44$$

Das Volumen der Schachtel kann also maximiert werden, wenn an den Ecken des Kartons Quadrate mit einer Seitenlänge von etwa 5,76cm ausgeschnitten werden.

Lösung zu Aufgabe 93

Zu Teil a):

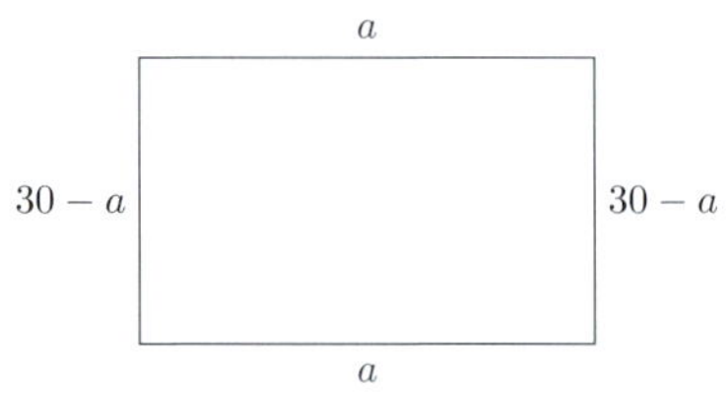

Zu Teil b):
Bei dieser Aufgabenstellung handelt es sich um eine klassische Extremwertaufgabe. Die Maße der Koppel müssen so gewählt werden, dass der Umfang 60m ergibt. Dabei soll der Flächeninhalt maximiert werden.

Schritt 1:
Benutze die gegebenen Informationen, um eine Formel für den Flächeninhalt A, in Abhängigkeit von nur einer Variablen, aufzustellen.
Wir benutzen die folgenden Formeln:

$$A(a,b) = a \cdot b$$
$$U(a,b) = 2a + 2b$$

Da nur 60m Zaun zu Verfügung stehen muss $U = 60$ gelten.
Setzen wir dies in unsere Formel für den Flächeninhalt ein, so erhalten wir

$$A(a) = a \cdot (30 - a).$$

Schritt 2:
Bestimme die Ableitung A':

$$A'(a) = 30 - 2a$$

Schritt 3:
Bestimme die Nullstellen der Ableitung:

$$\begin{aligned} 30 - 2a &= 0 \qquad \Big| -30,\ :(-2) \\ a &= 15 \end{aligned}$$

Schritt 4:
Prüfe, ob es sich tatsächlich um einen Hochpunkt handelt. Hierbei bietet sich der Test mit der zweiten Ableitung an:

$$A''(15) = -2 < 0 \quad \Rightarrow \quad \text{HP}$$

Die Maße, die den Flächeninhalt der Koppel maximieren, sind somit

$$a = 15 \quad \text{und} \quad b = 15.$$

Lösung zu Aufgabe 94

Zu Teil a):

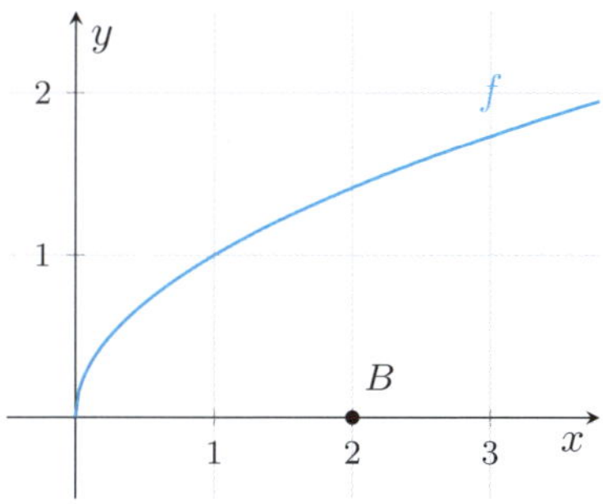

Zu Teil b):
Bei der Problemstellung handelt es sich um eine klassische Extremwertaufgabe. Hierbei ist der Abstand des Flugzeugs zum Beobachter zu minimieren. Ein allgemeiner Punkt auf der Flugbahn ist gegeben durch

$$P(x \mid \sqrt{x}).$$

Wir müssen also das Minimum des Abstands $d(x) = |\overline{PB}|$ bestimmen.

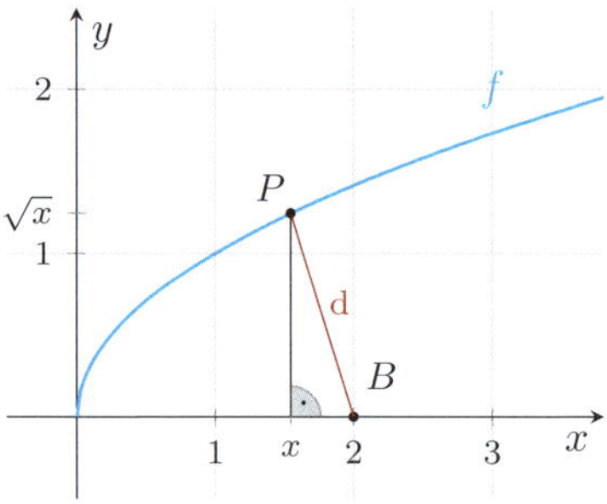

Schritt 1:
Stelle mit Hilfe des Satzes von Pythagoras einen allgemeinen Ansatz für den Abstand auf:

$$\begin{aligned} d^2 &= (x-2)^2 + (\sqrt{x} - 0)^2 && \mid \sqrt{\cdot} \\ d &= \sqrt{(x-2)^2 + \sqrt{x}^2} \\ d &= \sqrt{x^2 - 3x + 4} \end{aligned}$$

Schritt 2:
Bestimme die Ableitung d':

$$d'(x) = \frac{1}{2} \cdot \frac{2x-3}{\sqrt{x^2 - 3x + 4}}$$

Schritt 3:
Bestimme die Nullstellen der Ableitung d':

$$\begin{aligned} \frac{1}{2} \cdot \frac{2x-3}{\sqrt{x^2-3x+4}} &= 0 && \mid \cdot 2, \ \cdot (\sqrt{x^2 - 3x + 4}) \\ 2x - 3 &= 0 && \mid +3, \ :2 \\ x &= \frac{3}{2} \end{aligned}$$

Schritt 4:
Prüfe, ob es sich wirklich um einen Tiefpunkt handelt. Hierbei bietet sich der Vorzeichenwechsel Test an:

$$\left.\begin{array}{l} d'(1{,}49) < 0 \\ d'(1{,}51) > 0 \end{array}\right\} \text{VZW von - nach +} \quad \Rightarrow \text{ TP}$$

Schritt 5:
Da wir jetzt wissen, dass das Flugzeug dem Besucher bei $x = 1{,}5$ am nächsten kommt, müssen wir noch den entsprechenden y-Wert der Flugbahn berechnen:

$$y = f(1{,}5) = \sqrt{1{,}5}$$

Damit kommt das Flugzeug dem Besucher im Punkt $N(1,5 \mid \sqrt{1{,}5})$ am nächsten.

Lösung zu Aufgabe 95

Zu Teil a):

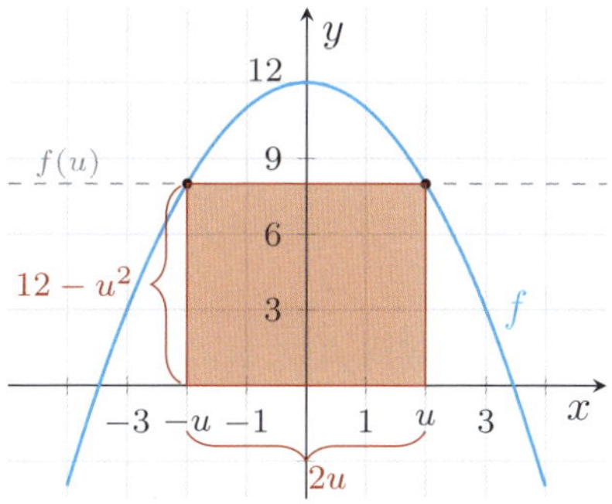

Zu Teil b):
Schritt 1:
Wir stellen eine allgemeine Formel für den Flächeninhalt des Rechtecks auf. Die Fläche eines Rechtecks ist das Produkt aus Grundseite g und Höhe h. Wie wir der Skizze entnehmen können hat die Grundseite die Länge $2u$. Die Höhe beträgt $f(u)$.
Damit ergibt sich für den Flächeninhalt:

$$A(u) = 2u \cdot f(u) = 24u - 2u^3$$

Schritt 2:
Bestimme den Hochpunkt der Funktion A und damit den größtmöglichen Flächeninhalt. Dazu berechnen wir zunächst die erste Ableitung:

$$A'(u) = 24 - 6u^2$$

Nun ermitteln wir die Nullstellen der Ableitung:

$$\begin{aligned} 24 - 6u^2 &= 0 \qquad \big| -24,\ :(-6),\ \sqrt{\cdot} \\ u_{1,2} &= \pm 2 \end{aligned}$$

Die beiden Lösungen sind aufgrund der Symmetrie unseres Problems äquivalent. Mittels der zweiten Ableitung

$$A''(u) = -12u$$

können wir testen, ob es sich wirklich um einen Hochpunkt handelt:

$$A''(2) = -24 < 0 \qquad \Rightarrow \qquad \text{HP}$$

Durch Einsetzen von $u = 2$ in die Funktion A erhalten wir den maximalen Flächeninhalt von 32 FE. Das entsprechende Rechteck hat die Maße:

$$\begin{aligned} g &= 2 \cdot 2 = 4\,\text{LE} \\ h &= f(2) = 8\,\text{LE} \end{aligned}$$

Lösung zu Aufgabe 96

Bei dieser Aufgabenstellung handelt es sich um eine klassische Extremwertaufgabe. Laut Angabe sollen wir die Zahl 36 in zwei Teile x und y zerlegen, sodass das Produkt $x \cdot \sqrt{y}$ maximal wird.

Schritt 1:
Wir schreiben zunächst eine allgemeine Funktion auf, die maximiert werden soll:

$$f(x) = x \cdot \sqrt{y}$$

Benutze nun die Identität $x + y = 36$ um die Funktion in Abhängigkeit von nur einer Variablen aufzustellen:

$$f(x) = x \cdot \sqrt{36 - x}$$

Nun müssen wir prüfen, ob die Funktion f einen Hochpunkt besitzt.

Schritt 2:
Berechne die Nullstellen der Ableitung f'. Die Ableitung ist

$$f'(x) = \sqrt{36-x} + \frac{-x}{2\sqrt{36-x}}.$$

Nur berechnen wir die Nullstelle:

$$\begin{aligned} \sqrt{36-x} + \frac{-x}{2\sqrt{36-x}} &= 0 && \mid \cdot \sqrt{36-x} \\ 36 - x - \frac{x}{2} &= 0 && \mid -36, \ \cdot(-2), \ :3 \\ x &= 24 \end{aligned}$$

Schritt 3 :
Prüfe, ob es sich bei dem Extrempunkt wirklich um einen Hochpunkt handelt. Hierzu bietet sich der Vorzeichenwechsel-Test an.

$$\left.\begin{array}{l} f'(23{,}9) > 0 \\ f'(24{,}1) < 0 \end{array}\right\} \text{VZW von + nach -} \quad \Rightarrow \text{ HP}$$

Die Aufteilung

$$x = 24 \quad \text{und} \quad y = 12$$

maximiert also die gegebene Funktion.

Lösung zu Aufgabe 97

Bei dieser Aufgabe handelt es sich um eine klassische Extremwertaufgabe. Normalerweise würde man davon ausgehen, dass der schnellste Weg über die direkte Verbindung von A nach C führt. Da der Wanderer jedoch in den unterschiedlichen Geländearten unterschiedliche Geschwindigkeiten hat, ist das hier nicht der Fall.
Um die tatsächlich schnellste Route zu finden, ist es hilfreich einen variablen dritten Punkt $B(x \mid 3)$, welcher auf der Staße liegt, einzuführen (vgl. Grafik):

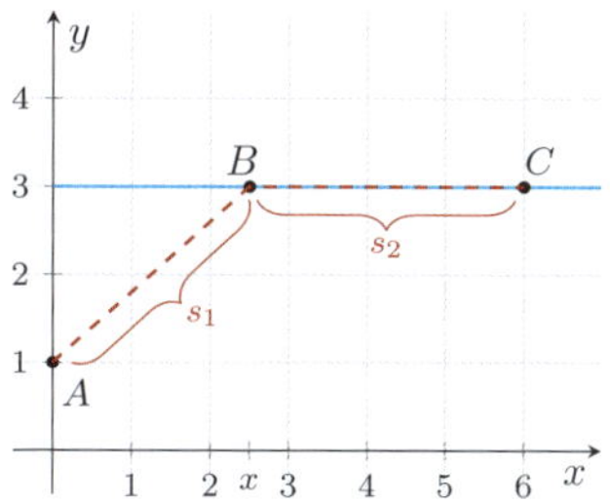

Schritt 1:
Berechne die Längen der Strecken $\overline{AB}$ und $\overline{BC}$. Für die Strecke $\overline{AB}$ benutzen wir dazu den Satz des Pythagoras:

$$\begin{aligned}\overline{AB} &= \sqrt{x^2+4}\\ \overline{BC} &= 6-x\end{aligned}$$

Die benötigte Zeit ist dann:

$$\begin{aligned}t(x) &= t_1(x) \; + t_2(x)\\ &= \frac{s_1(x)}{v_1} + \frac{s_2(x)}{v_2}\\ &= \frac{|\overline{AB}|}{v_1} + \frac{|\overline{BC}|}{v_1}\end{aligned}$$

Setzen wir unsere Ergebnisse von oben ein, so erhalten wir

$$t(x) = \frac{1}{2}\sqrt{x^2+4} + \frac{1}{4}(6-x).$$

Nun suchen wir dasjenige x, bei dem die benötigte Zeit minimal wird.
Wir suchen also einen Tiefpunkt von t.

Schritt 2:
Bestimme die Ableitung t':

$$t'(x) = \frac{1}{2}\frac{x}{\sqrt{x^2+4}} - \frac{1}{4}$$

Schritt 3:
Setze die Ableitung gleich Null, um den Tiefpunkt zu finden:

$$\begin{aligned}0 &= \frac{1}{2}\frac{x}{\sqrt{x^2+4}} - \frac{1}{4} && \left| + \frac{1}{4}, \; \cdot\sqrt{x^2+4}\right.\\ \frac{x}{2} &= \frac{1}{4}\sqrt{x^2+4} && |^2\\ x^2 &= \frac{1}{4}(x^2+4) && \left| \cdot \frac{4}{3}, \; \sqrt{\cdot}\right.\\ x &= \pm\sqrt{\frac{4}{3}}\end{aligned}$$

Die im Sachzusammenhang sinnvolle Lösung ist $x = \sqrt{\frac{4}{3}}$.

Schritt 4:
Prüfe, ob es sich wirklich um einen Tiefpunkt handelt. Hierbei bietet sich der Vorzeichenwechsel-Test an:

$$\left.\begin{array}{ll} t'(1) & <0 \\ t'(1{,}5) & >0 \end{array}\right\} \text{VZW von - nach +} \qquad \Rightarrow \text{TP}$$

Die benötigte Zeit wird also minimal, wenn der Wanderer erst zum Punkt

$$B\left(\sqrt{1{,}33}\,|\,3\right)$$

läuft und anschließend von dort auf der Straße zum Punkt C weiterwandert. Die dafür benötigte Zeit erhalten wir durch Einsetzen in die Funktion t:

$$t_{min} = t(\sqrt{1{,}33}) = \frac{3+\sqrt{3}}{2} \approx 2{,}37$$

Der schnellstmögliche Weg braucht also etwa 2,37h.

Steckbriefaufgaben

Lösung zu Aufgabe 98

Es handelt sich um eine klassische Steckbriefaufgabe. Wir können die Information, dass sich die gegebenen Punkte A, B und C auf dem Graphen der Funktion f befinden müssen, nutzen, um die Funktion zu bestimmen.

Schritt 1:
Der Ansatz für die gesuchte Funktion lautet:

$$\begin{aligned} f(x) &= ax^2 + bx + c \\ f'(x) &= 2ax + b \\ f''(x) &= 2a \end{aligned}$$

Es gibt also 3 Unbekannte, nämlich a, b und c.

Schritt 2:
Wir entnehmen dem Text die folgenden Informationen:

- Info 1: Die Funktion geht durch den Punkt $(0 \mid 0)$:
  $f(0) = 0$, also

$$\begin{aligned} && a \cdot 0^2 + b \cdot 0 + c &= 0 \\ \Leftrightarrow & \quad (1): & c &= 0. \end{aligned}$$

- Info 2: Die Funktion geht durch den Punkt $(2 \mid 2)$:
  $f(2) = 2$, also

$$\begin{aligned} && a \cdot 2^2 + b \cdot 2 + c &= 2 \\ \Leftrightarrow & \quad (2): & 4a + 2b + c &= 2. \end{aligned}$$

- Info 3: Die Funktion geht durch den Punkt $C(4 \mid 0)$:
  $f(4) = 0$, also

$$\begin{aligned} && a \cdot 4^2 + b \cdot 4 + c &= 0 \\ \Leftrightarrow & \quad (3): & 16a + 4b + c &= 0. \end{aligned}$$

Schritt 3:
Nun stellen wir das LGS auf:

$$\begin{aligned}(1):&\quad c=0\\(2):&\quad 4a+2b+c=2\\(3):&\quad 16a+4b+c=0\end{aligned}$$

Schritt 4:
Löse das Gleichungssystem:

Wegen (1) fällt der Parameter c in den folgenden Gleichungen weg. Stellen wir nun (2) nach b um und setzen dies in (3) ein, folgt:

$$\begin{aligned}(2)':&\quad 1-2a=b\\(3)':&\quad 16a+4(1-2a)=0\end{aligned}$$

Lösen wir $(3)'$ und setzen das Ergebnis in $(2)'$ ein, so erhalten wir:

$$\begin{aligned}a&=-0{,}5\\b&=2\\c&=0\end{aligned}$$

Schritt 5:
Im letzten Schritt schreiben wir die gesuchte Funktionsgleichung auf, indem wir die Werte von a, b und c einsetzen:

$$f(x)=-0{,}5x^2+2x$$

Lösung zu Aufgabe 99

Es handelt sich um eine klassische Steckbriefaufgabe.

Schritt 1:
Der Ansatz für die gesuchte Funktion lautet:

$$\begin{aligned}f(x)&=ax^3+bx^2+cx+d\\f'(x)&=3ax^2+2bx+c\\f''(x)&=6ax+2b\end{aligned}$$

Es gibt also vier Unbekannte, nämlich a, b, c und d.

Schritt 2:
Wir entnehmen dem Text die folgenden Informationen:

- Info 1: Die Funktion geht durch den Punkt $(0 \mid 0)$:
  $f(0) = 0$, also
  $$\begin{aligned} & a \cdot 0 + b \cdot 0 + c \cdot 0 + d = 0 \\ \Leftrightarrow \quad (1): \quad & d = 0. \end{aligned}$$
- Info 2: Die Funktion geht durch den Punkt $(-1 \mid 0)$:
  $f(-1) = 0$, also
  $$\begin{aligned} & a \cdot (-1)^3 + b \cdot (-1)^2 + c \cdot (-1) + d = 0 \\ \Leftrightarrow \quad (2): \quad & -a + b - c + d = 0. \end{aligned}$$
- Info 3: Die Funktion besitzt bei $(0 \mid 0)$ einen Tiefpunkt:
  $f'(0) = 0$, also
  $$\begin{aligned} & 3a \cdot 0 + 2b \cdot 0 + c = 0 \\ \Leftrightarrow \quad (3): \quad & c = 0. \end{aligned}$$
- Info 4: Die Funktion geht durch den Punkt $(1 \mid 2)$:
  $f(1) = 2$, also
  $$\begin{aligned} & a \cdot (1)^3 + b \cdot (1)^2 + c \cdot (1) + d = 2 \\ \Leftrightarrow \quad (2): \quad & a + b + c + d = 2. \end{aligned}$$

Schritt 3:
Nun stellen wir das LGS auf:

$$\begin{aligned} (1): & \quad d = 0 \\ (2): & \quad -a + b - c + d = 0 \\ (3): & \quad c = 0 \\ (4): & \quad a + b + c + d = 2 \end{aligned}$$

Schritt 4:
Zuerst setzen wir die Parameter c und d in (2) und (4) auf 0. Dann löse das Gleichungssystem wie folgt:

$$\begin{aligned} (2)': & \quad -a + b = 0 \\ (4)': & \quad a + b = 2 \end{aligned}$$

Daraus ergibt sich sofort, dass $a = b = 1$ gelten muss.

Schritt 5:
Im letzten Schritt schreiben wir die gesuchte Funktionsgleichung auf, indem wir die Werte von a, b, c und d einsetzen:

$$f(x) = x^3 + x^2$$

Lösung zu Aufgabe 100

Zu Teil a):

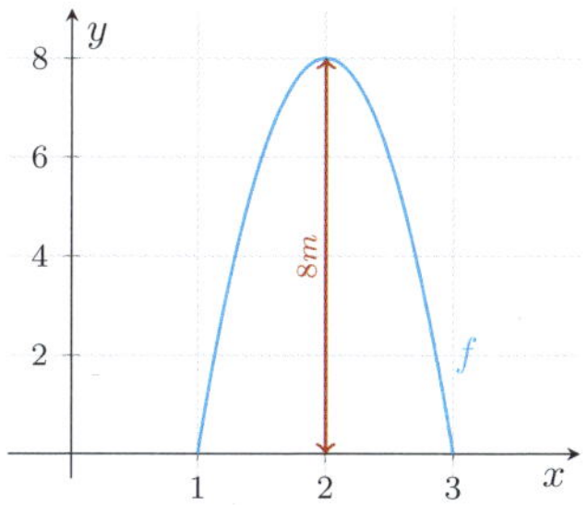

Zu Teil b):
Es handelt sich um eine klassische Steckbriefaufgabe.

Schritt 1:
Der Ansatz für die gesuchte Funktion lautet:

$$f(x) = ax^2 + bx + c$$
$$f'(x) = 2ax + b$$
$$f''(x) = 2a$$

Es gibt also drei Unbekannte, nämlich a, b und c.

Schritt 2:
Wir entnehmen dem Text die folgenden Informationen:

- Info 1: Die Funktion geht durch den Punkt $(2 \mid 8)$:
  $f(2) = 8$, also

$$a \cdot 2^2 + b \cdot 2 + c = 8$$
$$\Leftrightarrow \quad (1): \qquad 4a + 2b + c = 8.$$

- Info 2: Die Funktion geht durch den Punkt $(1 \mid 0)$:
  $f(1) = 0$, also

$$\begin{aligned} & & a \cdot 1^2 + b \cdot 1 + c = 0 \\ \Leftrightarrow \quad & (2): & a + b + c = 0. \end{aligned}$$

- Info 3: Die Funktion geht durch den Punkt $(3 \mid 0)$:
  $f(3) = 0$, also

$$\begin{aligned} & & a \cdot 3^2 + b \cdot 3 + c = 0 \\ \Leftrightarrow \quad & (3): & 9a + 3b + c = 0. \end{aligned}$$

Schritt 3:
Nun stellen wir das LGS auf:

$$\begin{aligned} (1): \ 4a + 2b + c &= 8 \\ (2): \ \ a + \ b + c &= 0 \\ (3): \ 9a + 3b + c &= 0 \end{aligned}$$

Schritt 4:
Löse das Gleichungssystem wie folgt:

$$\begin{aligned} (1)' = (3) - (1): \ 5a + \ b &= -8 \\ (2)' = (3) - (2): \ 8a + 2b &= \ \ 0 \end{aligned}$$

Hieraus ergibt sich $a = -8$ und $b = 32$. Einsetzen in Gleichung (2) liefert $c = -24$.

Schritt 5:
Im letzten Schritt schreiben wir die gesuchte Funktionsgleichung auf, indem wir die Werte von a, b und c einsetzen:

$$f(x) = -8x^2 + 32x - 24$$

Lösung zu Aufgabe 101

Es handelt sich um eine klassische Steckbriefaufgabe.

Schritt 1:
Der Ansatz für die gesuchte Funktion lautet:

$$\begin{aligned} f(x) &= ax^2 + bx + c \\ f'(x) &= 2ax + b \\ f''(x) &= 2a \end{aligned}$$

Es gibt also drei Unbekannte, nämlich a, b und c.

Schritt 2:
Wir entnehmen dem Text die folgenden Informationen:

- Info 1: Die Funktion geht durch den Punkt $(0 \mid 4)$:
  $f(0) = 4$, also

$$\begin{aligned} & a \cdot 0^2 + b \cdot 0 + c = 4 \\ \Leftrightarrow \quad (1): & \qquad\qquad\qquad c = 4. \end{aligned}$$

- Info 2: Die Funktion geht durch den Punkt $(4 \mid 0)$:
  $f(4) = 0$, also

$$\begin{aligned} & a \cdot 4^2 + b \cdot 4 + c = 0 \\ \Leftrightarrow \quad (2): & \qquad 16a + 4b + c = 0. \end{aligned}$$

- Info 3: Die Ableitung hat im Punkt $(0 \mid 4)$ den Wert 0:
  $f'(0) = 0$, also

$$\begin{aligned} & 2a \cdot 0 + b = 0 \\ \Leftrightarrow \quad (3): & \qquad\qquad b = 0. \end{aligned}$$

Schritt 3:
Nun stellen wir das LGS auf:

$$\begin{aligned} (1): & \qquad\qquad c = 4 \\ (2): & \qquad b \quad = 0 \\ (3): & \ 16a{+}4b{+}c = 0 \end{aligned}$$

Schritt 4:
Wir lösen nun das Gleichungssystem.
Zwei der drei Unbekannten sind bereits bestimmt. Setzen wir die Gleichungen (1) und (2) in Gleichung (3) ein, so erhalten wir:

$$16a + 4 = 0$$

Wir erhalten als Lösung:

$$\begin{aligned} a &= -0{,}25 \\ b &= 0 \\ c &= 4 \end{aligned}$$

Schritt 5:
Im letzten Schritt schreiben wir die gesuchte Funktionsgleichung auf, indem wir die Werte von a, b und c einsetzen:

$$f(x) = -0{,}25x^2 + 4$$

Lösung zu Aufgabe 102

Es handelt sich um eine klassische Steckbriefaufgabe.

Schritt 1:
Der Ansatz für die gesuchte Funktion lautet:

$$\begin{aligned} f(x) &= ax^3 + bx^2 + cx + d \\ f'(x) &= 3ax^2 + 2bx + c \\ f''(x) &= 6ax + 2b \end{aligned}$$

Es gibt also vier Unbekannte, nämlich a, b, c und d.

Schritt 2:
Wir entnehmen dem Text die folgenden Informationen:

- Info 1: Die Funktion geht durch den Punkt $(0 \mid 0)$:
  $f(0) = 0$, also

$$\begin{aligned} & a \cdot 0 + b \cdot 0 + c \cdot 0 + d = 0 \\ \Leftrightarrow \quad (1): & \quad d = 0. \end{aligned}$$

- Info 2: Die Funktion geht durch den Punkt (10 | 15):
  $f(10) = 15$, also

$$\begin{aligned} & a \cdot 10^3 + b \cdot 10^2 + c \cdot 10 + d = 15 \\ \Leftrightarrow \quad (2): \quad & 1000a + 100b + 10c + d = 15. \end{aligned}$$

- Info 3: Der x-Wert des steilsten Punktes befindet sich in der Mitte von $x = 0$ und $x = 10$, also bei $x = 5$. D.h. die Funktion besitzt an dieser Stelle einen Wendepunkt:
  $f''(5) = 0$, also

$$\begin{aligned} & 6a \cdot 5 + 2b = 0 \\ \Leftrightarrow \quad (3): \quad & 30a + 2b = 0. \end{aligned}$$

- Info 4: Die Steigung bei $x = 5$ soll 2 sein:
  $f'(5) = 2$, also

$$\begin{aligned} & 3a \cdot 5^2 + 2b \cdot 5 + c = 2 \\ \Leftrightarrow \quad (4): \quad & 75a + 10b + c = 2. \end{aligned}$$

Schritt 3:
Nun stellen wir das LGS auf:

$$\begin{aligned} (1): & \qquad\qquad\qquad\qquad\qquad d = 0 \\ (2): & \; 1000a + 100b + 10c + d = 15 \\ (3): & \quad 30a + 2b \qquad\qquad\quad = 0 \\ (4): & \quad 75a + 10b + c \qquad\quad = 2 \end{aligned}$$

Schritt 4:
Zuerst setzen wir den Parameter d in (2) auf 0. Dann löse das Gleichungssystem wie folgt:

$$\begin{aligned} (2)': & \; 1000a + 100b + 10c = 15 \\ (4)' = 10 \cdot (4): & \; 750a + 100b + 10c = 20 \\ (5) = (2)' - (4)': & \; 250a \qquad\qquad\qquad = -5 \end{aligned}$$

Hieraus ergibt sich $a = -0{,}02$. Einsetzen in Gleichung (3) liefert $b = 0{,}3$. Einsetzen von a und b in (4) liefert $c = 0{,}5$.

Schritt 5:
Im letzten Schritt schreiben wir die gesuchte Funktionsgleichung auf, indem wir die Werte von a, b, c und d einsetzen:

$$f(x) = -0{,}02x^3 + 0{,}3x^2 + 0{,}5x$$

Lösung zu Aufgabe 103

Es handelt sich um eine klassische Steckbriefaufgabe.

Schritt 1:
Der Ansatz für die gesuchte Funktion lautet:

$$\begin{aligned} f(x) &= \ ax^3 + \ bx^2 + cx + d \\ f'(x) &= 3ax^2 + 2bx \ + c \\ f''(x) &= 6ax \ + 2b \end{aligned}$$

Es gibt also vier Unbekannte, nämlich a, b, c und d.

Schritt 2:
Wir entnehmen dem Text die folgenden Informationen:

- Info 1: Die Funktion geht durch den Punkt $(0 \mid 0)$:
  $f(0) = 0$, also

$$\begin{aligned} & & a \cdot 0 + b \cdot 0 + c \cdot 0 + d &= 0 \\ \Leftrightarrow \quad & (1): & d &= 0. \end{aligned}$$

- Info 2: Die Funktion geht durch den Punkt $(-1 \mid 0)$:
  $f(-1) = 0$, also

$$\begin{aligned} & & a \cdot (-1)^3 + b \cdot (-1)^2 + c \cdot (-1) + d &= 0 \\ \Leftrightarrow \quad & (2): & -a + b - c + d &= 0. \end{aligned}$$

- Info 3: Die Funktion besitzt bei $(-1 \mid 0)$ einen Wendepunkt:
  $f''(-1) = 0$, also

$$\begin{aligned} & & 6a \cdot (-1) + 2b &= 0 \\ \Leftrightarrow \quad & (3): & -6a + 2b &= 0. \end{aligned}$$

- Info 4: Die Wendetangente ist die Tangente am Wendepunkt. Diese soll orthogonal auf der Geraden $g(x)$ stehen. D.h. für die Steigung m der Tangente gilt:

$$m = -\frac{1}{\frac{1}{3}} = -3$$

Das bedeutet $f'(-1) = -3$, also

$$\begin{aligned} & 3a \cdot (-1)^2 + 2b \cdot (-1) + c = -3 \\ \Leftrightarrow \quad (4): \quad & 3a - 2b + c = -3. \end{aligned}$$

Schritt 3:
Nun stellen wir das LGS auf:

$$\begin{aligned} (1): & \qquad\qquad\qquad d = 0 \\ (2): & \ -a + b - c + d = 0 \\ (3): & \ -6a + 2b \qquad\quad = 0 \\ (4): & \ 3a - 2b + c \qquad = -3 \end{aligned}$$

Schritt 4:
Zuerst setzen wir den Parameter d in (2) auf 0. Dann löse das Gleichungssystem wie folgt:

$$\begin{aligned} (2)': & \ -a + b - c = 0 \\ (5) = (2)' + (4): & \ 2a - b \qquad = -3 \end{aligned}$$

Durch Umstellen von (5) nach b erhalten wir:

$$b = 3 + 2a$$

Setzen wir nun b in (3) ein und lösen dies nach a auf, so erhalten wir den Parameter $a = 3$.
Hieraus ergibt sich dann sofort $b = 9$. Einsetzen in Gleichung (2) liefert $c = 6$.

Schritt 5:
Im letzten Schritt schreiben wir die gesuchte Funktionsgleichung auf, indem wir die Werte von a, b, c und d einsetzen:

$$f(x) = 3x^3 + 9x^2 + 6x$$

Exponentialfunktion & Logarithmus

Lösung zu Aufgabe 104

Zu Teil a):
Als Ansatz wählen wir eine Exponentialfunktion der Form

$$h(t) = h_0 \cdot e^{-\lambda \cdot t}$$

Setzen wir die gegebenen Werte ein, so erhalten wir:

$$\begin{aligned} h(0) &= 10 \quad \Rightarrow \quad h_0 = 10 \\ h(3) &= \ \ 5 \quad \Rightarrow \quad \lambda = 0{,}23 \end{aligned}$$

Wir erhalten also die Funktion

$$h(t) = 10 \cdot e^{-0{,}23t}$$

Zu Teil b):
Wir suchen den Zeitpunkt, zu dem die Schaumhöhe auf 3cm gesunken ist. Es muss also gelten:

$$\begin{aligned} 3 &= 10 \cdot e^{-0{,}23t} && \big| : 10,\ \ln \\ \ln(0{,}3) &= -0{,}23t && \big| : (-0{,}23) \\ t &= 5{,}23 \end{aligned}$$

Es dauert also etwa 5,23 Minuten, bis die Schaumhöhe auf 3cm gesunken ist.

Zu Teil c):
Da die Halbwertszeit 3min beträgt und der Gast nach drei Minuten drei Zentimeter Schaumhöhe (also die Hälfte des Startwerts) in seinem Glas hat, rechnen wir einfach:

$$\text{Starthöhe} = 2 \cdot 3\text{cm} = 6\text{cm}$$

Lösung zu Aufgabe 105

Zu Teil a):
Um die beiden Parameter N_0 und λ zu bestimmen, müssen wir der Angabe zwei Informationen entnehmen und diese in Gleichungen umwandeln. Es gibt zwei offensichtliche Eigenschaften:

1. Der Funktionswert bei $t = 0$ ist 10.000.
2. Der Funktionswert bei $t = 8$ ist 5000.

Daraus können wir zwei Gleichungen bilden:

$$\begin{aligned} &(1) \qquad N(0) &= 10.000 \\ &(2) \qquad N(8) &= 5000 \end{aligned}$$

Setzen wir in diese Gleichungen die angegebene Form der Funktion ein, erhalten wir:

$$\begin{aligned} &(1) \qquad N_0 &= 10.000 \\ &(2) \qquad N_0 \cdot e^{-8\lambda} &= 5000 \end{aligned}$$

Setzen wir Gleichung (1) in Gleichung (2) ein, so erhalten wir die Gleichung

$$(2') \qquad 10.000 \cdot e^{-8\lambda} = 5000.$$

Teilen wir auf beiden Seiten durch 10.000 und ziehen den Logarithmus, so erhalten wir

$$\lambda = -\frac{1}{8}\ln(0{,}5) \approx 0{,}09.$$

Die gesuchte Funktion ist also

$$N(t) = 10.000 \cdot e^{-0{,}09t}\ .$$

Zu Teil b):
Wenn die ersten 1000 Atome zerfallen sind, bleiben noch 9000 übrig. Wir suchen also den Zeitpunkt, zu dem noch 9000 Atome vorliegen. Wir rechnen:

$$\begin{aligned} 10.000 \cdot e^{-0{,}09t} &= 9000 \qquad && \big|: 10.000,\ \ln \\ -0{,}09t &= \ln(0{,}9) && \big|: (-0{,}09) \\ t &\approx 1{,}17 \end{aligned}$$

Es dauert also etwa 1,17 Stunden, bis die ersten 1000 Atome zerfallen sind.

Lösung zu Aufgabe 106

Zu Teil a):
Als Ansatz wählen wir eine Exponentialfunktion der Form

$$h(t) = h_0 \cdot e^{\lambda \cdot t}.$$

Setzen wir die gegebenen Werte ein, so erhalten wir:

$$\begin{aligned} h(0) &= 10 \quad \Rightarrow \quad h_0 = 10 \\ h(6) &= 25 \quad \Rightarrow \quad \lambda = 0{,}15 \end{aligned}$$

Wir erhalten also die Funktion

$$h(t) = 10 \cdot e^{0{,}15t}.$$

Zu Teil b):
Wir suchen den Zeitpunkt, zu dem die Pflanze 35cm groß ist. Es muss also gelten:

$$\begin{aligned} 35 &= 10 \cdot e^{0{,}15t} && \big| : 10,\ \ln \\ \ln(3{,}5) &= 0{,}15t && \big| : 0{,}15 \\ t &= 8{,}35 \end{aligned}$$

Es dauert also etwa 8,35 Wochen, bis die Pflanze 35cm groß ist.

Zu Teil c):
Wir verfahren wie in Teil b):

$$\begin{aligned} 20 &= 10 \cdot e^{0{,}15t} && \big| : 10,\ \ln \\ \ln(2) &= 0{,}15t && \big| : 0{,}15 \\ t &= 4{,}62 \end{aligned}$$

Es dauert also etwa 4,62 Wochen, bis die Pflanze 20cm groß ist.

Zu Teil d):
Gesucht ist nach dem Zeitpunkt, ab dem die Pflanze um mehr als fünf Zentimeter pro Woche wächst. Die Bedingung lautet:

$$h'(t) > 5$$

Zuerst berechnen wir die Ableitung:

$$h'(t) = 1{,}5 \cdot e^{0{,}15t}$$

Setzen wir das in unsere Bedingung ein und formen um, so erhalten wir:

$$\begin{aligned} 5 &< 1{,}5 \cdot e^{0{,}15t} && \big| : 1{,}5,\ \ln \\ 1{,}2 &< 0{,}15t && \big| : 0{,}15 \\ t &> 8{,}02 \end{aligned}$$

Ab der 8. Woche wächst die Pflanze wöchentlich mehr als fünf Zentimeter. Zu diesem Zeitpunkt ist die Orchidee $h(8{,}02) \approx 33{,}3\,\text{cm}$ groß.

Lösung zu Aufgabe 107

Um die beiden Parameter N_0 und λ zu bestimmen, müssen wir der Grafik zwei Informationen entnehmen und diese in Gleichungen umwandeln. Diese sind:

1. Der Funktionswert bei $t = 0$ ist 1000.
2. Der Funktionswert bei $t = 8$ ist 368.

Daraus können wir zwei Gleichungen bilden:

$$\begin{aligned} &(1) \quad N(0) &= 1000 \\ &(2) \quad N(8) &= 368 \end{aligned}$$

Setzen wir in diese Gleichungen die allgemeine Funktion ein, so erhalten wir:

$$\begin{aligned} &(1) \quad N_0 &= 1000 \\ &(2) \quad N_0 \cdot e^{-8\lambda} &= 368 \end{aligned}$$

Setzen wir Gleichung (1) in Gleichung (2) ein, so erhalten wir die Gleichung

$$(2') \qquad 1000 \cdot e^{-8\lambda} = 368$$

Teilen wir auf beiden Seiten durch 1000 und ziehen den Logarithmus, so erhalten wir $\lambda \approx 0,13$. Die gesuchte Funktion ist also

$$N(t) = 1000 \cdot e^{-0{,}13 \cdot t}.$$

Die Halbwertszeit τ berechnen wir, indem wir den Funktionswert auf 500 setzen und auflösen:

$$\begin{aligned} 500 &= 1000 \cdot e^{-0,13 \cdot t} && \big| : 1000, \ \ln, \ \cdot(-8) \\ \tau &= -\frac{1}{0,13} \cdot \ln\left(\frac{1}{2}\right) \approx 5{,}33 \end{aligned}$$

Die Halbwertszeit von Bismut-210 beträgt also ungefähr 5,33 Stunden.

Lösung zu Aufgabe 108

Zu Teil a):
Laut Angabe ist als Ansatz ein Modell für exponentielles Wachstum zu wählen.

Schritt 1:
Schreibe den allgemeinen Ansatz auf:

$$N(t) = N_0 \cdot e^{k \cdot t}$$

Nun bestimmen wir die Parameter N_0 und k mittels der ersten beiden Messpunkte. Das heißt, es muss gelten

$$N(0) = 100 \qquad \text{und} \qquad N(1) = 448.$$

Schritt 2:
Bestimme N_0:

$$N(0) = N_0 \cdot e^0 = N_0 = 100$$

Schritt 3:
Bestimme k:

$$\begin{aligned} N(1) &= 448 \\ 100 \cdot e^{k \cdot 1} &= 448 \qquad \Big| : 100, \; \ln \\ k &= \ln\left(\frac{448}{100}\right) \\ k &\approx 1{,}5 \end{aligned}$$

Damit ergibt sich die gesuchte Funktion zu

$$N(t) = 100 \cdot e^{1{,}5t}.$$

Zu Teil b):
Der Messwert bei $t = 0$ bedeutet, dass sich zu Beginn des Experiments bereits 100

Bakterien in der Petrischale befanden.

Zu Teil c):
Durch Einsetzen erhält man

$$N(5) \approx 180.800.$$

Dieser Wert ist etwa um den Faktor 6 größer als der gemessene Wert.
Das Modell kann somit keine gute Approximation für lange Zeiten sein!

Zu Teil d):
Die momentane Wachstumsrate ist durch die erste Ableitung N' unserer Modellfunktion gegeben.

Schritt 1:
Berechne die Ableitung N':

$$N'(t) = 150 \cdot e^{1{,}5t}$$

Schritt 2:
Die Ableitung muss größer sein als 3000:

$$\begin{aligned} 150 \cdot e^{1{,}5t} &> 3000 && \Big|\, : 150,\ \ln \\ 1{,}5t &> \ln 20 && \Big|\, : 1{,}5 \\ t &> \frac{2}{3} \ln 20 \\ t &\approx 2 \end{aligned}$$

D.h. nach ungefähr 2 Stunden ist die momentane Wachstumsrate größer als 3000 Bakterien pro Stunde.

Zu Teil e):
Betrachtet man das Verhalten für große Zeiten, so erkennt man:

$$\lim_{t \to \infty} g(t) = \infty$$
$$\lim_{t \to \infty} k(t) = 36.800$$

Das Wachstum in Modell (II) ist also durch einen Wert beschränkt, der sehr gut mit dem empirischen Langzeitverhalten übereinstimmt. In Modell (I) und unserem exponentiellen Ansatz hingegen ist das Wachstum unbeschränkt. In der Realität ist aber das Wachstum einer Population immer durch Mangel an Ressourcen und Platz beschränkt. Somit ist Modell (II) die realistischere Alternative.

Zu Teil f):
Wie aus Aufgabe e) bekannt ist, ist die maximale Größe der Kolonie 36.800.

Zu Teil g):
Gesucht ist der Zeitpunkt, zu dem die Größe der Kolonie die Hälfte der Maximalgröße, also 18.400 Bakterien beträgt. Es muss also $k(t) = 18.400$ gelten. Wir rechnen:

$$\begin{aligned}
\frac{36.800}{1+367e^{-1,5t}} &= 18.400 && \big| : 36.800 \\
\frac{1}{1+367e^{-1,5t}} &= \frac{1}{2} && \big| \cdot 2, \ \cdot (1+367e^{-1,5t}) \\
2 &= 1+367e^{-1,5t} && \big| -1, \ : 367, \ \ln \\
-\ln(367) &= -1,5t && \big| : (-1,5) \\
t &\approx 3,94
\end{aligned}$$

D.h. nach ungefähr 4h hat die Kolonie die Hälfte ihrer Maximalgröße erreicht.

Lösung zu Aufgabe 109

Zu Teil a):
Um die beiden Parameter P_0 und b zu bestimmen, müssen wir der Angabe zwei Informationen entnehmen und diese in Gleichungen umwandeln. Es gibt zwei offensichtliche Eigenschaften, die wir der Angabe entnehmen können.

1. Der Funktionswert zum Zeitpunkt $t = 0$ ist 10.000.
2. Der Wert nach einem Jahr beträgt 5000 Euro.

Daraus können wir zwei Gleichungen bilden:

$$\begin{aligned}
&(1) \quad P(0) = 10.000 \\
&(2) \quad P(1) = 5000
\end{aligned}$$

Setzen wir in diese Gleichungen die angegebene Form der Funktion ein, erhalten wir:

$$\begin{aligned}
&(1) \quad P_0 = 10.000 \\
&(2) \quad P_0 \cdot b = 5000
\end{aligned}$$

Setzen wir Gleichung (1) in Gleichung (2) ein, so erhalten wir

$$b = \frac{1}{2}.$$

Die gesuchte Funktion ist also

$$P(t) = 10.000 \cdot \left(\frac{1}{2}\right)^t.$$

Zu Teil b):
Wir können die Funktion $P(t)$ mit einem simplen Trick in eine e-Funktion umschreiben. Dazu benutzen wir die Identität

$$e^{\ln(x)} = x.$$

Wir schreiben unter Ausnutzung der Logarithmusregeln:

$$\begin{aligned} P(t) &= 10.000 \cdot (0{,}5)^t \\ &= 10.000 \cdot e^{\ln(0{,}5^t)} \\ &= 10.000 \cdot e^{\ln(0{,}5)t} \\ &= 10.000 \cdot e^{-\ln(2)t} \end{aligned}$$

Die Zerfallskonstante ist also $\lambda = \ln(2)$.

Zu Teil c):
Gesucht ist nach dem Zeitpunkt, zu dem der Wagen noch 2000 Euro wert ist.

$$\begin{aligned} 10.000 \cdot e^{-\ln(2)t} &= 2000 && \mid : 10000,\ \ln \\ -\ln(2)t &= \ln(0{,}2) && \mid : (-\ln(2)) \\ t &\approx 2{,}3219 \end{aligned}$$

Nach ungefähr 2,32 Jahren ist der Wagen noch 2000 Euro wert.

Funktionsscharen

Lösung zu Aufgabe 110

Schritt 1:
Wir benutzen die Mitternachtsformel um alle Nullstellen zu berechnen:

$$x_{1,2} = \frac{-t \pm \sqrt{t^2 + 4 \cdot 6t^2}}{2} = \frac{-t \pm 5t}{2}$$

Wir erhalten also die Nullstellen

$$x_1 = 2t \quad \text{und} \quad x_2 = -3t.$$

Schritt 2:
Um die Extrempunkte zu berechnen, bestimmen wir zuerst die Ableitung f_t':

$$f_t'(x) = 2x + t$$

Die Ableitung besitzt eine Nullstelle bei $x = -0{,}5t$.
Wir müssen prüfen, ob es sich hierbei wirklich um einen Extrempunkt handelt. Dazu bietet sich der Test mit der zweiten Ableitung an. Die zweite Ableitung ist:

$$f_t''(x) = 2$$

Setzen wir die Nullstelle in die zweite Ableitung ein, so erhalten wir:

$$f_t''(-0{,}5t) = 2 > 0 \qquad \Rightarrow \qquad TP$$

Die zweite Ableitung ist positiv, es handelt sich also um einen Tiefpunkt. Durch Einsetzen in die ursprüngliche Funktion erhalten wir den y-Wert. Der Tiefpunkt ergibt sich zu

$$TP\left(-\frac{t}{2} \,\middle|\, -\frac{25t^2}{4}\right).$$

Lösung zu Aufgabe 111

Gefragt ist nach der Ortskurve der Minima der Funktionsschar:

Schritt 1:
Bilde die Ableitung der Funktionsschar:

$$f'(x)_k = 3x^2 - \frac{2}{k}x - \frac{1}{k^2}$$

Schritt 2:
Bestimme die Nullstellen der Ableitung. Hierzu bietet sich die Mitternachtsformel an:

$$x_{1,2} = \frac{\frac{2}{k} \pm \sqrt{\frac{4}{k^2} + 4 \cdot 3 \cdot \frac{1}{k^2}}}{6}$$

Damit erhalten wir die beiden potentiellen Extrempunkte bei

$$x_1 = \frac{1}{k} \quad \text{und} \quad x_2 = -\frac{1}{3k}.$$

Schritt 3:
Prüfe, um welche Art von Extrempunkten es sich handelt. Dabei bietet sich der Test mit der zweiten Ableitung an. Diese ist:

$$f_k''(x) = 6x - \frac{2}{k}$$

Setzen wir nun die beiden potentiellen Extrempunkte in die zweite Ableitung ein, so erhalten wir:

$$\begin{aligned} f_k''(x_1) &= \frac{4}{k} > 0 \quad \Rightarrow \quad \text{TP} \\ f_k''(x_2) &= -\frac{4}{k} < 0 \quad \Rightarrow \quad \text{HP} \end{aligned}$$

Die Minima der Funktionsschar liegen also bei x_1. Durch Einsetzen in die ursprüngliche Funktion erhalten wir den allgemeinen Tiefpunkt

$$T_k\left(\frac{1}{k}\middle| -\frac{1}{k^3}\right).$$

Schritt 4:
Nun muss nur noch die Ortskurve bestimmt werden. Allgemein haben wir

$$x = \frac{1}{k} \quad \text{und} \quad y = -\frac{1}{k^3}.$$

Stellen wir den Ausdruck für x nach k um und setzen das in den zweiten Ausdruck ein, so erhalten wir:

$$y = -\frac{1}{k^3} = -x^3$$

Die Ortskurve der Minima ergibt sich damit zu:

$$g(x) = -x^3$$

Lösung zu Aufgabe 112

Zu Teil a):

Schnittpunkte mit den Koordinatenachsen:
Zuerst bestimmen wir die Schnittpunkte mit der x-Achse:

$$0 = x^3 - 12t^2x$$
$$0 = x \cdot (x^2 - 12t^2)$$

Wir können die folgenden Nullstellen ablesen:

$$x_1 = 0, \quad x_2 = 2\sqrt{3}t \quad \text{und} \quad x_3 = -2\sqrt{3}t$$

Damit ergeben sich die Schnittpunkte mit der x-Achse als

$$N_1(0 \mid 0), \quad N_2(2\sqrt{3}t \mid 0) \quad \text{und} \quad N_3(-2\sqrt{3}t \mid 0).$$

Für den Schnittpunkt setzen wir den Wert Null in die Funktion ein:

$$f_t(0) = 0$$

Der Schnittpunkt mit der y-Achse liegt also im Ursprung.

Extrem- & Wendepunkte:
Zur Berechnung der Extrem- und Wendestellen benötigen wir die erste und zweite Ableitung der Funktion $f_t(x)$:

$$f_t'(x) = 3x^2 - 12t^2$$
$$f_t''(x) = 6x$$

Nun setzen wir die erste Ableitung gleich Null:

$$\begin{aligned} 0 &= 3x^2 - 12t^2 && \mid +12t^2 \\ 12t^2 &= 3x^2 && \mid :3 \\ 4t^2 &= x^2 && \mid \sqrt{\cdot} \\ x_{1,2} &= \pm 2t \end{aligned}$$

Um zu prüfen, um welche Art von Extrempunkten es sich handelt, bietet sich der Test mit der zweiten Ableitung an.
Wir setzen die errechneten Punkte in die zweite Ableitung ein:

$$\begin{aligned} f_t''(2t) &= \ \ 12t > 0 \quad \Rightarrow \quad \text{TP} \\ f_t''(-2t) &= -12t > 0 \quad \Rightarrow \quad \text{HP} \end{aligned}$$

Durch Einsetzen in die Funktion f_t erhalten wir die folgenden Extrempunkte:

$$H_t(-2t \mid 16t^3) \quad \text{und} \quad T_t(2t \mid -16t^3)$$

Um die Wendepunkte zu ermitteln, benötigen wir nun die Nullstellen der zweiten Ableitung:

$$6x = 0 \quad \Leftrightarrow \quad x = 0$$

Wir sehen zudem, dass die zweite Ableitung an dieser Stelle einen Vorzeichenwechsel besitzt. Es handelt sich also um einen echten Wendepunkt. Dieser liegt bei:

$$W_t(0 \mid 0)$$

Zu Teil b):

$$f_t'(0) = -12t^2$$

Damit die Steigung den Wert Eins annimmt, verlangen wir:

$$-12t^2 = -1 \quad \Rightarrow \quad t = \frac{1}{2\sqrt{3}}$$

Zu Teil c):
Wir berechnen das Integral von der linken Nullstelle bei $x = -2\sqrt{3}t$ bis 0:

$$\int_{-2\sqrt{3}t}^{0} x^3 - 12t^2x \, \mathrm{d}x = \left[\frac{1}{4}x^4 - 6t^2x^2\right]_{-2\sqrt{3}t}^{0} = 36t^4$$

Damit das Integral den Wert 144 annimmt, muss gelten:

$$36t^4 = 144 \quad \Rightarrow \quad t = \pm\sqrt{2}$$

Lösung zu Aufgabe 113

Zu Teil a):
Alle abgebildeten Geraden haben die Steigung $m = 0{,}5$. Lediglich die Achsenabschnitte sind unterschiedlich. Eine mögliche Funktionsschar, die alle drei enthält ist durch g_k gegeben:

$$g_k(x) = 0{,}5x + k$$

Zu Teil b):
Gefragt ist nach der Ortskurve der Hochpunkte. Dazu bestimmen wir zuerst die Extrempunkte der Funktionsschar f_t.

Schritt 1:
Bestimme die erste Ableitung f_t':

$$f_t'(x) = -6tx^2 + 3t^2$$

Schritt 2:
Bestimme die Nullstellen:

$$-6tx^2 + 3t^2 = 0 \qquad \Big| -3t^2, \ : (-6t), \ \sqrt{\cdot}$$

$$x_1 = \sqrt{\frac{1}{2}t} \text{ und } x_2 = -\sqrt{\frac{1}{2}t}$$

Schritt 3:
Prüfe, bei welchem Wert es sich um den Hochpunkt handelt. Dazu bietet sich der Test mit der zweiten Ableitung an. Wir berechnen die zweite Ableitung:

$$f_t''(x) = -12tx$$

Durch Einsetzen erhalten wir:

$$f_t''(x_1) = -12t\sqrt{\frac{1}{2}t} < 0 \quad \Rightarrow \quad \text{HP}$$
$$f_t''(x_2) = \quad 12t\sqrt{\frac{1}{2}t} > 0 \quad \Rightarrow \quad TP$$

Zur Bestimmung des y-Wertes des Hochpunktes setzen wir in die ursprüngliche Funktion ein und erhalten

$$T\left(\sqrt{0,5t}\;\middle|\;\sqrt{2t^5}\right).$$

Schritt 4:
Bestimme die Ortskurve. Für den allgemeinen Hochpunkt lesen wir ab:

$$x = \sqrt{0{,}5t} \quad \text{und} \quad y = \sqrt{2t^5}$$

Durch Umstellen der ersten Gleichung erhalten wir

$$t = 2x^2.$$

Dies können wir in die zweite Gleichung einsetzen um die Ortskurve zu erhalten:

$$y = \sqrt{2t^5} = \sqrt{2 \cdot (2x^2)^5} = 8x^5$$

Die Ortskurve der Hochpunkte ist somit durch $y = 8x^5$ gegeben.

Lösung zu Aufgabe 114

Zu Teil a):
Zur Bestimmung der Extrempunkte benötigen wir die Nullstellen der ersten Ableitung.

Schritt 1:
Berechne die erste Ableitung:

$$f_t'(x) = 3x^2 - 8t^2x + 4t^4$$

Schritt 2:
Bestimme die Nullstellen mithilfe der Mitternachtsformel:

$$x_{1,2} = \frac{8t^2 \pm \sqrt{64t^4 - 4 \cdot 4 \cdot 3 \cdot t^4}}{6}$$

Damit erhalten wir die Nullstellen

$$x_1 = 2t^2 \quad \text{und} \quad x_2 = \frac{2}{3}t^2.$$

Schritt 3:
Prüfe, ob es sich um einen Hoch- oder Tiefpunkt handelt. Hierbei bietet sich der Test mit der zweiten Ableitung an. Die zweite Ableitung ist:

$$f_t''(x) = 6x - 8t^2$$

Daraus folgt:

$$\begin{aligned} f_t''(2t^2) \quad & > 0 \quad \Rightarrow \quad \text{TP} \\ f_t''\left(\frac{2}{3}t^2\right) & < 0 \quad \Rightarrow \quad \text{HP} \end{aligned}$$

Durch Einsetzen erhalten wir die Extrempunkte

$$T_t(2t^2 \mid 0) \quad \text{und} \quad H_t\left(\frac{2}{3}t^2 \,\middle|\, \frac{32}{27}t^6\right).$$

Um die Wendepunkte zu bestimmen, suchen wir die Nullstellen der zweiten Ableitung.

Schritt 1:
Bestimme die Nullstellen von f_t'':

$$\begin{aligned} 6x - 8t^2 &= 0 \qquad\qquad \mid +8t^2, \; :6 \\ x &= \frac{4}{3}t^2 \end{aligned}$$

Schritt 2:
Prüfe, ob es sich um einen echten Wendepunkt handelt. Hierbei bietet sich der Test mit der dritten Ableitung an:

$$f_t'''(x) = 6 \neq 0 \quad \Rightarrow \quad WP$$

Durch Einsetzen in die ursprüngliche Funktion erhalten wir den Wendepunkt

$$W_t = \left(\frac{4}{3}t^2 \,\middle|\, \frac{16}{27}t^6\right).$$

Zu Teil b):
Zur Bestimmung der Ortskurve des Tiefpunkts stellen wir fest, dass alle Tiefpunkte denselben y-Wert ($y = 0$) besitzen. Damit ergibt sich die Ortskurve trivialerweise zu

$$y = 0.$$

Zur Bestimmung der Ortskurve der Wendepunkte betrachten wir die allgemeine Form des Wendepunktes und lesen ab:

$$x = \frac{4}{3}t^2 \quad \text{und} \quad y = \frac{16}{27}t^6$$

Daraus folgt

$$t = \sqrt{\frac{3}{4}x}.$$

Setzen wir das in die Formel für y ein, so erhalten wir

$$y = \frac{16}{27}t^6 = \frac{16}{27}\left(\sqrt{\frac{3}{4}x}\right)^6 = \frac{1}{4}x^3.$$

Alle Wendepunkte W_t liegen somit auf der Kurve mit der Gleichung

$$y = \frac{1}{4}x^3.$$

Lösung zu Aufgabe 115

Zu Teil a):
Alle abgebildeten Normalparabeln sind um gleich viele Einheiten nach rechts und nach oben verschoben. Die Scheitelpunkte liegen alle auf der Ursprungsgerade $y = x$. Eine mögliche Funktionsschar, die alle drei enthält ist durch f_k gegeben:

$$f_k(x) = (x - k)^2 + k$$

Zu Teil b):
Die Nullstellen der Funktionsschar können wir mit der Mitternachtsformel bestimmen. Wir erhalten:

$$x_{1,2} = \frac{2 \pm \sqrt{4 - 4 \cdot 3k}}{2k} = \frac{1 \pm \sqrt{1 - 3k}}{k}$$

Die Funktionsschar hat keine Nullstellen, wenn der Ausdruck unter der Wurzel negativ wird. Dies ist der Fall für

$$k > \frac{1}{3}.$$

Zu Teil c):
Gefragt ist nach dem Flächeninhalt zwischen zwei Funktionen.

Schritt 1:
Berechne die Schnittpunkte der Funktionen:

$$\begin{aligned} kx^2 - 2x + 3 &= -x + 3 \qquad && \Big|\, +x,\ -3 \\ kx^2 - x &= 0 \\ x \cdot (kx - 1) &= 0 \end{aligned}$$

Mit dem Satz vom Nullprodukt können wir die beiden Lösungen ablesen:

$$x_1 = 0 \quad \text{und} \quad x_2 = \frac{1}{k}$$

Schritt 2:
Berechne den Flächeninhalt A_k:

$$\begin{aligned} A_k &= \left| \int_0^{\frac{1}{k}} (kx^2 - 2x + 3) - (-x + 3) \, \mathrm{d}x \right| \\ &= \left| \left[\frac{k}{3}x^3 - \frac{1}{2}x^2 \right]_0^{\frac{1}{k}} \right| \\ &= \frac{1}{6k^2} \end{aligned}$$

Schritt 3:
Bestimme, wann die eingeschlossene Fläche genau 1 FE groß ist:

$$\begin{aligned} \frac{1}{6k^2} &= 1 \qquad && \Big|\, \cdot k^2,\ \sqrt{\cdot} \\ k &= \pm\frac{1}{\sqrt{6}} \end{aligned}$$

Kurvendiskussion

Lösung zu Aufgabe 116

Zu Teil a):
Bei der Funktion f handelt es sich um eine ganzrationale Funktion, daher ist die Definitionsmenge $\mathbb{D}_f = \mathbb{R}$.

Zu Teil b):
Die Funktion ist bereits in Linearfaktoren zerlegt. Daher können wir, durch den Satz vom Nullprodukt, die Nullstellen einfach ablesen. Diese sind

$$x_1 = 0, \quad x_2 = -3 \quad \text{und} \quad x_3 = 3.$$

Zu Teil c):
Um die Extrempunkte zu identifizieren, müssen wir die Nullstellen der ersten Ableitung f' bestimmen.

Schritt 1:
Bilde die erste Ableitung f':

$$f'(x) = 6x^2 - 18$$

Schritt 2:
Identifiziere die Nullstellen:

$$\begin{aligned} 6x^2 - 18 &= 0 && \vert +18, \ :6 \\ x^2 &= 3 && \vert \sqrt{\cdot} \\ x_{1,2} &= \pm\sqrt{3} \end{aligned}$$

Schritt 3:
Prüfe, um welche Art von Extrempunkt es sich handelt. Hierbei bietet sich der Test mittels der zweiten Ableitung an. Die zweite Ableitung ist:

$$f''(x) = 12x$$

Damit folgt:

$$\begin{aligned} f''(\sqrt{3}) > 0 \quad &\Rightarrow \quad \text{TP} \\ f''(-\sqrt{3}) < 0 \quad &\Rightarrow \quad \text{HP} \end{aligned}$$

Durch Einsetzen in die ursprüngliche Funktion erhalten wir die Extrempunkte

$$TP\left(\sqrt{3}\,\middle|\,-12\sqrt{3}\right) \quad \text{und} \quad HP\left(-\sqrt{3}\,\middle|\,12\sqrt{3}\right).$$

Zu Teil d):
Zur Bestimmung der Wendepunkte benötigen wir die Nullstellen der zweiten Ableitung

$$f''(x) = 12x.$$

Schritt 1:
Bestimme die Nullstellen:

$$12x = 0 \quad \Leftrightarrow \quad x = 0$$

Schritt 2:
Prüfe, ob es sich wirklich um einen Wendepunkt handelt. Hierbei bietet sich der Test mit der dritten Ableitung an:

$$f'''(x) = 12 \neq 0 \quad \Rightarrow \quad \text{WP}$$

Durch Einsetzen in die ursprüngliche Funktion erhalten wir den Wendepunkt

$$W(0 \mid 0).$$

Zu Teil e):
Es handelt sich hier um eine ganzrationale Funktion. Für das Verhalten im Unendlichen reicht es also, die höchste Potenz zu betrachten. Die höchste Potenz ist in diesem Fall $2x^3$. Wir können also ablesen:

$$\lim_{x\to\infty} f(x) = \lim_{x\to\infty} 2x^3 = \infty$$
$$\lim_{x\to-\infty} f(x) = \lim_{x\to-\infty} 2x^3 = -\infty$$

Zu Teil f):

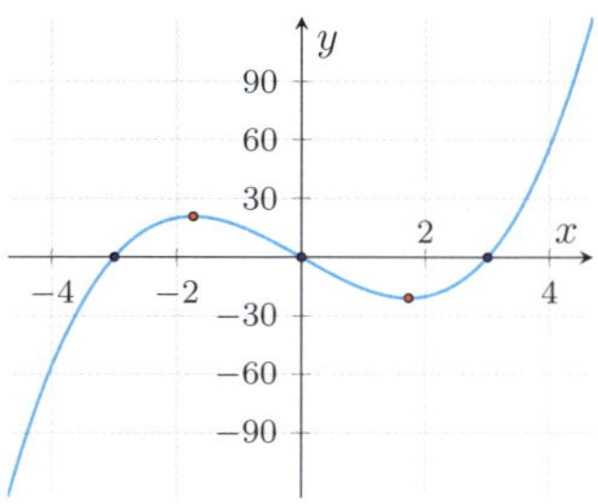

Zu Teil g):
Der Flächeninhalt, welcher von f und der x-Achse im Intervall $[0;3]$ eingeschlossen wird, kann mittels des bestimmten Integrals berechnet werden:

$$\int_0^3 f(x)\ \mathrm{d}x = \int_0^3 2x^3 - 18x\ \mathrm{d}x = \left[0,5x^4 - 9x^2\right]_0^3 = -40,5\text{FE}$$

Lösung zu Aufgabe 117

Zu Teil a):

$$f'(x) = \frac{x^2+4x-2}{(x+2)^2}$$
$$f''(x) = \frac{12}{(x+2)^3}$$

Zu Teil b):
Der Nenner der Funktion besitzt eine Nullstelle bei $x = -2$. Der Zähler hingegen ist bei $x = -2$ ungleich Null. Damit hat die Funktion dort eine senkrechte Asymptote.

Zu Teil c):
Da der Zählergrad um eins höher als der Nennergrad ist, besitzt die Funktion eine schiefe Asymptote. Diese können wir per Polynomdivision bestimmen. Wir finden:

$$\begin{array}{l} (x^2-3x-4) : (x+2) = x - 5 + \dfrac{6}{x+2} \\ \underline{-x^2-2x} \\ \quad -5x-4 \\ \quad\ \underline{5x+10} \\ \qquad 6 \end{array}$$

Somit ist die schiefe Asymptote der Funktion die Gerade $y = x - 5$.

Zu Teil d):
Zuerst bestimmen wir die Nullstellen. Hierfür muss das Zählerpolynom Null werden. Mit der Mitternachtsformel finden wir

$$x_1 = 4 \quad \text{und} \quad x_2 = -1.$$

Jetzt benötigen wir noch die Schnitthöhe an der y-Achse. Hierfür bestimmen wir $f(0) = -2$. Insgesamt erhalten wir die drei Schnittpunkte

$$S_1\,(4 \mid 0)\,,\ S_2\,(-1 \mid 0)\ \text{ und }\ S_3\,(0 \mid -2)\,.$$

Zu Teil e):
Schritt 1:
Bestimme die Nullstellen der Ableitung. Hierbei reicht es die Nullstellen des Zählers zu bestimmen. Mit der Mitternachtsformel finden wir:

$$x_{1,2} = \frac{-4 \pm \sqrt{16+8}}{2} = -2 \pm \sqrt{6}$$

Schritt 2:
Prüfe, um welche Art von Extrempunkt es sich handelt. Hierbei bietet sich der Test mit der zweiten Ableitung an:

$$\begin{aligned} f''(-2+\sqrt{6}) &> 0 \qquad &\Rightarrow \qquad &\text{TP} \\ f''(-2-\sqrt{6}) &< 0 \qquad &\Rightarrow \qquad &\text{HP} \end{aligned}$$

Durch Einsetzen in die ursprüngliche Funktion erhalten wir die korrespondierenden y-Werte. Wir finden also die Extrempunkte

$$T\left(-2+\sqrt{6}\,\middle|\,-7+2\sqrt{6}\right) \quad \text{und} \quad H\left(-2-\sqrt{6}\,\middle|\,-7-2\sqrt{6}\right).$$

Zu Teil f):
Die zweite Ableitung wird nie Null, daher gibt es keine Wendepunkte.

Zu Teil g):
Da der Zählergrad größer als der Nennergrad ist, gilt

$$\lim_{x \to \infty} f(x) = \infty.$$

Lösung zu Aufgabe 118

Zu Teil a):
Die Definitionsmenge ist $\mathbb{D}_f = \mathbb{R} \setminus \{2\}$.

Zu Teil b):
Es reicht die Nullstellen des Zählers zu bestimmen:

$$x^2 + (3-k)x - 3k = 0$$

Unter Benutzung der Mitternachtsformel erhalten wir:

$$\begin{aligned} x_{1,2} &= \frac{k-3 \pm \sqrt{(3-k)^2 + 12k}}{2} \\ &= \frac{k-3 \pm \sqrt{(3+k)^2}}{2} \\ &= \frac{k-3 \pm (k+3)}{2} \end{aligned}$$

Damit erhalten wir die Nullstellen

$$x_1 = k \quad \text{und} \quad x_2 = -3.$$

Zu Teil c):
Bilde die erste Ableitung f':

$$\begin{aligned} f'(x) &= \frac{(2x+3-k)(x-2) - (x^2 + (3-k)x - 3k)}{(x-2)^2} \\ &= \frac{x^2 - 4x + 5k - 6}{(x-2)^2} \end{aligned}$$

Zu Teil d):
Bestimme die Nullstellen mittels der Mitternachtsformel. Wieder reicht es die Nullstellen des Zählers zu bestimmen:

$$\begin{aligned} x_{1,2} &= \frac{4 \pm \sqrt{16 + 24 - 20k}}{2} \\ &= 2 \pm \sqrt{10 - 5k} \end{aligned}$$

Eine Lösung existiert nur, falls die Diskriminante größer als Null ist. Es gilt also:

$$\begin{aligned} k < 2 &\quad \Rightarrow \quad \text{Zwei Nullstellen} \\ k = 2 &\quad \Rightarrow \quad \text{Eine Nullstelle} \\ k > 2 &\quad \Rightarrow \quad \text{Keine Nullstelle} \end{aligned}$$

Zu Teil e):
Für $k = 1$ erhalten wir die Funktion

$$f_1(x) = \frac{x^2 + 2x - 3}{x - 2},$$

sowie die Ableitung

$$f_1'(x) = \frac{x^2 - 4x - 1}{(x-2)^2}.$$

Die Nullstellen der Ableitung f_1' liegen bei

$$x_1 = 2 + \sqrt{5} \quad \text{und} \quad x_2 = 2 - \sqrt{5}.$$

Um zu prüfen, um welche Art von Extrempunkten es sich handelt, bietet sich der Vorzeichenwechsel-Test an:

$$\text{Für } x_1\text{:} \quad \left.\begin{array}{lcl} f_1'(4{,}2) & < & 0 \\ f_1'(4{,}3) & > & 0 \end{array}\right\} \text{VZW. von - nach +} \quad \Rightarrow \text{ TP}$$

$$\text{Für } x_2\text{:} \quad \left.\begin{array}{lcl} f_1'(-0{,}25) & > & 0 \\ f_1'(-0{,}2) & < & 0 \end{array}\right\} \text{VZW. von + nach -} \quad \Rightarrow \text{ HP}$$

Durch Einsetzen in die Funktion f_1 erhalten wir die korrespondierenden y-Werte. Die Extrempunkte sind damit

$$TP\left(2+\sqrt{5}\,\middle|\,6+2\sqrt{5}\right) \qquad \text{und} \qquad HP\left(2-\sqrt{5}\,\middle|\,6-2\sqrt{5}\right).$$

Zu Teil f):
Um die Wendepunkte zu bestimmen, bestimmen wir zuerst die zweite Ableitung f_1'':

$$\begin{aligned} f_1''(x) &= \frac{(2x-4)(x-2)^2 - (x^2-4x-1)2(x-2)}{(x-2)^4} \\ &= \frac{(2x-4)(x-2) - 2(x^2-4x-1)}{(x-2)^3} \\ &= \frac{10}{(x-2)^3} \end{aligned}$$

Diese hat keinerlei Nullstellen, demnach hat die Funktion f_1 keine Wendepunkte.

Zu Teil g):
Der Grad des Nenners ist eins. Der Zählergrad ist zwei und damit um eins größer als der Nennergrad. Das bedeutet die Funktion f_1 hat eine schräge Asymptote. Diese können wir mittels Polynomdivision bestimmen:

$$\begin{array}{rrl}
(x^2 & +2x & -3) : (x-2) = x + 4 + \dfrac{5}{x-2} \\
-(x^2 & -2x) & \\
\hline
 & 4x & -3 \\
 & -(4x & -8) \\
\hline
 & & 5
\end{array}$$

Die Funktion hat somit eine schräge Asymptote mit der Funktionsgleichung

$$y = x + 4.$$

Spezielle Aufgabentypen

Lösung zu Aufgabe 119

Zu Teil a):
Um zu prüfen, ob die Funktion stetig ist, prüfen wir den links- und rechtsseitigen Limes der Funktion an der Stelle $x = 1$:

$$\lim_{x \to 1^+} f(x) = \lim_{x \to 1^+} \quad x-1 = 0$$
$$\lim_{x \to 1^-} f(x) = \lim_{x \to 1^-} -x+1 = 0$$

Die Funktion ist also stetig. Um die Funktion auf Differenzierbarkeit zu prüfen, bilden wir abschnittsweise die Ableitung und testen jeweils den links- und rechtsseitigen Limes:

$$\lim_{x \to 1^+} f'(x) = \lim_{x \to 1^+} \quad 1 = 1$$
$$\lim_{x \to 1^-} f'(x) = \lim_{x \to 1^-} -1 = -1$$

Die Ableitungen unterscheiden sich an der Stelle $x = 1$. Die Funktion ist also nicht differenzierbar.

Zu Teil b):
Um zu prüfen, ob die Funktion stetig ist, prüfen wir den links- und rechtsseitigen Limes der Funktion an der Stelle $x = 0$:

$$\lim_{x \to 0^+} g(x) = \lim_{x \to 0^+} x^2 = 0$$
$$\lim_{x \to 0^-} g(x) = \lim_{x \to 0^-} 2x = 0$$

Die Funktion ist also stetig. Um die Funktion auf Differenzierbarkeit zu prüfen, bilden wir abschnittsweise die Ableitung und testen jeweils den links- und rechtsseitigen Limes:

$$\lim_{x \to 0^+} g'(x) = \lim_{x \to 0^+} 2x = 0$$
$$\lim_{x \to 0^-} g'(x) = \lim_{x \to 0^-} 2 = 2$$

Die Ableitungen unterscheiden sich an der Stelle $x = 0$. Die Funktion ist also nicht differenzierbar.

Zu Teil c):
Um zu prüfen, ob die Funktion stetig ist, prüfen wir den links- und rechtsseitigen Limes der Funktion an der Stelle $x = 0$:

$$\lim_{x \to 0^+} g(x) = \lim_{x \to 0^+} -\ln(x) + 1 = \infty$$
$$\lim_{x \to 0^-} g(x) = \lim_{x \to 0^-} \ln(-x + 1) = 0$$

Die Funktion ist also nicht stetig. Um die Funktion auf Differenzierbarkeit zu prüfen, bilden wir abschnittsweise die Ableitung und testen jeweils den links- und rechtsseitigen Limes:

$$\lim_{x \to 0^+} g'(x) = \lim_{x \to 0^+} -\frac{1}{x} = -\infty$$
$$\lim_{x \to 0^-} g'(x) = \lim_{x \to 0^-} -\frac{1}{1-x} = -1$$

Die Ableitungen unterscheiden sich an der Stelle $x = 0$. Die Funktion ist also auch nicht differenzierbar. Wir wissen zudem, dass jede differenzierbare Funktion stetig sein muss. Wir hätten also erwarten können, dass die Funktion nicht differenzierbar ist.

Lösung zu Aufgabe 120

Zu Teil a):

$$\begin{array}{l}
(x^3 - 2x^2 - 5x + 6) : (x - 1) = x^2 - x - 6 \\
\underline{-x^3 + x^2} \\
\quad - x^2 - 5x + 6 \\
\quad \underline{+ x^2 - x} \\
\qquad - 6x + 6 \\
\qquad \underline{+ 6x - 6} \\
\qquad\qquad 0
\end{array}$$

Zu Teil b):

$$\begin{array}{l} (x^3+2x^2-x-2):(x+2)=x^2-1 \\ \underline{-x^3-2x^2} \\ \quad -x-2 \\ \quad \underline{+x+2} \\ \quad\quad 0 \end{array}$$

Zu Teil c):
Hier kann der Ausdruck auch durch genaues Hinschauen vereinfacht werden. Es ist nicht immer notwendig die Polynomdivision anzuwenden.

$$h(x) = \frac{x^2-4x+4}{x-2} = \frac{(x-2)^2}{x-2} = x-2$$

Lösung zu Aufgabe 121

Zu Teil a):

$$\int_0^{2\pi} x \cdot \cos(x)\,\mathrm{d}x = \Big[\, x \cdot \sin(x)\Big]_0^{2\pi} - \int_0^{2\pi} \sin(x)\,\mathrm{d}x = 0$$

Zu Teil b):

$$\int_0^1 x \cdot e^x\,\mathrm{d}x = \Big[x \cdot e^x\Big]_0^1 - \int_0^1 e^x\,\mathrm{d}x = e-e+1 = 1$$

Zu Teil c):

$$\int_0^{\frac{\pi}{2}} \sin(x)\cdot\cos(x)\,\mathrm{d}x = \Big[\sin^2(x)\Big]_0^{\frac{\pi}{2}} - \int_0^{\frac{\pi}{2}} \sin(x)\cdot\cos(x)\,\mathrm{d}x$$

Stellen wir diese Gleichung um, so erhalten wir:

$$\int_0^{\frac{\pi}{2}} \sin(x)\cdot\cos(x)\,\mathrm{d}x = \Big[\frac{1}{2}\sin^2(x)\Big]_0^{\frac{\pi}{2}} = \frac{1}{2}$$

Lösung zu Aufgabe 122

Wir benutzen partielle Integration. Dazu wählen wir $u(x) = x$ und $v(x) = \frac{1}{x}$.

$$x = \int \frac{x}{x}\,\mathrm{d}x \overset{p.I.}{=} x \cdot \ln(x) - \int \ln(x)\,\mathrm{d}x$$

Stellen wir das um, so erhalten wir:

$$\int \ln(x) = x \cdot \ln(x) - x$$

Lösung zu Aufgabe 123

Zu Teil a):
Zuerst müssen wir eine passende Substitutionsregel wählen. Hier bietet sich die Substitution $u = 2x$ an. Wir erhalten:

$$u'(x) = \frac{\mathrm{d}u}{\mathrm{d}x} = 2 \quad \Rightarrow \quad \mathrm{d}x = \mathrm{d}u \cdot \frac{1}{2}$$

Führen wir die Substitution durch, so erhalten wir:

$$\int 2e^{2x}\,\mathrm{d}x = \int 2e^{u} \cdot \frac{1}{2}\,\mathrm{d}u = e^{u} + c$$

Nun muss noch die Rücksubstitution ausgeführt werden. Damit ergibt sich:

$$\int 2e^{2x}\,\mathrm{d}x = e^{2x} + c$$

Zu Teil b):
Zuerst müssen wir eine passende Substitutionsregel wählen. Hier bietet sich die Substitution $u = x^2$ an. Wir erhalten:

$$u'(x) = \frac{\mathrm{d}u}{\mathrm{d}x} = 2x \quad \Rightarrow \quad \mathrm{d}x = \mathrm{d}u \cdot \frac{1}{2x}$$

Für die Substitution der Grenzen erhalten wir:

$$\text{Obere Grenze: } u(1) = 1^2 = 1$$
$$\text{Untere Grenze: } u(0) = 0^2 = 0$$

Führen wir die Substitution durch, so erhalten wir:

$$\int_0^1 x \cdot \ln(x^2)\ \mathrm{d}x = \int_0^1 x \cdot \ln(u) \cdot \frac{1}{2x}\ \mathrm{d}u = \frac{1}{2} \cdot \int_0^1 \ln(u)\ \mathrm{d}u$$

Wir wissen, dass die Funktion $f(x) = \ln(u)$ bei Null divergiert. Die untere Integralgrenze muss daher im Sinne eines uneigentlichen Integrals behandelt werden. Wir schreiben:

$$\frac{1}{2} \cdot \int_0^1 \ln(u)\ \mathrm{d}u = \frac{1}{2} \lim_{a \to 0} \cdot \int_a^1 \ln(u)\ \mathrm{d}u = \frac{1}{2} \lim_{a \to 0} \left(-1 - a\ln(a) + a\right) = -\frac{1}{2}$$

Zu Teil c):
Die Substitutionsregel ist in diesem Fall vorgegeben. Wir erhalten:

$$x'(u) = \frac{\mathrm{d}x}{\mathrm{d}u} = \cos(u) \quad \Rightarrow \quad \mathrm{d}x = \cos(u) \cdot \mathrm{d}u$$

Für die Substitution der Grenzen erhalten wir:

$$\begin{aligned} &\text{Obere Grenze: } u(1) = \sin^{-1}(1) = \frac{\pi}{2} \\ &\text{Untere Grenze: } u(0) = \sin^{-1}(0) = 0 \end{aligned}$$

Führen wir die Substitution durch, so erhalten wir:

$$\int_0^1 \frac{1}{\sqrt{1 - x^2}}\ \mathrm{d}x = \int_0^{\frac{\pi}{2}} \frac{1}{\sqrt{1 - \sin^2(u)}} \cdot \cos(u)\ \mathrm{d}u$$

Benutzen wir nun die Identität, so folgt:

$$\int_0^{\frac{\pi}{2}} \frac{1}{\sqrt{1 - \sin^2(u)}} \cdot \cos(u)\ \mathrm{d}u = \int_0^{\frac{\pi}{2}} \frac{1}{\cos(u)} \cdot \cos(u)\ \mathrm{d}u = \frac{\pi}{2}$$

Umfangreiche Aufgaben

Lösung zu Aufgabe 124

Aufgabenteil 1:

Zu Teil a):
In die Logarithmusfunktion $\ln(z)$ dürfen nur Werte $z > 0$ eingesetzt werden. Hier muss also gelten $\cos(x) > 0$. Dies gilt für die Werte

$$-\frac{1}{2}\pi < x < \frac{1}{2}\pi\,; \quad \frac{3}{2}\pi < x < \frac{5}{2}\pi\,; \quad \frac{7}{2}\pi < x < \frac{9}{2}\pi\,; \quad \ldots$$

Für ein beliebiges $n \in \mathbb{Z}$ kann dies verallgemeinert werden zu

$$\frac{4n-1}{2}\pi < x < \frac{4n+1}{2}\pi \quad n \in \mathbb{Z}.$$

Die Definitionsmenge $\mathbb{D}_f$ ergibt sich damit zu

$$\mathbb{D}_f = \left\{ x \in \mathbb{R} \,\middle|\, x \in \left(\frac{4n-1}{2}\pi; \frac{4n+1}{2}\pi \right), n \in \mathbb{Z} \right\}.$$

Zu Teil b):
Auf der in Teil a) bestimmten Definitionsmenge nimmt die Funktion $\cos(x)$ nur Werte im Intervall $]0;1]$ an. Zudem wissen wir, dass die Logarithmusfunktion streng monoton ist. Damit erhalten wir durch Einsetzen der Grenzen die Wertemenge

$$\mathbb{W}_f =]-\infty; 0].$$

Zu Teil c):
Gesucht ist nach den Nullstellen der Funktion f:

$$\begin{aligned} f(x) = \ln(\cos(x)) = 0 \quad &\Leftrightarrow \quad \cos(x) = 1 \\ &\Leftrightarrow \quad x = 2\pi n\,, \quad n \in \mathbb{N} \end{aligned}$$

Zu Teil d):
Wir bestimmen die ersten beiden Ableitungen der Funktion:

$$\begin{aligned} \tilde{f}'(x) &= \frac{1}{\cos(x)} \cdot (-\sin(x)) &&= -\tan(x) \\ \tilde{f}''(x) &= -\frac{\cos^2(x) - (-\sin^2(x))}{\cos^2(x)} &&= -\frac{1}{\cos^2(x)} \end{aligned}$$

In der letzten Umformung wurde eine trigonometrische Identiät benutzt:

$$\sin^2(x) + \cos^2(x) = 1$$

Zu Teil e):
Um die Lage aller Extrempunkte zu bestimmen, ermitteln wir die Nullstellen der ersten Ableitung $\tilde{f}'$:

$$\begin{aligned} \tilde{f}'(x) = 0 \quad &\Leftrightarrow \quad \tan(x) = 0 \\ &\Leftrightarrow \quad x = n \cdot \pi \quad n \in \mathbb{Z} \end{aligned}$$

Mit der eingeschränkten Definitionsmenge erhalten wir lediglich eine einzige Nullstelle bei $x = 0$. Die Art des Extrempunktes kann mittels der zweiten Ableitung ermittelt werden. Dort gilt:

$$\tilde{f}''(0) = -1 < 0 \quad \Rightarrow \quad \text{HP}$$

Der y-Wert kann durch Einsetzen in die ursprüngliche Funktion $\tilde{f}$ ermittelt werden. Wir erhalten den Hochpunkt

$$\text{HP}(0 \mid 0).$$

Zu Teil f):
Die zweite Ableitung ist stets negativ. Die Funktion kann demnach keine Wendepunkte besitzen.

Zu Teil g):
Die natürliche Logarithmusfunktion ist stetig, daher gilt:

$$\lim_{x \to -\frac{\pi}{2}} \ln(\cos(x)) = \lim_{y \to 0} \ln(y) = -\infty$$
$$\lim_{x \to \frac{\pi}{2}} \ln(\cos(x)) = \lim_{y \to 0} \ln(y) = -\infty$$

Die Funktion kann nun wie folgt gezeichnet werden:

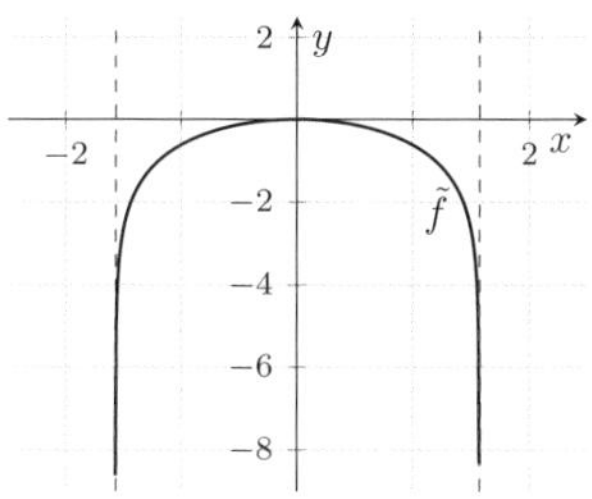

Aufgabenteil 2:

Zu Teil a):
Der Flächeninhalt A kann mittels des bestimmten Integrals berechnet werden:

$$A = \left| \int_0^{1,5} g(x)\,\mathrm{d}x \right| = \left| \int_0^{1,5} -\frac{x^2}{2} - \frac{x^4}{12}\,\mathrm{d}x \right| = \left| \left[-\frac{1}{6}x^3 - \frac{1}{60}x^5 \right]_0^{1,5} \right| \approx 0{,}69\,\mathrm{FE}$$

Der Flächeninhalt weicht also um etwa

$$p = \frac{0{,}83 - 0{,}69}{0{,}83} \approx 16{,}87\%$$

vom vorherigen Flächeninhalt ab.

Zu Teil b):
Die Funktion g schneidet nie die x-Achse, nimmt also nur Werte $g(x) \leq 0$ an. Die Flächenbilanz im Intervall $[-1{,}5\,; x]$ wechselt also nie ihr Vorzeichen. Damit hat die Integralfunktion G lediglich eine triviale Nullstelle bei $x = -1{,}5$.

Zu Teil c):
Gefragt ist nach der Umkehrfunktion der Funktion g.

Schritt 1:
Schreibe die Funktion allgemein auf:

$$y = -\frac{x^2}{2} - \frac{x^4}{12}$$

Schritt 2:
Vertausche x und y, und löse nach y auf. Hierzu benutzen wir die Substitution $u = y^2$:

$$\begin{aligned} -\frac{y^2}{2} - \frac{y^4}{12} &= x && \mid y^2 = u,\ -x \\ -\frac{u}{2} - \frac{u^2}{12} - x &= 0 && \mid \cdot (-12) \\ u^2 + 6u + 12x &= 0 \end{aligned}$$

Diese Gleichung kann mittels der Mitternachtsformel gelöst werden.

$$\begin{aligned} u_1 &= -3 + \sqrt{9 - 12x} \\ u_2 &= -3 - \sqrt{9 - 12x} \end{aligned}$$

Hier ist lediglich die erste Lösung relevant, da die zweite stets negativ ist und somit keine reelle Lösung der Gleichung $y^2 = u_2$ existiert. Somit erhalten wir durch das Ziehen der Wurzel die Lösung

$$y = \pm\sqrt{-3 + \sqrt{9 - 12x}}.$$

Nun müssen wir noch entscheiden, welches Vorzeichen zu wählen ist. Wir suchen die Umkehrfunktion von g auf dem Intervall $[0; \frac{\pi}{2}[$. Dies entspricht der Wertemenge der Umkehrfunktion g^{-1}. Wir müssen also das positive Vorzeichen wählen. Damit erhalten wir die Umkehrfunktion

$$g^{-1}(x) = \sqrt{-3 + \sqrt{9 - 12x}}$$

Zu Teil d):
Hier bietet es sich an eine Skizze anzufertigen:

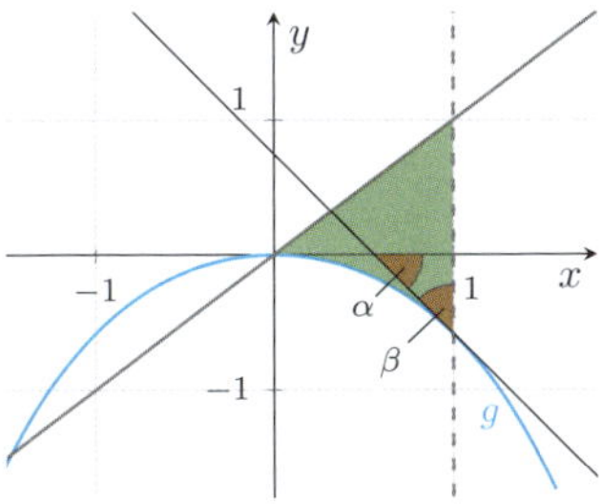

Der Flächeninhalt A_B des Beetes kann mit dem bestimmen Integral ermittelt werden.

$$A_B = \left|\int_0^1 x - g(x)\, \mathrm{d}x\right| = \left|\int_0^1 x + \frac{x^2}{2} + \frac{x^4}{12}\, \mathrm{d}x\right| = \left|\left[\frac{1}{2}x^2 + \frac{1}{6}x^3 + \frac{1}{60}x^5\right]_0^1\right| \approx 0{,}83$$

Zudem ist noch nach dem Schnittwinkel β der Funktion g und der dritten Begrenzung gefragt. Dazu berechnen wir zuerst den Winkel α, den die Tangente der Funktion g an der Stelle $x = 1$ mit der x-Achse einschließt. Es gilt:

$$\tan(\alpha) = g'(1) = -\frac{4}{3} \quad \Leftrightarrow \quad \alpha \approx 53{,}13°$$

Wie wir der Skizze entnehmen können gilt für den gesuchten Winkel

$$\beta = 90° - \alpha = 36{,}87°.$$

Gustav hat also keine seiner Anforderungen erfüllt.
Würde die vertikale Grenze bei $x = 1$ nach links verschoben werden, so würde der Winkel β wachsen, jedoch sich der Flächeninhalt des Beetes verkleinern. Würde die Grenze nach rechts verschoben werden, so würde der Flächeninhalt wachsen, jedoch der Winkel sich verkleinern. Da jedoch beide Werte unterhalb seiner Anforderungen liegen, können seine Wünsche demnach nie beide erfüllt werden.

Lösung zu Aufgabe 125

Aufgabenteil 1:

Zu Teil a):
Hier muss gezeigt werden, dass die Funktion keine Nullstellen besitzt und sich im Unendlichen der 0 annähert.
Werden mit Hilfe der Mitternachtsformel die Nullstellen berechnet, erhält man direkt einen Widerspruch:

$$t_{1,2} = \frac{1 \pm \sqrt{1-4}}{2} = \frac{1 \pm \sqrt{-3}}{2} \quad \text{↯ } \textit{Widerspruch}$$

Das Verhalten im Unendlichen kann mithilfe der Dominanz- oder der L'Hospital-Regel untersucht werden:

$$\lim_{t\to\infty} e^{-(t-2)}(t^2 - t + 1) = \lim_{t\to\infty} \frac{t^2 - t + 1}{e^{t-2}} \overset{\text{L'Hospital}}{=} \lim_{t\to\infty} \frac{2t-1}{e^{t-2}} \overset{\text{L'Hospital}}{=} \lim_{t\to\infty} \frac{2}{e^{t-2}} = 0$$

Schneller (bzw. ohne die Regel von L'Hospital) geht es, wenn man sich daran erinnert, dass die natürliche Exponentialfunktion schneller wächst als jede Polynomfunktion. Daher dominiert bei dieser Grenzwertbildung der Nenner e^{t-2} gegenüber dem Zähler $t^2 - t + 1$ und der gesamte Grenzwert ist 0.

Zu Teil b):
Schritt 1:
Stelle die ersten beiden Ableitungen der Funktion f auf:

$$f'(t) = e^{-(t-2)}(-t^2 + 3t - 2)$$
$$f''(t) = e^{-(t-2)}(t^2 - 5t + 5)$$

Schritt 2:
Setze die erste Ableitung Null, um die Extrema zu berechnen:

$$\begin{aligned} & f'(t) = 0 \\ \Leftrightarrow \quad & \overbrace{e^{-(t-2)}}^{>0}(-t^2+3t-2) = 0 \\ \Leftrightarrow \quad & -t^2+3t-2 = 0 \\ \Leftrightarrow \quad & t_{1,2} = \frac{-3 \pm \sqrt{9-4\cdot 2}}{-2} = \frac{3}{2} \mp \frac{1}{2} \end{aligned}$$

Die Extrempunkte liegen also bei $t_1 = 1$ und $t_2 = 2$.
Schritt 3:
Indem diese Werte in die zweite Ableitung eingesetzt werden, kann die Art jener Punkte bestimmt werden:

$$\begin{aligned} f''(t_1) &= e^1(1-5+5) = e > 0 \qquad && \Rightarrow \text{TP} \\ f''(t_2) &= e^0(4-10+5) = -1 < 0 \qquad && \Rightarrow \text{HP} \end{aligned}$$

Schritt 4:
Nun müssen noch die Punkte inkl. y-Werte angegeben werden. Dazu setzen wir t_1 und t_2 in die ursprüngliche Funktion ein und erhalten

$$\text{TP}(1 \mid e) \qquad \text{und} \qquad \text{HP}(2 \mid 3).$$

Schritt 5:
Da der Definitionsbereich eingeschränkt ist, müssen wir noch die Ränder überprüfen, ob diese eventuell auch ein Extremum darstellen (wie die Abbildung vermuten lässt):

$$f(0) = e^2 \cdot 1 > 3 \qquad \Rightarrow \text{HP}(0 \mid e^2)$$

Hier bezeichnet der Punkt sogar das globale Maximum der Funktion, da sein y-Wert über dem des berechneten Hochpunktes liegt.
Wir erhalten also drei(!) Extrempunkte.

Schritt 6:
Da die Funktion f die Geschwindigkeit des Autos beschreibt, können wir sagen, dass das Auto innerhalb der ersten Stunde abbremst, dann leicht beschleunigt, und nach einer weiteren Stunde wieder an Geschwindigkeit verliert, bis es letztendlich zum Stehen kommt.

Zu Teil c):
Da das globale Maximum bei $t = 0$ liegt, beträgt die maximale Geschwindigkeit $e^2 \cdot 10\frac{\text{km}}{\text{h}} \approx 73{,}89\frac{\text{km}}{\text{h}}$.

Zu Teil d):
Wir suchen die Extrempunkte der Funktion f'. Dies können die Wendepunkte der Funktion f sein, jedoch darf auch hier der Rand nicht vergessen werden.

Schritt 1:
Um die Wendepunkte zu bestimmen, setze die zweite Ableitung gleich Null:

$$\begin{aligned} & f''(t) = 0 \\ \Leftrightarrow \quad & \overbrace{e^{-(t-2)}}^{>0}(t^2 - 5t + 5) = 0 \\ \Leftrightarrow \quad & t^2 - 5t + 5 = 0 \\ \Leftrightarrow \quad & t_{3,4} = \frac{5 \pm \sqrt{25 - 4 \cdot 5}}{2} = \frac{5}{2} \pm \frac{\sqrt{5}}{2} \end{aligned}$$

Die möglichen Wendepunkte liegen also bei $t_3 = \frac{5}{2} + \frac{\sqrt{5}}{2}$ und $t_4 = \frac{5}{2} - \frac{\sqrt{5}}{2}$.

Schritt 2:
Bestimme die Beschleunigungen an den möglichen Wendepunkten, sowie bei $t = 0$:

$$\begin{aligned} f'(t_3) &\approx -0{,}84 \\ f'(t_4) &\approx 0{,}44 \\ f'(0) &\approx -14{,}78 \end{aligned}$$

Die betragsmäßig größte Beschleunigung findet also gleich zu Beginn bei $t = 0$ statt.

Zu Teil e):
Um zu zeigen, dass es sich hier um Stammfunktionen handelt, leiten wir diese ab:

$$\begin{aligned} F_k'(t) &= -e^{-(t-2)}(2t+1) + e^{-(t-2)}(t^2 + t + 2) \\ &= e^{-(t-2)}(t^2 - t + 1) \\ &= f(t) \end{aligned}$$

Zu Teil f):
Die zum Zeitpunkt t zurückgelegte Strecke kann durch eine Integralfunktion bestimmt werden. Diese ist zwangsläufig Teil der Funktionsschar F_k, hat jedoch die zusätzliche Anforderung, dass sie zum Zeitpunkt $t = 0$ eine Nullstelle besitzen muss, da hier noch keine Strecke zurückgelegt wurde. Die passende Stammfunktion muss also den Ursprung schneiden. Damit können wir das passende k bestimmen:

$$F_k(0) = 0 \quad \Leftrightarrow \quad k = 2e^2$$

Die gesuchte Funktion lautet also:

$$G(t) = -e^{-(t-2)}(t^2 + t + 2) + 2e^2$$

Zu Teil g):
Um die insgesamt zurückgelegte Strecke zu ermitteln, betrachten wir das Verhalten von $G(t)$ im Unendlichen:

$$\begin{aligned}\lim_{t\to\infty} G(t) &= \lim_{t\to\infty} -e^{-(t-2)}(t^2 + t + 2) + 2e^2\\ &= \lim_{t\to\infty} \frac{t^2+t+2}{-e^{t-2}} + 2e^2\\ &\overset{\text{L'Hospital}}{=} \lim_{t\to\infty} \frac{2t+1}{-e^{t-2}} + 2e^2\\ &\overset{\text{L'Hospital}}{=} \lim_{t\to\infty} \frac{2}{-e^{t-2}} + 2e^2 = 2e^2\end{aligned}$$

Das Auto legt also seit Beobachtungsbeginn insgesamt ca. 148km zurück.

Aufgabenteil 2:

Zu Teil a):
Um den Unterschied der zurückgelegten Strecken zu ermitteln, müssen wir die Fläche zwischen den Funktionen im Intervall von 0 bis 4 berechnen:

$$\begin{aligned}\int_0^4 s(t) - g(t)\,\mathrm{d}t &= \int_0^4 -t^4 + 8t^3 - \frac{75}{4}t^2 + \frac{49}{4}t\,\mathrm{d}t\\ &= \Big[-\frac{1}{5}t^5 + 2t^4 - \frac{25}{4}t^3 + \frac{49}{8}t^2\Big]_0^4\\ &= 5{,}2 \cdot 10\frac{\mathrm{km}}{\mathrm{h}} \cdot \mathrm{min} = \frac{52}{60}\mathrm{km}\end{aligned}$$

Das schwarze Auto fährt also etwas weniger als einen Kilometer mehr und hat damit gewonnen.

Zu Teil b):
Wir führen die gleiche Berechnung wie in Teil a) durch:

$$\begin{aligned}\int_0^4 s(t) - g_m(t)\,\mathrm{d}t &= \int_0^4 -t^4 + 8t^3 - \frac{75}{4}t^2 + \left(\frac{73}{4} - m\right)t\,\mathrm{d}t\\ &= \Big[-\frac{1}{5}t^5 + 2t^4 - \frac{25}{4}t^3 + \frac{73-4m}{8}t^2\Big]_0^4\\ &= 53{,}2 - 8m\,\mathrm{FE}\end{aligned}$$

Allerdings sollte nun das Ergebnis kleiner als Null sein, damit der grüne Wagen mehr Strecke zurückgelegt hat:

$$53{,}2 - 8m < 0 \quad \Leftrightarrow \quad 6{,}65 < m$$

Der Parameter m muss also mindestens den Wert 7 annehmen, damit der grüne Wagen gewinnt.

Aufgabenteil 3:

Zu Teil a):
Schritt 1:
Wir stellen die Funktion $b(t)$ mithilfe der Angaben auf:

$$b(t) = m \cdot t + c = -\frac{a_{max}}{300} \cdot \frac{\text{s}}{\text{m}} \cdot t + 100$$

Schritt 2:
Da der Tank mindestens eine Stunde durchhalten soll, Jona aber so schnell wie möglich beschleunigen möchte, soll der Tank genau nach 60 Minuten zuneige gehen. Es gilt also:

$$b(3600) = 0 \quad \Leftrightarrow \quad a_{max} \approx 8{,}3\frac{\text{m}}{\text{s}^2}$$

Zu Teil b):
Um die exakte Funktion für Jonas Auto anzugeben, müssen wir den Parameter k berechnen. Dies können wir erreichen, indem wir den Wendepunkt der Funktion $v_k(t)$ ausrechnen und diese Beschleunigung mit a_{max} gleichsetzen.

Schritt 1:
Da die Funktion $v_k(t)$ die Geschwindigkeit in $\frac{\text{km}}{\text{h}}$ angibt, die Beschleunigung allerdings in $\frac{\text{m}}{\text{s}^2}$ beschrieben ist, müssen wir die Geschwindigkeitseinheit durch 3,6 dividieren, um sie in $\frac{\text{m}}{\text{s}}$ umzuwandeln:

$$w(t) := \frac{1}{3{,}6} \cdot v_k(t) = \frac{5}{18}\left(\frac{200}{1 + 200e^{-kt}} - \frac{200}{201}\right)$$

Schritt 2:
Wir berechnen die ersten beiden Ableitungen von $w(t)$:

$$\begin{aligned} w'(t) &= \frac{5}{18} \cdot \frac{40000e^{-kt} \cdot k}{(1+200e^{-kt})^2} \\ w''(t) &= \frac{5}{18} \cdot 40000 \frac{(1+200e^{-kt})^2 ke^{-kt}(-k) - e^{-kt}2k(1+200e^{-kt})200e^{-kt}(-k)}{(1+200e^{-kt})^4} \\ &= \frac{5}{18} \cdot 40000e^{-kt}k^2 \frac{200e^{-kt}-1}{(1+200e^{-kt})^3} \end{aligned}$$

Schritt 3:
Nun setzen wir die zweite Ableitung gleich Null:

$$\begin{aligned} w''(t) &= 0 \\ \frac{5}{18} \cdot 40000e^{-kt}k^2 \frac{200e^{-kt}-1}{(1+200e^{-kt})^3} &= 0 && \Big| : \left(\frac{5}{18} \cdot 40000e^{-kt}k^2\right), \quad \cdot (1+200e^{-kt})^3 \\ 200e^{-kt} - 1 &= 0 && \Big| +1, \ :200, \ \ln(\cdot) \\ -kt &= \ln\left(\frac{1}{200}\right) && \Big| : (-k) \\ t_0 &= -\frac{\ln\left(\frac{1}{200}\right)}{k} \end{aligned}$$

Da wir wissen, dass es einen einzigen Wendepunkt gibt, müssen wir die Nullstelle nicht mehr weiter überprüfen.

Schritt 4:
Indem wir die Wendestelle t_0 in die erste Ableitung einsetzen, erhalten wir den Wert der maximalen Beschleunigung. Diesen setzen wir mit a_{max} gleich und formen nach k um:

$$\begin{aligned} a_{max} &= w'(t_0) \\ 8{,}3 &= \frac{5}{18} 40000 \frac{\frac{1}{200}k}{(1+200\frac{1}{200})^2} \\ 8{,}3 &= \frac{5}{18} 40000 \frac{1}{800} k \\ 8{,}3 &= \frac{125}{9} k && \Big| \cdot \frac{9}{125} \\ k &= 0{,}5976 \end{aligned}$$

Schritt 5:
Die Funktion, die Jonas Auto modelliert lautet:

$$v(t) = \frac{200}{1 + 200e^{-0{,}5976t}} - \frac{200}{201}$$

Lösung zu Aufgabe 126

Zu Teil a):
Es soll gezeigt werde, dass die Funktion G ein mögliche Stammfunktion der Funktion g ist. Hierzu genügt es G abzuleiten:

$$G'(x) = \ln(x) + \frac{x}{x} - 1 = \ln(x) = g(x)$$

Da die Ableitung von G der Funktion g entspricht, handelt es sich in der Tat um eine Stammfunktion.

Zu Teil b):
Wir wissen, dass sich alle Stammfunktionen einer Funktion lediglich um eine Konstante unterscheiden. Unser Ansatz lautet daher:

$$G_c(x) = x \cdot \ln(x) - x + c$$

Es muss gelten $G_c(e) = e$. Damit folgt:

$$e \cdot \ln(e) - e + c = e \quad \Leftrightarrow \quad c = e$$

Die gesuchte Stammfunktion lautet also:

$$G_e(x) = x \cdot \ln(x) - x + e$$

Zu Teil c):
Der Graph der Funktion g wurde um jeweils eine Längeneinheit nach rechts und nach unten verschoben.

Zu Teil d):
Wir wissen, dass das Argument der Logarithmus-Funktion niemals negativ oder null werden darf. Es muss also stets $x > 1$ gelten.

Als nächstes bestimmen wir alle Nullstellen der Funktion:

$$\begin{aligned} -1 + \ln(x-1) &= 0 && \mid +1 \\ \ln(x-1) &= 1 && \mid e^{(\cdot)} \\ x - 1 &= e && \mid +1 \\ x &= 1 + e \end{aligned}$$

Die Definitionsmenge soll so gewählt werden, dass die Wertemenge keine positiven Werte enthält. Der Wert der Funktion ändert sich nur an den Nullstellen. Für $x < 1+e$ ist die Funktion negativ. Die gesuchte Defintionsmenge ist also

$$\mathbb{D}_f =]1; 1+e].$$

Zu Teil e):
Da die Vase rotationssymmetrisch ist, muss die Profilansicht achsensymmetrisch sein. Die linke Außenkante kann also durch die Funktion $j(x)$ beschrieben werden, die sich ergibt, wenn die Funktion $f(x)$ an der y-Achse gespiegelt wird. Wir erhalten

$$j(x) = f(-x) = -1 + \ln(-x-1) \quad \text{und} \quad \mathbb{D}_j = [-1-e, -r].$$

Beachte, dass auch der Definitionsbereich gespiegelt werden muss.

Zu Teil f):
Wie wir der Grafik entnehmen können gilt $h = |f(r)|$. Hierbei ist es wichtig den Betrag zu benutzen, da der Funktionswert negativ ist. Dies ist gleichbedeutend mit $h = -f(r)$. Da die Vase einen Durchmesser von 30cm hat gilt $r = 1{,}5$. Damit können wir die Höhe h bestimmen:

$$h = -\left(-1 + \ln(1{,}5 - 1)\right) \approx 1{,}69\,\text{LE}$$

Die Vase hat also eine Höhe von etwa 17cm.

Zu Teil g):
Der eingeschlossene Flächeninhalt kann am einfachsten bestimmt werden, wenn er wie in der Grafik in drei Teile eingeteilt wird:

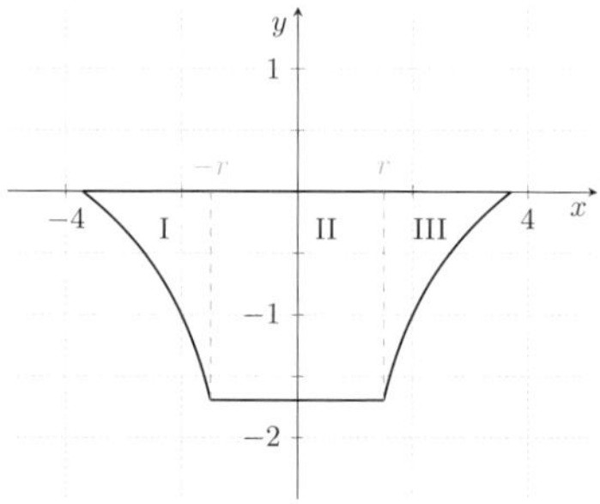

Die Bereiche I und III haben den gleichen Flächeninhalt. Der Flächeninhalt II kann einfach bestimmt werden, da es sich hier um ein Rechteck handelt. Es gilt:

$$A_{\mathrm{II}} = 2r \cdot h \approx 5{,}07\,\mathrm{FE}$$

Der dritte Flächeninhalt kann mittels des bestimmten Integrals berechnet werden:

$$A_{\mathrm{III}} = \left| \int_r^{1+e} f(x)\,\mathrm{d}x \right|$$

Die Stammfunktion der natürlichen Logarithmus-Funktion kennen wir aus Teilaufgabe a). Zudem benutzen wir die Regel für die Stammfunktion linear verketteter Funktionen. Damit folgt:

$$\begin{aligned} A_{\mathrm{III}} &= \left| \int_r^{1+e} (-1 + \ln(x-1))\,\mathrm{d}x \right| \\ &= \left| \Big[-x + (x-1)\cdot \ln(x-1) - (x-1) \Big]_r^{1+e} \right| \\ &\approx 1{,}37\,\mathrm{FE} \end{aligned}$$

Insgesamt erhalten wir

$$A = 2 \cdot A_{\mathrm{III}} + A_{\mathrm{II}} \approx 7{,}81\,\mathrm{FE}.$$

Zu Teil h):

Die Funktionsschar hat keine Extrempunkte, wenn die erste Ableitung f_k' keine Nullstellen hat. Wir berechnen die erste Ableitung:

$$f_k'(x) = \frac{6x^2 - 30x + 7k}{k}$$

Die Nullstellen können mit Hilfe der Mitternachtsformel bestimmt werden.

$$x_{1,2} = \frac{\frac{30}{k} \pm \sqrt{\frac{900}{k^2} - 4 \cdot 7 \cdot \frac{6}{k}}}{\frac{12}{k}} = \frac{30 \pm \sqrt{900 - 168k}}{12}$$

Die Ableitung f_k' hat keine Nullstellen, wenn die Diskriminante negativ wird. Also:

$$900 - 168k < 0 \quad \Leftrightarrow \quad k > \frac{75}{14}$$

Die Funktionsschar hat also für $k > \frac{75}{14}$ keine Extrempunkte.

Zu Teil i):
Damit die Funktion einen Wendepunkt besitzt, muss die zweite Ableitung dort notwendigerweise eine Nullstelle besitzen. Wir berechnen die zweite Ableitung:

$$f_k''(x) = \frac{12x - 30}{k}$$

Wir sehen, dass die zweite Ableitung für alle Werte von k bei $x = 2{,}5$ eine Nullstelle besitzt. Da die dritte Ableitung zudem stets größer als Null ist, hat die Funktionsschar dort immer einen Wendepunkt.

Lösung Lineare Algebra

Lineare Gleichungssysteme

Lösung zu Aufgabe 127

Schritt 1:
Wir wählen folgende Variablen:

$$\begin{aligned} r &: \text{ Anzahl der roten Kugeln} \\ b &: \text{ Anzahl der blauen Kugeln} \\ g &: \text{ Anzahl der grünen Kugeln} \end{aligned}$$

Schritt 2:
Wir entnehmen dem Text die folgenden Informationen:

- Info 1: Insgesamt gibt es 12 Kugeln:

$$\Leftrightarrow \quad (1): \quad r + b + g = 12$$

- Info 2: Es gibt drei mal so viele blaue wir rote Kugeln:

$$\begin{aligned} && b &= 3r && \big| -b \\ \Leftrightarrow & \quad (2): & 3r - b &= 0 \end{aligned}$$

- Info 3: Zu 66,66% zieht man eine grüne Kugel:

$$\begin{aligned} && g &= 0{,}6666 \cdot 12 \\ \Leftrightarrow & \quad (3): & g &= 8 \end{aligned}$$

Schritt 3:
Nun stellen wir das LGS auf:

$$\begin{aligned} (1): & \quad r + b + g = 12 \\ (2): & \quad 3r - b = 0 \\ (3): & \quad g = 8 \end{aligned}$$

Schritt 4:
Löse das Gleichungssystem wie folgt:

$$(2)' = (2) + (1): 4r + g = 12$$

Setzen wir (3) in $(2)'$ ein, so erhalten wir $r = 1$. Mit Gleichung (2) folgt damit $b = 3$. Es gibt also 8 grüne, 3 blaue und eine rote Kugel.

Lösung zu Aufgabe 128

Zu Teil a):
Hier bietet sich das Additionsverfahren an. Wir berechnen:

$$\begin{aligned} (3)' &= (3) - 2\cdot(1): & -2y &= 6 \\ (2)' &= (2) + \quad (3): & x + 3z &= 5 \end{aligned}$$

Aus $(3)'$ erhalten wir $y = -3$. Aus $(2)'$ erhalten wir $x = 5 - 3z$. Eingesetzt in (1) folgt:

$$\begin{aligned} (1)': \ 3\cdot(5-3z) + 2\cdot(-3) + 2z &= 2 \\ -7z + 9 &= 2 && \mid -9 \\ -7z &= -7 && \mid : (-7) \\ z &= 1 \end{aligned}$$

Damit erhalten wir $x = 2$, $y = -3$ und $z = 1$.

Zu Teil b):
Hier bietet sich das Additionsverfahren an. Wir berechnen:

$$\begin{aligned} (1)' &= (1) - 2\cdot(3): & 8x - 12y &= -4 \\ (2)' &= \quad 0{,}5\cdot(2): & 2x + \quad y &= 3 \end{aligned}$$

Aus $(2)'$ folgt $y = 3 - 2x$. Setzen wir dies in $(1)'$ ein, so erhalten wir:

$$\begin{aligned} (1)'': \ 8x - 12\cdot(3-2x) &= -4 \\ 32x - 36 &= -4 && \mid +36 \\ 32x &= 32 && \mid : 32 \\ x &= 1 \end{aligned}$$

Benutzen wir zusätzlich $(2)'$, so folgt $y = 1$. Unter Benutzung von (1) ergibt sich daraus auch $z = -2$. Wir erhalten also $x = 1$, $y = 1$ und $z = -2$.

Lösung zu Aufgabe 129

Schritt 1:
Wir wählen folgende Variablen:

$$\begin{aligned} r &: \text{ Preis einer roten Briefmarke} \\ b &: \text{ Preis einer blauen Briefmarke} \\ g &: \text{ Preis einer grünen Briefmarke} \end{aligned}$$

Schritt 2:
Wir entnehmen dem Text die folgenden Informationen:

- Info 1: Zusammensetzung des ersten Pakets:

$$\Leftrightarrow \quad (1): \quad 3r + 2b + g = 2{,}5$$

- Info 2: Zusammensetzung des zweiten Pakets:

$$\Leftrightarrow \quad (2): \quad 4r + 2b + 4g = 5$$

- Info 3: Zusammensetzung des dritten Pakets:

$$\begin{aligned} 10g + 10r &= 10 \qquad \mid :10 \\ \Leftrightarrow \quad (3): \quad r + g &= 1 \end{aligned}$$

Schritt 3:
Nun stellen wir das LGS auf:

$$\begin{aligned} (1):&\ 3r + 2b + g = 2{,}5 \\ (2):&\ 4r + 2b + 4g = 5 \\ (3):&\ r + g = 1 \end{aligned}$$

Schritt 4:
Löse das Gleichungssystem wie folgt:

$$\begin{aligned} (2)' &= (2) - (1): \ r + 3g = 2{,}5 \\ (2)'' &= (2)' - (3): \ 2g = 1{,}5 \end{aligned}$$

Hieraus ergibt sich $g = 0{,}75$. Einsetzen in Gleichung (3) liefert $r = 0{,}25$. Setzen wir das in Gleichung (1) ein, so erhalten wir $b = 0{,}5$.
Eine rote Briefmarke kostet also 25 Cent, eine blaue 50 Cent und eine grüne 75 Cent.

Lösung zu Aufgabe 130

Zu Teil a):
Wir berechnen:

$$\begin{aligned} (3)': \ 4y + 4z &= -4 && \big| :4 \\ y + z &= -1 && \big| -y \\ y &= -z-1 \end{aligned}$$

Eingesetzt in (1) erhalten wir:

$$\begin{aligned} (1)': \ 2x + 3\cdot(-z-1) - 2z &= -3 \\ 2x - 5z - 3 &= -3 && \big| +3, \ +5z \\ 2x &= 5z && \big| :2 \\ x &= 2{,}5z \end{aligned}$$

Setzen wir nun $(3)'$ und $(1)'$ in Gleichung (2) ein, so erhalten wir:

$$\begin{aligned} (2)': \ -5\cdot 2{,}5z - 7\cdot(-z-1) - 2z &= -8 \\ -7{,}5z + 7 &= -8 && \big| -7 \\ -7{,}5z &= -15 && \big| :(-7{,}5) \\ z &= 2 \end{aligned}$$

Damit erhalten wir $x = 5$, $y = -3$ und $z = 2$.

Zu Teil b):
Hier bietet sich das Additionsverfahren an. Wir berechnen:

$$(2)' = (2) + 2\cdot(1): \quad 0 \neq -5$$

Wir erhalten eine falsche Aussage. Das Gleichungssystem hat also keine Lösung.

Lösung zu Aufgabe 131

Schritt 1:
Wir wählen folgende Variablen:

$$\begin{aligned} a &: \text{ Anzahl der Äpfel} \\ b &: \text{ Anzahl der Bananen} \\ c &: \text{ Anzahl der Orangen} \end{aligned}$$

Schritt 2:
Wir entnehmen dem Text die folgenden Informationen:

- Info 1: Er kauft drei mal so viele Bananen wie Äpfel:

$$\begin{aligned} && b = 3a \qquad & \big| -b \\ \Leftrightarrow & \quad (1): & 3a - b = 0 \qquad & \end{aligned}$$

- Info 2: Die Zusammensetzung des ersten Korbes:

$$\begin{aligned} && \frac{1}{2}a + \frac{1}{3}b + \frac{1}{2}c = 12 \qquad & \big| \cdot 6 \\ \Leftrightarrow & \quad (2): & 3a + 2b + 3c = 72 \qquad & \end{aligned}$$

- Info 3: Die Zusammensetzung des zweiten Korbes:

$$\begin{aligned} && \frac{1}{2}a + \frac{2}{3}b + \frac{1}{2}c = 18 \qquad & \big| \cdot 6 \\ \Leftrightarrow & \quad (3): & 3a + 4b + 3c = 108 \qquad & \end{aligned}$$

Schritt 3:
Nun stellen wir das LGS auf:

$$\begin{aligned} (1): \quad 3a - b \phantom{{}+3c} &= 0 \\ (2): \quad 3a + 2b + 3c &= 72 \\ (3): \quad 3a + 4b + 3c &= 108 \end{aligned}$$

Schritt 4:
Löse das Gleichungssystem wie folgt:

$$(3)' = (3) - (2): \; 2b = 36$$

Hieraus ergibt sich $b = 18$. Aus Gleichung (1) erhalten wir damit $a = 6$. Einsetzen in Gleichung (2) liefert $c = 6$. Er kauft also 18 Bananen, 6 Äpfel und 6 Orangen.

Lösung zu Aufgabe 132

Zu Teil a):
Hier bietet sich das Additionsverfahren an. Wir berechnen:

$$\begin{aligned} (2)' = (2) + 2\cdot(3): &\quad x + \quad z = 8 \\ (1)' = (1) - 2\cdot(2): &\quad 23y + 5z = 7 \end{aligned}$$

Wir erhalten also

$$x = 8 - z \quad \text{und} \quad y = \frac{7}{23} - \frac{5}{23}z.$$

Eingesetzt in (3) folgt:

$$\begin{aligned} (3)': \; -8 + z + 4\cdot\left(\frac{7}{23} - \frac{5}{23}z\right) + 2z &= 6 \\ \frac{49}{23}z - \frac{156}{23} &= 6 & \left| + \frac{156}{23}\right. \\ \frac{49}{23}z &= \frac{294}{23} & \left| \cdot \frac{23}{49}\right. \\ z &= 6 \end{aligned}$$

Damit erhalten wir $x = 2$, $y = -1$ und $z = 6$.

Zu Teil b):
Hier bietet sich das Additionsverfahren an. Wir berechnen:

$$(3)' = (3) + 2\cdot(2): \quad 0 = 0 \; \checkmark$$

Es handelt sich um eine wahre Aussage. Wir erkennen, dass $(3) = -2\cdot(1)$ gilt. Das Gleichungssystem ist demnach unterbestimmt, es gibt also unendlich viele Lösungen. Diese können in Form einer Gerade angegeben werden. Dazu benutzen wir die ersten beiden Gleichungen.

Schritt 1:
Wähle eine Variable, die unbestimmt bleibt:

$$z = t$$

Nun bietet sich wieder das Additionsverfahren an.

$$\begin{aligned} (1)' = (1) + (2): \quad 2x &= 2 & \left| : 2\right. \\ x &= 1 \end{aligned}$$

Aus Gleichung (2) erhalten wir:

$$\begin{aligned}(2)': \quad 2y - 2t &= 6 \qquad \big| + 2t, \ :2\\ y &= 3 + t\end{aligned}$$

Der allgemeine Lösungspunkt lautet:

$$\vec{x} = \begin{pmatrix} 1 + 0t \\ 3 + t \\ 0 + t \end{pmatrix}$$

Das entspricht der Geraden

$$g : \vec{x} = \begin{pmatrix} 1 \\ 3 \\ 0 \end{pmatrix} + t \begin{pmatrix} 0 \\ 1 \\ 1 \end{pmatrix}, \quad t \in \mathbb{R}.$$

Grundlagen Vektoren

Lösung zu Aufgabe 133

Zu Teil a):

$$\vec{v} \times \vec{w} = \begin{pmatrix} -1 \\ 4 \\ 2 \end{pmatrix} \times \begin{pmatrix} 3 \\ 0 \\ -7 \end{pmatrix} = \begin{pmatrix} -28 \\ -1 \\ -12 \end{pmatrix}$$

$$\vec{v} \circ \vec{w} = \begin{pmatrix} -1 \\ 4 \\ 2 \end{pmatrix} \circ \begin{pmatrix} 3 \\ 0 \\ -7 \end{pmatrix} = (-1) \cdot 3 + 4 \cdot 0 + 2 \cdot (-7) = -17$$

Das Skalarprodukt ist ungleich Null. Demnach stehen die Vektoren nicht senkrecht aufeinander.

Zu Teil b):

$$\vec{v} \times \vec{w} = \begin{pmatrix} -2 \\ 3 \\ 3 \end{pmatrix} \times \begin{pmatrix} 3 \\ -4 \\ 6 \end{pmatrix} = \begin{pmatrix} 30 \\ 21 \\ -1 \end{pmatrix}$$

$$\vec{v} \circ \vec{w} = \begin{pmatrix} -2 \\ 3 \\ 3 \end{pmatrix} \circ \begin{pmatrix} 3 \\ -4 \\ 6 \end{pmatrix} = (-2) \cdot 3 + 3 \cdot (-4) + 3 \cdot 6 = 0$$

Das Skalaprodukt ergibt null. Demnach stehen die Vektoren senkrecht aufeinander.

Lösung zu Aufgabe 134

Zu Teil a):
Zuerst berechnen wir die Verbindungsvektoren der einzelnen Punkte:

$$\overrightarrow{AB} = \begin{pmatrix} 4 \\ 3 \\ 3 \end{pmatrix} - \begin{pmatrix} -5 \\ 3 \\ 1 \end{pmatrix} = \begin{pmatrix} 9 \\ 0 \\ 2 \end{pmatrix}$$

$$\overrightarrow{BK} = \begin{pmatrix} 0 \\ 6 \\ 6 \end{pmatrix} - \begin{pmatrix} 4 \\ 3 \\ 3 \end{pmatrix} = \begin{pmatrix} -4 \\ 3 \\ 3 \end{pmatrix}$$

$$\overrightarrow{AK} = \begin{pmatrix} 0 \\ 6 \\ 6 \end{pmatrix} - \begin{pmatrix} -5 \\ 3 \\ 1 \end{pmatrix} = \begin{pmatrix} 5 \\ 3 \\ 5 \end{pmatrix}$$

Die Länge der ersten Strecke ist:

$$s_1 = |\overrightarrow{AB}| + |\overrightarrow{BK}| = \sqrt{9^2 + 0^2 + 2^2} + \sqrt{(-4)^2 + 3^2 + 3^2} \approx 15{,}05\,\text{LE}$$

Die Länge der direkten Strecke ist:

$$s_2 = |\overrightarrow{AK}| = \sqrt{5^2 + 3^2 + 5^2} \approx 7{,}68\,\text{LE}$$

Es gilt also:

$$\frac{s_1}{s_2} \approx 1{,}96$$

Die gewählte Strecke war also um etwa 96% länger.

Zu Teil b):
Die Höhe des Kirchturms entspricht der Länge des Ortsvektors $\vec{k}$.

$$h = |\vec{k}| = \sqrt{0^2 + 6^2 + 6^2} \approx 8{,}49\,\text{LE}$$

(Anmerkung: Der Kirchturm ist schief.)

Lösung zu Aufgabe 135

Zu Teil a):
Zwei Vektoren $\vec{v}$ und $\vec{w}$ sind genau dann linear abhängig, wenn es für die Gleichung

$$\vec{v} = \alpha \cdot \vec{w}$$

eine eindeutige Lösung gibt. Wir stellen das LGS auf:

$$\begin{aligned} (1):\quad 3 &= -\alpha \\ (2):\quad 6 &= 2\alpha \\ (3):\quad -2 &= 0 \end{aligned}$$

Bei der dritten Gleichung handelt es sich bereits um eine falsche Aussage. Die Vektoren sind also linear unabhängig.

Zu Teil b):
Drei Vektoren $\vec{v}$, $\vec{w}$ und $\vec{z}$ sind linear unabhängig, wenn es für die Gleichung

$$0 = \alpha \cdot \vec{v} + \beta \cdot \vec{w} + \gamma \cdot \vec{z}$$

keine Lösung außer der trivialen Lösung $\alpha = \beta = \gamma = 0$ gibt.

Wir stellen das LGS auf:

$$\begin{aligned} (1): &\quad \alpha + 2\beta + \gamma = 0 \\ (2): &\quad -3\alpha = 0 \\ (3): &\quad 2\alpha - 2\beta - \gamma = 0 \end{aligned}$$

Aus Gleichung (2) erhalten wir $\alpha = 0$. Setzen wir das in die dritte Gleichung ein, so erhalten wir $\gamma = -2\beta$. Eingesetzt in (1) liefert das die wahre Aussage $0 = 0$. Wir können also einen Parameter frei wählen. Eine mögliche Lösung ist:

$$\alpha = 0\,, \quad \beta = 1\,, \quad \text{und} \quad \gamma = -2$$

Die Vektoren sind also linear abhängig.

Lösung zu Aufgabe 136

Zu Teil a):
Drei Schritte in Richtung Süden entsprechen dem Vektor

$$\vec{v_1} = \begin{pmatrix} 3 \\ 0 \\ 0 \end{pmatrix}.$$

Vier Schritte rückwärts mit Blick in Richung Osten entsprechen dem Vektor

$$\vec{v_2} = \begin{pmatrix} 0 \\ -4 \\ 0 \end{pmatrix}.$$

Zwei Einheiten nach oben zu klettern entspricht dem Vektor

$$\vec{v_3} = \begin{pmatrix} 0 \\ 0 \\ 2 \end{pmatrix}.$$

Der Schatz liegt also im Punkt

$$\vec{s} = \vec{v_1} + \vec{v_2} + \vec{v_3} = \begin{pmatrix} 3 \\ 0 \\ 0 \end{pmatrix} + \begin{pmatrix} 0 \\ -4 \\ 0 \end{pmatrix} + \begin{pmatrix} 0 \\ 0 \\ 2 \end{pmatrix} = \begin{pmatrix} 3 \\ -4 \\ 2 \end{pmatrix}.$$

Zu Teil b):
Die Distanz entspricht der Länge des Vektors $\vec{S}$:

$$d(O;S) = |\vec{s}| = \sqrt{3^2 + (-4)^2 + 2^2} = \sqrt{29} \approx 5{,}39\,\text{LE}$$

Lösung zu Aufgabe 137

Zu Teil a):
Um zu prüfen, ob es sich um ein rechtwinkliges Dreieck handelt, berechnen wir zunächst die Verbindungsvektoren der Eckpunkte.

$$\overrightarrow{FL} = \begin{pmatrix}2\\2\\0\end{pmatrix} - \begin{pmatrix}-1\\2\\0\end{pmatrix} = \begin{pmatrix}3\\0\\0\end{pmatrix}$$

$$\overrightarrow{FO} = \begin{pmatrix}-1\\5\\0\end{pmatrix} - \begin{pmatrix}-1\\2\\0\end{pmatrix} = \begin{pmatrix}0\\3\\0\end{pmatrix}$$

$$\overrightarrow{LO} = \begin{pmatrix}-1\\5\\0\end{pmatrix} - \begin{pmatrix}2\\2\\0\end{pmatrix} = \begin{pmatrix}-3\\3\\0\end{pmatrix}$$

Ein rechter Winkel würde bedeuten, dass das Skalarprodukt zweier dieser Vektoren Null ergibt. Wir berechnen also:

$$\overrightarrow{FL} \circ \overrightarrow{FO} = \begin{pmatrix}3\\0\\0\end{pmatrix} \circ \begin{pmatrix}0\\3\\0\end{pmatrix} = 3 \cdot 0 + 0 \cdot 3 + 0 \cdot 0 = 0$$

Diese zwei Vektoren stehen also tatsächlich senkrecht. Dadurch handelt es sich um ein rechtwinkliges Dreieck.

Zu Teil b):
Der Flächeninhalt des Dreiecks entspricht dem halben FLächeninhalt des Parallelogramm, dass durch die beiden Vektoren $\overrightarrow{FL}$ und $\overrightarrow{FO}$ aufgespannt wird. Der Flächeninhalt A_T des Parallelogramms kann mit Hilfe des Kreuzprodukts berechnet werden.

$$A_T = |\overrightarrow{FL} \times \overrightarrow{FO}| = \left|\begin{pmatrix}3\\0\\0\end{pmatrix} \times \begin{pmatrix}0\\3\\0\end{pmatrix}\right| = \left|\begin{pmatrix}0\\0\\9\end{pmatrix}\right| = 9\,\text{FE}$$

Der Flächeninhalt des Dreiecks beträgt also $A_D = 4{,}5\,\text{FE}$.

Alternative: Unter Umständen schneller geht es mit dem Satz des Pythagoras. Wir berechnen zunächst die Seitenlängen des Dreiecks:

$$|\overrightarrow{FL}| = \left|\begin{pmatrix}3\\0\\0\end{pmatrix}\right| = \sqrt{3^2+0^2+0^2} = 3$$
$$|\overrightarrow{FO}| = \left|\begin{pmatrix}0\\3\\0\end{pmatrix}\right| = \sqrt{0^2+3^2+0^2} = 3$$
$$|\overrightarrow{LO}| = \left|\begin{pmatrix}-3\\3\\0\end{pmatrix}\right| = \sqrt{(-3)^2+3^2+0^2} = \sqrt{3}2$$

Da offenbar $|\overrightarrow{FL}|^2 + |\overrightarrow{FO}|^2 = |\overrightarrow{LO}|^2$ gilt, ist das Dreieck rechtwinklig.
Deshalb lässt sich sein Flächeninhalt auch durch $A_D = \frac{1}{2} \cdot |\overrightarrow{FL}| \cdot |\overrightarrow{FO}| = 4{,}5\,\text{FE}$ berechnen.

Lösung zu Aufgabe 138

Zu Teil a):
Zwei Vektoren $\vec{v}$ und $\vec{w}$ sind genau dann linear abhängig, wenn es für die Gleichung

$$\vec{v} = \alpha \cdot \vec{w}$$

eine eindeutige Lösung gibt. Wir stellen das LGS auf:

$$\begin{aligned}(1):&\quad 4 &= -2\alpha\\ (2):&\quad 6 &= -3\alpha\\ (3):&\quad -2 &= \alpha\end{aligned}$$

Aus der dritten Gleichung erhalten wir $\alpha = -2$. Setzen wir das in die ersten beiden Gleichungen ein, erhalten wir wahre Aussagen. Die Vektoren sind also linear abhängig.

Zu Teil b):
Drei Vektoren $\vec{v}$, $\vec{w}$ und $\vec{z}$ sind linear unabhängig, wenn es für die Gleichung

$$0 = \alpha \cdot \vec{v} + \beta \cdot \vec{w} + \gamma \cdot \vec{z}$$

keine Lösung außer der trivialen Lösung $\alpha = \beta = \gamma = 0$ gibt. Wir stellen das LGS auf:

$$\begin{aligned}(1):&\quad \alpha+2\beta+3\gamma=0\\(2):&\quad \quad\; -\beta-3\gamma=0\\(3):&\quad 2\alpha-2\beta \quad\quad\; =0\end{aligned}$$

Aus Gleichung (3) erhalten wir $\alpha = \beta$. Aus der zweiten Gleichung erhalten wir $\gamma = -\frac{1}{3}\beta$. Eingesetzt in (1) liefert das $\beta = 0$ und damit auch $\gamma = 0$ und $\alpha = 0$. Die Vektoren sind also linear unabhängig.

Lösung zu Aufgabe 139

Zu Teil a):
Der Flächeninhalt eines Parallelogramms kann mittels des Kreuzprodukts berechnet werden. Die Spannvektoren sind

$$\overrightarrow{SA} = \begin{pmatrix} 1 \\ -1 \\ 0 \end{pmatrix} \quad \text{und} \quad \overrightarrow{SB} = \begin{pmatrix} 1 \\ 2 \\ 0 \end{pmatrix}.$$

Der Flächeninhalt ist

$$A = |\overrightarrow{SA} \times \overrightarrow{SB}| = \left| \begin{pmatrix} 1 \\ -1 \\ 0 \end{pmatrix} \times \begin{pmatrix} 1 \\ 2 \\ 0 \end{pmatrix} \right| = \left| \begin{pmatrix} 0 \\ 0 \\ 3 \end{pmatrix} \right| = 3\,\text{FE}.$$

Zu Teil b):
Wir bestimmen den Vektor

$$\overrightarrow{AB} = \begin{pmatrix} 2 \\ 3 \\ 2 \end{pmatrix} - \begin{pmatrix} 2 \\ 0 \\ 2 \end{pmatrix} = \begin{pmatrix} 0 \\ 3 \\ 0 \end{pmatrix}.$$

Dieser hat die Länge $|\overrightarrow{AB}| = 3\,\text{LE}$.

Zu Teil c):
Das Kreuzprodukt der Vektoren $\overrightarrow{SA}$ und $\overrightarrow{SB}$ steht per Konstruktion senkrecht auf dem Dach. In a) haben wir berechnet:

$$\overrightarrow{SA} \times \overrightarrow{SB} = \begin{pmatrix} 0 \\ 0 \\ 3 \end{pmatrix}$$

Dieser ist parallel zum Vektor $\vec{v}$. Demnach steht die Antenne senkrecht auf dem Dach.

Lösung zu Aufgabe 140

Zu Teil a):
Der Verbindungsvektor der beiden Punkte A und B ist:

$$\overrightarrow{AB} = \begin{pmatrix}1\\4\\2\end{pmatrix} - \begin{pmatrix}3\\2\\2\end{pmatrix} = \begin{pmatrix}-2\\2\\0\end{pmatrix}$$

Damit kann der Mittelpunkt M der Brücke berechnet werden. Dieser ist:

$$\vec{m} = \vec{a} + \frac{1}{2}\overrightarrow{AB} = \begin{pmatrix}3\\2\\2\end{pmatrix} + \frac{1}{2}\begin{pmatrix}-2\\2\\0\end{pmatrix} = \begin{pmatrix}2\\3\\2\end{pmatrix}$$

Laut Angabe ist der Träger lotrecht und zwei Längeneinheiten hoch. Da die x_3-Koordinate des Verbindungsvektors gleich Null ist, erkennen wir, dass die Brücke parallel zum Boden verläuft. Der Ankerpunkt K hat also die selben x_1- und x_2-Koordinaten wie der Punkt M, jedoch einen um zwei Einheiten verringerten x_3-Wert. Der Träger ist also im Punkt $K\,(2 \mid 3 \mid 0)$ verankert.

Zu Teil b):
Der Vektor

$$\overrightarrow{BC} = \begin{pmatrix}-1\\0\\2\end{pmatrix} - \begin{pmatrix}1\\4\\2\end{pmatrix} = \begin{pmatrix}-2\\-4\\0\end{pmatrix}$$

verbindet die beiden Punkte B und C. Das Skalarprodukt der Vektoren $\overrightarrow{AB}$ und $\overrightarrow{BC}$ ergibt:

$$\overrightarrow{AB} \circ \overrightarrow{BC} = \begin{pmatrix}-2\\2\\0\end{pmatrix} \circ \begin{pmatrix}-2\\-4\\0\end{pmatrix} = (-2)\cdot(-2) + 2\cdot(-4) + 0\cdot 0 = -4$$

Die Vektoren stehen also nicht senkrecht aufeinander. Demnach verlaufen auch die Brücken nicht senkrecht.

Lösung zu Aufgabe 141

Zu Teil a):
Zwei Vektoren $\vec{v}$ und $\vec{w}$ sind genau dann linear abhängig, wenn es für die Gleichung

$$\vec{v} = \alpha \cdot \vec{w}$$

eine eindeutige Lösung gibt. Wir stellen das LGS auf:

$$\begin{aligned}(1):\quad 8 &= 4\alpha\\(2):\quad 7 &= 2\alpha\\(3):\quad -2 &= -\alpha\end{aligned}$$

Aus der dritten Gleichung erhalten wir $\alpha = 2$. Setzen wir das in die zweite Gleichung ein, so erhalten wir eine falsche Aussage. Die Vektoren sind also linear unabhängig.

Zu Teil b):
Drei Vektoren $\vec{v}$, $\vec{w}$ und $\vec{z}$ sind linear unabhängig, wenn es für die Gleichung

$$0 = \alpha \cdot \vec{v} + \beta \cdot \vec{w} + \gamma \cdot \vec{z}$$

keine Lösung außer der trivialen Lösung $\alpha = \beta = \gamma = 0$ gibt. Wir stellen das LGS auf:

$$\begin{aligned}(1):\quad \alpha + 2\beta + 3\gamma &= 0\\(2):\quad -3\alpha + 6\beta + 3\gamma &= 0\\(3):\quad 2\alpha - 2\beta &= 0\end{aligned}$$

Aus Gleichung (3) erhalten wir $\alpha = \beta$. Setzen wir das in die zweite Gleichung ein, so erhalten wir $\gamma = -\beta$. Eingesetzt in (1) liefert das die wahre Aussage $0 = 0$. Wir können also einen Parameter frei wählen. Eine mögliche Lösung ist:

$$\alpha = 1\,, \quad \beta = 1\,, \quad \text{und} \quad \gamma = -1$$

Die Vektoren sind demnach linear abhängig.

Geraden

Lösung zu Aufgabe 142

Zu Teil a):
Schritt 1:
Stelle die allgemeine Parameterform einer Geraden g auf:

$$g: \vec{x} = \vec{a} + \lambda \cdot \vec{u}, \quad \lambda \in \mathbb{R}.$$

Schritt 2:
Nutze einen der beiden Punkte als Aufpunkt:

$$g: \vec{x} = \vec{a} + \lambda \cdot \vec{u} = \begin{pmatrix} 0 \\ 1 \\ 5 \end{pmatrix} + \lambda \cdot \vec{u}$$

Schritt 3:
Berechne den Verbindungsvektor $\overrightarrow{AB}$ und nutze diesen als Richtungsvektor:

$$\overrightarrow{AB} = \vec{b} - \vec{a} = \begin{pmatrix} 3 \\ 0 \\ -1 \end{pmatrix} - \begin{pmatrix} 0 \\ 1 \\ 5 \end{pmatrix} = \begin{pmatrix} 3 \\ -1 \\ -6 \end{pmatrix}$$

Schritt 4:
Stelle die Gerade auf:

$$g: \vec{x} = \begin{pmatrix} 0 \\ 1 \\ 5 \end{pmatrix} + \lambda \begin{pmatrix} 3 \\ -1 \\ -6 \end{pmatrix}, \quad \lambda \in \mathbb{R}.$$

Zu Teil b):
Mit einer Punktprobe kann geprüft werden, ob die Gerade durch den Ursprung verläuft.

$$\begin{pmatrix} 0 \\ 0 \\ 0 \end{pmatrix} = \begin{pmatrix} 0 \\ 1 \\ 5 \end{pmatrix} + \lambda \begin{pmatrix} 3 \\ -1 \\ -6 \end{pmatrix}$$

Man erhält das folgende LGS:

$$\left.\begin{array}{lcl} (1): 0 & = & 0 + \lambda \cdot 3 \\ (2): 0 & = & 1 + \lambda \cdot (-1) \\ (3): 0 & = & 5 + \lambda \cdot (-6) \end{array}\right\} \; ⚡ \textit{ Widerspruch}$$

Wir erkennen, dass der Ursprung nicht auf der Geraden liegen kann.

Lösung zu Aufgabe 143

Zu Teil a):
Wir stellen mithilfe zweier Punkte eine Gerade auf und testen, ob der dritte Punkt auf der Geraden liegt.

Schritt 1:
Stelle die allgemeine Parameterform einer Geraden g auf:

$$g : \overrightarrow{x} = \overrightarrow{a} + \lambda \cdot \overrightarrow{u}, \quad \lambda \in \mathbb{R}.$$

Schritt 2:
Nutze einen der drei Punkte als Aufpunkt, z.B. A:

$$g : \overrightarrow{x} = \overrightarrow{a} + \lambda \cdot \overrightarrow{u} = \begin{pmatrix} 3 \\ 0 \\ 2 \end{pmatrix} + \lambda \cdot \overrightarrow{u}$$

Schritt 3:
Berechne den Verbindungsvektor $\overrightarrow{AB}$ und nutze diesen als Richtungsvektor:

$$\overrightarrow{AB} = \overrightarrow{b} - \overrightarrow{a} = \begin{pmatrix} 4 \\ 1 \\ 4 \end{pmatrix} - \begin{pmatrix} 3 \\ 0 \\ 2 \end{pmatrix} = \begin{pmatrix} 1 \\ 1 \\ 2 \end{pmatrix}$$

Schritt 4:
Stelle die Gerade auf:

$$g : \overrightarrow{x} = \begin{pmatrix} 3 \\ 0 \\ 2 \end{pmatrix} + \lambda \begin{pmatrix} 1 \\ 1 \\ 2 \end{pmatrix}, \quad \lambda \in \mathbb{R}.$$

Schritt 5:
Wir machen die Punktprobe, um zu testen, ob der Punkt C auf der Geraden liegt. Dazu setzen wir C mit der Geraden gleich:

$$\begin{pmatrix} 6 \\ 3 \\ 8 \end{pmatrix} = \begin{pmatrix} 3 \\ 0 \\ 2 \end{pmatrix} + \lambda \begin{pmatrix} 1 \\ 1 \\ 2 \end{pmatrix}$$

Man erhält das folgende LGS:

$$\begin{aligned} (1) &: \ 6 = 3 + \lambda \cdot 1 \\ (2) &: \ 3 = 0 + \lambda \cdot 1 \\ (3) &: \ 8 = 2 + \lambda \cdot 2 \end{aligned}$$

Aus allen drei Gleichungen erhält man $\lambda = 3$. Damit liegen alle Punkte auf der aufgestellten Geraden.

Zu Teil b):
Wir stellen wieder mithilfe zweier Punkte eine Gerade auf und testen, ob der dritte Punkt auf der Geraden liegt.

Schritt 1:
Stelle die allgemeine Parameterform einer Geraden g auf:

$$g: \vec{x} = \vec{a} + \lambda \cdot \vec{u}, \quad \lambda \in \mathbb{R}.$$

Schritt 2:
Nutze einen der drei Punkte als Aufpunkt, z.B. A:

$$g: \vec{x} = \vec{a} + \lambda \cdot \vec{u} = \begin{pmatrix} 7 \\ 4 \\ 3 \end{pmatrix} + \lambda \cdot \vec{u}$$

Schritt 3:
Berechne den Verbindungsvektor $\overrightarrow{AB}$ und nutze diesen als Richtungsvektor:

$$\overrightarrow{AB} = \vec{b} - \vec{a} = \begin{pmatrix} 9 \\ 10 \\ 4 \end{pmatrix} - \begin{pmatrix} 7 \\ 4 \\ 3 \end{pmatrix} = \begin{pmatrix} 2 \\ 6 \\ 1 \end{pmatrix}$$

Schritt 4:
Stelle die Gerade auf:

$$g: \vec{x} = \begin{pmatrix} 7 \\ 4 \\ 3 \end{pmatrix} + \lambda \begin{pmatrix} 2 \\ 6 \\ 1 \end{pmatrix}, \quad \lambda \in \mathbb{R}.$$

Schritt 5:
Wir machen die Punktprobe, um zu testen, ob der Punkt C auf der Geraden liegt. Dazu setzen wir C mit der Geraden gleich:

$$\begin{pmatrix} 11 \\ 10 \\ 3 \end{pmatrix} = \begin{pmatrix} 7 \\ 4 \\ 3 \end{pmatrix} + \lambda \begin{pmatrix} 2 \\ 6 \\ 1 \end{pmatrix}$$

Man erhält das folgende LGS:

$$\begin{aligned}(1):\ 11 &= 7 + \lambda \cdot 2\\ (2):\ 10 &= 4 + \lambda \cdot 6\\ (3):\ \ 3 &= 3 + \lambda \cdot 1\end{aligned}$$

Aus der ersten Gleichung erhält man $\lambda = 2$, aus der zweiten $\lambda = 1$ und aus der Dritten $\lambda = 0$. Damit ergibt sich ein Widerspruch und der Punkt C liegt nicht auf der aufgestellten Geraden.

Lösung zu Aufgabe 144

Wir suchen in dieser Aufgabe eine Gerade, die im Idealfall durch alle drei Punkte verläuft.

Schritt 1:
Stelle die allgemeine Parameterform einer Geraden g auf:

$$g: \vec{x} = \vec{a} + \lambda \cdot \vec{u}, \quad \lambda \in \mathbb{R}.$$

Schritt 2:
Nutze einen der drei Punkte als Aufpunkt, z.B. M:

$$g: \vec{x} = \vec{m} + \lambda \cdot \vec{u} = \begin{pmatrix} 1 \\ -2 \\ 0 \end{pmatrix} + \lambda \cdot \vec{u}$$

Schritt 3:
Berechne den Verbindungsvektor $\overrightarrow{MK}$ und nutze diesen als Richtungsvektor:

$$\overrightarrow{MK} = \vec{k} - \vec{m} = \begin{pmatrix} 2 \\ -3 \\ -3 \end{pmatrix} - \begin{pmatrix} 1 \\ -2 \\ 0 \end{pmatrix} = \begin{pmatrix} 1 \\ -1 \\ -3 \end{pmatrix}$$

Schritt 4:
Stelle die Gerade auf:

$$g: \vec{x} = \begin{pmatrix} 1 \\ -2 \\ 0 \end{pmatrix} + \lambda \begin{pmatrix} 1 \\ -1 \\ -3 \end{pmatrix}, \quad \lambda \in \mathbb{R}.$$

Schritt 5:
Wir machen die Punktprobe, um zu testen, ob der Punkt I auf der Geraden liegt. Dazu setzen wir I mit der Geraden gleich:

$$\begin{pmatrix} 4 \\ -5 \\ -9 \end{pmatrix} = \begin{pmatrix} 1 \\ -2 \\ 0 \end{pmatrix} + \lambda \begin{pmatrix} 1 \\ -1 \\ -3 \end{pmatrix}$$

Man erhält das folgende LGS:

$$\begin{aligned} (1): \quad 4 &= \quad 1 + \lambda \cdot 1 \\ (2): -5 &= -2 + \lambda \cdot (-1) \\ (3): -9 &= \quad 0 + \lambda \cdot (-3) \end{aligned}$$

Aus allen drei Gleichungen erhält man $\lambda = 3$. Damit liegen alle Punkte auf der aufgestellten Geraden und der Maulwurf kann sich seinen gewünschten Tunnel graben.

Lösung zu Aufgabe 145

Zu Teil a):
Schritt 1:
Stelle die allgemeine Parameterform einer Geraden g auf:

$$g: \vec{x} = \vec{a} + \lambda \cdot \vec{u}, \quad \lambda \in \mathbb{R}.$$

Schritt 2:
Nutze einen der beiden Punkte als Aufpunkt:

$$g: \vec{x} = \vec{a} + \lambda \cdot \vec{u} = \begin{pmatrix} 4 \\ -2 \\ 2 \end{pmatrix} + \lambda \cdot \vec{u}$$

Schritt 3:
Berechne den Verbindungsvektor $\overrightarrow{AB}$ und nutze diesen als Richtungsvektor:

$$\overrightarrow{AB} = \vec{b} - \vec{a} = \begin{pmatrix} 5 \\ -1 \\ -3 \end{pmatrix} - \begin{pmatrix} 4 \\ -2 \\ 2 \end{pmatrix} = \begin{pmatrix} 1 \\ 1 \\ -5 \end{pmatrix}$$

Schritt 4:
Stelle die Gerade auf:

$$g: \vec{x} = \begin{pmatrix} 4 \\ -2 \\ 2 \end{pmatrix} + \lambda \begin{pmatrix} 1 \\ 1 \\ -5 \end{pmatrix}, \qquad \lambda \in \mathbb{R}.$$

Zu Teil b):
Wir setzen zuerst den Punkt C mit der Geraden gleich:

$$\begin{pmatrix} 1 \\ k \\ 17 \end{pmatrix} = \begin{pmatrix} 4 \\ -2 \\ 2 \end{pmatrix} + \lambda \begin{pmatrix} 1 \\ 1 \\ -5 \end{pmatrix}$$

Man erhält das folgende LGS:

$$\begin{aligned} (1):\ 1 &= \ \ 4 + \lambda \cdot 1 \\ (2):\ k &= -2 + \lambda \cdot 1 \\ (3):\ 17 &= \ \ 2 + \lambda \cdot (-5) \end{aligned}$$

Aus der ersten und dritten Gleichung erhalten wir $\lambda = -3$. Dies setzen wir nun in die zweite Gleichung ein:

$$k = -2 + (-3) \cdot 1 = -5$$

Damit der Punkt C also auf der Geraden g liegt, muss der Parameter k den Wert -5 annehmen.

Lösung zu Aufgabe 146

Zu Teil a):
Die Aussage ist **falsch**. Als Gegenbeispiel nehmen wir eine Gerade, die parallel zur x_1x_3-Ebene und nicht in der Ebene $x_2 = -3$ liegt:

$$g: \vec{x} = \begin{pmatrix} 0 \\ 0 \\ 0 \end{pmatrix} + \lambda \begin{pmatrix} 1 \\ 0 \\ 1 \end{pmatrix}, \qquad \lambda \in \mathbb{R}.$$

Wir definieren den Punkt $P\,(a \mid -3 \mid c)$ und setzen diesen mit der Geraden g gleich, woraus man das folgende LGS erhält:

$$\begin{aligned} (1):\ a &= 0 + \lambda \cdot 1 \\ (2):\ -3 &= 0 + \lambda \cdot 0 \\ (3):\ c &= 0 + \lambda \cdot 1 \end{aligned}$$

Aus der zweiten Gleichung ergibt sich sofort der Widerspruch $-3 = 0$, weshalb sich auf dieser Geraden kein Punkt, der die Anforderung erfüllt, finden lässt.

Zu Teil b):
Die Aussage ist **falsch**. Als Gegenbeispiel nehmen wir die Gerade

$$g : \overrightarrow{x} = \begin{pmatrix} 0 \\ 0 \\ 0 \end{pmatrix} + \lambda \begin{pmatrix} 1 \\ 1 \\ 0 \end{pmatrix}, \quad \lambda \in \mathbb{R}.$$

Wir definieren den Punkt $P\,(1 \mid 0 \mid c)$ und setzen diesen mit der Geraden g gleich, woraus man das folgende LGS erhält:

$$\begin{aligned} (1) &: 1 = 0 + \lambda \cdot 1 \\ (2) &: 0 = 0 + \lambda \cdot 1 \\ (3) &: c = 0 + \lambda \cdot 0 \end{aligned}$$

Aus der ersten Gleichung ergibt sich $\lambda = 1$ und aus der zweiten $\lambda = 0$. Dies stellt bereits einen Widerspruch dar. Es gibt also keinen solchen Punkt P auf dieser Geraden.

Zu Teil c):
Die Aussage ist **wahr**. Jede Gerade, die als Aufpunkt den Ursprung besitzt, verläuft unabhängig von ihrem Richtungsvektor durch alle drei Ebenen, da sich der Ursprung, als einziger Punkt, bereits in jeder Ebene befindet.

Ebenen

Lösung zu Aufgabe 147

Zu Teil a):
Schritt 1:
Stelle die allgemeine Koordinatenform der Ebene auf:

$$E: n_1x_1 + n_2x_2 + n_3x_3 - c = 0$$

Schritt 2:
Der Wert für c kann bestimmt werden, indem man den Normalenvektor und den Punkt A in die allgemeine Koordinatenform einsetzt:

$$(-3) \cdot 0 + 0 \cdot 1 + 1 \cdot 4 - c = 0 \quad \Leftrightarrow \quad c = 4$$

Schritt 3:
Stelle die Ebene auf:

$$E: -3x_1 + x_3 - 4 = 0$$

Zu Teil b):
Die Schnittpunkte mit den Achsen lassen sich einfach berechnen, indem jeweils zwei Koordinaten Null gesetzt werden. Wir erhalten also:

$$\begin{aligned}
x_1\text{-Achse:} \quad & & -3x_1 + 0 - 4 &= 0 \\
& \Leftrightarrow & x_1 &= -\frac{4}{3} \\
x_2\text{-Achse:} \quad & & -4 &= 0 \\
& \Leftrightarrow & & \text{Kein Schnittpkt.} \\
x_3\text{-Achse:} \quad & & 0 + x_3 - 4 &= 0 \\
& \Leftrightarrow & x_3 &= 4
\end{aligned}$$

Die Ebene besitzt also nur einen Schnittpunkt mit der x_1-Achse $S\,(-1{,}33 \mid 0 \mid 0)$ und einen mit der x_3-Achse $P\,(0 \mid 0 \mid 4)$.

Lösung zu Aufgabe 148

Zu Teil a):
Schritt 1:
Stelle die allgemeine Normalenform auf:

$$E : [\vec{x} - \vec{p}] \circ \vec{n} = 0$$

Schritt 2:
Setze den Normalenvektor und den Punkt M ein:

$$E : \left[\vec{x} - \begin{pmatrix} 6 \\ 4 \\ 1 \end{pmatrix}\right] \circ \begin{pmatrix} 3 \\ -2 \\ -1 \end{pmatrix} = 0$$

Zu Teil b):
Schritt 1:
Berechne die Länge des Normalenvektors:

$$|\vec{n}| = \sqrt{3^2 + (-2)^2 + (-1)^2} = \sqrt{14}$$

Schritt 2:
Normiere den Normalenvektor:

$$\vec{n_0} = \frac{1}{\sqrt{14}} \begin{pmatrix} 3 \\ -2 \\ -1 \end{pmatrix}$$

Schritt 3:
Stelle die Hessesche Normalenform auf:

$$E : \left[\vec{x} - \begin{pmatrix} 6 \\ 4 \\ 1 \end{pmatrix}\right] \circ \frac{1}{\sqrt{14}} \begin{pmatrix} 3 \\ -2 \\ -1 \end{pmatrix} = 0$$

Zu Teil c):
Da wir bereits eine Normalenform der Ebene in a) berechnet haben, können wir diese einfach ausmultiplizieren und erhalten

$$E : 3x_1 - 2x_2 - x_3 - 9 = 0.$$

Lösung zu Aufgabe 149

Zu Teil a):
Schritt 1:
Stelle die allgemeine Parameterform der Ebene auf:

$$E: \vec{x} = \vec{a} + \lambda \cdot \vec{u} + \mu \cdot \vec{v}, \quad \text{mit } \lambda, \mu \in \mathbb{R}.$$

Schritt 2:
Nutze eine der drei Punkte als Stützpunkt, z.B. A:

$$E: \vec{x} = \vec{a} + \lambda \cdot \vec{u} + \mu \cdot \vec{v} = \begin{pmatrix} 1 \\ 2 \\ 3 \end{pmatrix} + \lambda \cdot \vec{u} + \mu \cdot \vec{v}$$

Schritt 3:
Berechne die Verbindungsvektoren $\overrightarrow{AB}$ und $\overrightarrow{AC}$ und nutze diese als Spannvektoren:

$$\overrightarrow{AB} = \vec{b} - \vec{a} = \begin{pmatrix} 0 \\ 1 \\ 2 \end{pmatrix} - \begin{pmatrix} 1 \\ 2 \\ 3 \end{pmatrix} = \begin{pmatrix} -1 \\ -1 \\ -1 \end{pmatrix}$$

$$\overrightarrow{AC} = \vec{c} - \vec{a} = \begin{pmatrix} 1 \\ 2 \\ 2 \end{pmatrix} - \begin{pmatrix} 1 \\ 2 \\ 3 \end{pmatrix} = \begin{pmatrix} 0 \\ 0 \\ -1 \end{pmatrix}$$

Schritt 4:
Stelle die Ebene auf:

$$E: \vec{x} = \begin{pmatrix} 1 \\ 2 \\ 3 \end{pmatrix} + \lambda \begin{pmatrix} -1 \\ -1 \\ -1 \end{pmatrix} + \mu \begin{pmatrix} 0 \\ 0 \\ -1 \end{pmatrix}, \quad \text{mit } \lambda, \mu \in \mathbb{R}.$$

Zu Teil b):
Schritt 1:
Stelle die allgemeine Koordinatenform der Ebene auf:

$$E: n_1 x_1 + n_2 x_2 + n_3 x_3 - c = 0$$

Schritt 2:
Berechne den Normalenvektor mithilfe der Spannvektoren der Parameterform:

$$\vec{n} = \begin{pmatrix} -1 \\ -1 \\ -1 \end{pmatrix} \times \begin{pmatrix} 0 \\ 0 \\ -1 \end{pmatrix} = \begin{pmatrix} 1 \\ -1 \\ 0 \end{pmatrix}$$

Schritt 3:
Berechne durch Einsetzen des Normalenvektors und des Punktes A den Wert für c.

$$1 \cdot 1 + (-1) \cdot 2 + 0 \cdot 3 - c = 0 \quad \Leftrightarrow \quad c = -1$$

Schritt 4:
Stelle die Ebene auf:

$$E : x_1 - x_2 + 1 = 0$$

Zu Teil c):
Wir setzen den Punkt P in die Koordinatenform der Ebene ein:

$$\begin{aligned} 1 - 2 + 1 &= 0 \\ 0 &= 0 \quad \checkmark \end{aligned}$$

Der Punkt liegt also auf der Ebene.

Lösung zu Aufgabe 150

Zu Teil a):
Da die Rampe 2,55m lang und am Ende 0,5m hoch sein soll, kann mit dem Satz des Pythagoras die Länge in der xy-Ebene berechnet werden:

$$\begin{aligned} a^2 + b^2 &= c^2 && \mid \text{Einsetzen} \\ a^2 + 0{,}5^2 &= 2{,}55^2 && \mid -0{,}5^2 \\ a^2 &= 6{,}25 && \mid \sqrt{\cdot} \\ a &= 2{,}5 \end{aligned}$$

Das bedeutet, die y-Koordinate der beiden fehlenden Eckpunkte beträgt 2,5. Die z-Koordinate kennen wir bereits, sie entspricht der Höhe der Rampe, also 0,5. Da die Rampe einen Meter breit ist, wie wir aus den gegebenen Koordinaten entnehmen können, und rechteckige Form besitzt, müssen die x-Koordinaten dieselben sein, wie die der unteren Eckpunkte. Wir erhalten die beiden oberen Eckpunkte:

$$B\,(1 \mid 2{,}5 \mid 0{,}5) \quad C\,(0 \mid 2{,}5 \mid 0{,}5)$$

Die Rampe wird somit durch das Rechteck $OABC$ beschrieben.

Zu Teil b):
Wir stellen die Parameterform mithilfe der in a) gefundenen Punkte auf:

Schritt 1:
Stelle die allgemeine Parameterform der Ebene auf:

$$E: \vec{x} = \vec{a} + \lambda \cdot \vec{u} + \mu \cdot \vec{v}, \quad \text{mit } \lambda, \mu \in \mathbb{R}.$$

Schritt 2:
Nutze einen der vier Punkte als Stützpunkt, z.B. O:

$$E: \vec{x} = \vec{o} + \lambda \cdot \vec{u} + \mu \cdot \vec{v} = \begin{pmatrix} 0 \\ 0 \\ 0 \end{pmatrix} + \lambda \cdot \vec{u} + \mu \cdot \vec{v}$$

Schritt 3:
Wir nutzen die Verbindungsvektoren $\overrightarrow{OA}$ und $\overrightarrow{OB}$ als Spannvektoren. Diese entsprechen allerdings genau den Ortsvektoren $\vec{A}$ und $\vec{B}$:

$$\overrightarrow{OA} = \vec{a} = \begin{pmatrix} 1 \\ 0 \\ 0 \end{pmatrix} \qquad \text{und} \qquad \overrightarrow{OB} = \vec{b} = \begin{pmatrix} 1 \\ 2{,}5 \\ 0{,}5 \end{pmatrix}$$

Schritt 4:
Stelle die Ebene auf:

$$E: \vec{x} = \begin{pmatrix} 0 \\ 0 \\ 0 \end{pmatrix} + \lambda \begin{pmatrix} 1 \\ 0 \\ 0 \end{pmatrix} + \mu \begin{pmatrix} 1 \\ 2{,}5 \\ 0{,}5 \end{pmatrix}, \quad \text{mit } \lambda, \mu \in \mathbb{R}.$$

Zu Teil c):
Schritt 1:
Stelle die allgemeine Koordinatenform der Ebene auf:

$$E: n_1 x + n_2 y + n_3 z - c = 0$$

Schritt 2:
Berechne den Normalenvektor mithilfe der Spannvektoren der Parameterform:

$$\vec{n} = \begin{pmatrix} 1 \\ 0 \\ 0 \end{pmatrix} \times \begin{pmatrix} 1 \\ 2{,}5 \\ 0{,}5 \end{pmatrix} = \begin{pmatrix} 0 \\ -0{,}5 \\ 2{,}5 \end{pmatrix}$$

Schritt 3:
Berechne den Wert für c, indem der Normalenvektor und der Punkt O in die Ebenengleichung eingesetzt werden:

$$0 \cdot 0 + (-0{,}5) \cdot 0 + 2{,}5 \cdot 0 - c = 0 \quad \Leftrightarrow \quad c = 0$$

Schritt 4:
Stelle die Ebene auf:

$$E: -0{,}5y + 2{,}5z = 0$$

Lösung zu Aufgabe 151

Zu Teil a):
Schritt 1:
Stelle die allgemeine Parameterform der Ebene auf:

$$E: \vec{x} = \vec{a} + \lambda \cdot \vec{u} + \mu \cdot \vec{v}, \quad \text{mit } \lambda, \mu \in \mathbb{R}.$$

Schritt 2:
Nutze eine der drei Punkte als Stützpunkt, z.B. A:

$$E: \vec{x} = \vec{a}\vec{a} + \lambda \cdot \vec{u} + \mu \cdot \vec{v} = \begin{pmatrix} 0 \\ 0 \\ 1 \end{pmatrix} + \lambda \cdot \vec{u} + \mu \cdot \vec{v}$$

Schritt 3:
Berechne die Verbindungsvektoren $\overrightarrow{AB}$ und $\overrightarrow{AC}$ und nutze diese als Spannvektoren:

$$\overrightarrow{AB} = \vec{b} - \vec{a} = \begin{pmatrix} 3 \\ -2 \\ -10 \end{pmatrix} - \begin{pmatrix} 0 \\ 0 \\ 1 \end{pmatrix} = \begin{pmatrix} 3 \\ -2 \\ -11 \end{pmatrix}$$

$$\overrightarrow{AC} = \vec{c} - \vec{a} = \begin{pmatrix} 2 \\ -7 \\ 1 \end{pmatrix} - \begin{pmatrix} 0 \\ 0 \\ 1 \end{pmatrix} = \begin{pmatrix} 2 \\ -7 \\ 0 \end{pmatrix}$$

Schritt 4:
Stelle die Ebene auf:

$$E: \vec{x} = \begin{pmatrix} 0 \\ 0 \\ 1 \end{pmatrix} + \lambda \begin{pmatrix} 3 \\ -2 \\ -11 \end{pmatrix} + \mu \begin{pmatrix} 2 \\ -7 \\ 0 \end{pmatrix}, \quad \text{mit } \lambda, \mu \in \mathbb{R}.$$

Zu Teil b):
Schritt 1:
Stelle die allgemeine Parameterform der Ebene auf:

$$F: \vec{x} = \vec{a} + s \cdot \vec{u} + r \cdot \vec{v}, \quad \text{mit } s, r \in \mathbb{R}.$$

Schritt 2:
Nutze den Aufpunkt von g als Stützpunkt und den Richtungsvektor von g als ersten Spannvektor:

$$F: \vec{x} = \begin{pmatrix} 8 \\ 7 \\ 6 \end{pmatrix} + s \begin{pmatrix} 6 \\ 0 \\ 1 \end{pmatrix} + r \cdot \vec{v}$$

Schritt 3:
Berechne den Verbindungsvektor $\overrightarrow{PA}$, wobei P der Aufpunkt von g ist und nutze diesen als Spannvektor:

$$\overrightarrow{PA} = \vec{a} - \vec{p} = \begin{pmatrix} -4 \\ -1 \\ -1 \end{pmatrix} - \begin{pmatrix} 8 \\ 7 \\ 6 \end{pmatrix} = \begin{pmatrix} -12 \\ -8 \\ -7 \end{pmatrix}$$

Schritt 4:
Stelle die Ebene auf:

$$F: \vec{x} = \begin{pmatrix} 8 \\ 7 \\ 6 \end{pmatrix} + s \begin{pmatrix} 6 \\ 0 \\ 1 \end{pmatrix} + r \begin{pmatrix} -12 \\ -8 \\ -7 \end{pmatrix}, \quad \text{mit } s, r \in \mathbb{R}.$$

Zu Teil c):
Schritt 1:
Stelle die allgemeine Hessesche Koordinatenform der Ebenen auf:

$$\begin{aligned} E: \; & n_0^1 x_1 + n_0^2 x_2 + n_0^3 x_3 - a = 0 \\ F: \; & m_0^1 x_1 + m_0^2 x_2 + m_0^3 x_3 - b = 0 \end{aligned}$$

Dabei haben die Normalenvektoren $\vec{n_0}$ und $\vec{m_0}$ hier die Länge eins!

Schritt 2:
Berechne die Normalenvektoren mithilfe der Spannvektoren der Parameterformen:

$$\vec{n} = \begin{pmatrix} 1 \\ 2 \\ 1 \end{pmatrix} \times \begin{pmatrix} 1 \\ 0 \\ 1 \end{pmatrix} = \begin{pmatrix} 2 \\ 0 \\ -2 \end{pmatrix}$$

$$\vec{m} = \begin{pmatrix} -1 \\ 3 \\ 2 \end{pmatrix} \times \begin{pmatrix} 0 \\ -2 \\ -1 \end{pmatrix} = \begin{pmatrix} 1 \\ -1 \\ 2 \end{pmatrix}$$

Schritt 4:
Berechne die Länge der Normalenvektoren und normiere sie, um die Normalenvektoren der Länge eins zu erhalten:

$$|\vec{n}| = \sqrt{2^2 + 0^2 + (-2)^2} = \sqrt{8}$$
$$|\vec{m}| = \sqrt{1^2 + (-1)^2 + 2^2} = \sqrt{6}$$

Wir erhalten somit

$$\vec{n_0} = \frac{1}{\sqrt{8}} \begin{pmatrix} 2 \\ 0 \\ -2 \end{pmatrix} \qquad \text{und} \qquad \vec{m_0} = \frac{1}{\sqrt{6}} \begin{pmatrix} 1 \\ -1 \\ 2 \end{pmatrix}.$$

Schritt 3:
Berechne die Werte für a und b, indem die Normalenvektoren und die Aufpunkte in die Normalenformen eingesetzt werden:

$$\frac{2}{\sqrt{8}} \cdot 3 + 0 \cdot 1 - \frac{2}{\sqrt{8}} \cdot 3 - a = 0 \quad \Leftrightarrow \quad a = 0$$

$$\frac{1}{\sqrt{6}} \cdot 5 + \frac{1}{\sqrt{6}} \cdot 1 + \frac{2}{\sqrt{6}} \cdot 2 - b = 0 \quad \Leftrightarrow \quad b = \frac{10}{\sqrt{6}}$$

Schritt 4:
Stelle die Ebenen auf:

$$E: \ \frac{2}{\sqrt{8}} x_1 - \frac{2}{\sqrt{8}} x_3 = 0$$

$$F: \ \frac{1}{\sqrt{6}} x_1 - \frac{1}{\sqrt{6}} x_2 + \frac{2}{\sqrt{6}} x_3 - \frac{10}{\sqrt{6}} = 0$$

Lösung zu Aufgabe 152

Zu Teil a):
Schritt 1:
Stelle die allgemeine Parameterform der Ebene auf:

$$E : \vec{x} = \vec{a} + r \cdot \vec{u} + s \cdot \vec{v}, \quad \text{mit } r, s \in \mathbb{R}.$$

Schritt 2:
Nutze den Aufpunkt P von g als Stützpunkt und den Richtungsvektor von g als ersten Spannvektor:

$$E : \vec{x} = \begin{pmatrix} -3 \\ -7 \\ 1 \end{pmatrix} + r \begin{pmatrix} 1 \\ 1 \\ 1 \end{pmatrix} + s \cdot \vec{v}$$

Schritt 3:
Berechne den Verbindungsvektor $\overrightarrow{PA}$, wobei P der Aufpunkt von g ist und nutze diesen als zweiten Spannvektor:

$$\overrightarrow{PA} = \vec{a} - \vec{p} = \begin{pmatrix} -1 \\ k \\ 6 \end{pmatrix} - \begin{pmatrix} -3 \\ -7 \\ 1 \end{pmatrix} = \begin{pmatrix} 2 \\ k+7 \\ 5 \end{pmatrix}$$

Schritt 4:
Stelle die Ebene auf:

$$E : \vec{x} = \begin{pmatrix} -3 \\ -7 \\ 1 \end{pmatrix} + r \begin{pmatrix} 1 \\ 1 \\ 1 \end{pmatrix} + s \begin{pmatrix} 2 \\ k+7 \\ 5 \end{pmatrix}$$

Zu Teil b):
Um den Wert für k zu bestimmen, setzen wir den Punkt B mit der Ebene gleich und erhalten das folgende LGS:

$$\begin{aligned} (1): \quad 4 &= -3 + r \cdot 1 + s \cdot 2 \\ (2): \quad 0 &= -7 + r \cdot 1 + s \cdot (k+7) \\ (3): -1 &= \quad 1 + r \cdot 1 + s \cdot 5 \end{aligned}$$

Zuerst wird (3) nach r aufgelöst und anschließend in (1) eingesetzt:

$$\begin{aligned} (3): \quad r &= -2 - 5s \\ (1)': \quad 4 &= -3 + (-2 - 5s) \cdot 1 + 2s \\ \Leftrightarrow -3 &= s \end{aligned}$$

Wir erhalten somit $r = 13$. Nun setzen wir s und r in (2) ein und lösen das nach k auf:

$$0 = -7 + 13 - 3(k + 7) \quad \Leftrightarrow \quad k = -5$$

Man erhält die folgende Ebene:

$$E : \vec{x} = \begin{pmatrix} -3 \\ -7 \\ 1 \end{pmatrix} + r \begin{pmatrix} 1 \\ 1 \\ 1 \end{pmatrix} + s \begin{pmatrix} 2 \\ 2 \\ 5 \end{pmatrix}, \quad \text{mit } r, s \in \mathbb{R}.$$

Zu Teil c):
Schritt 1:
Stelle die allgemeine Koordinatenform der Ebene auf:

$$E : n_1x_1 + n_2x_2 + n_3x_3 - c = 0$$

Schritt 2:
Berechne den Normalenvektor mithilfe der Spannvektoren der Parameterform:

$$\vec{n} = \begin{pmatrix} 1 \\ 1 \\ 1 \end{pmatrix} \times \begin{pmatrix} 2 \\ 2 \\ 5 \end{pmatrix} = \begin{pmatrix} 3 \\ -3 \\ 0 \end{pmatrix}$$

Schritt 3:
Berechne den Wert für c, indem der Normalenvektor und der Punkt B in die Ebenengleichung eingesetzt werden:

$$3 \cdot 4 + (-3) \cdot 0 + 0 \cdot (-1) - c = 0 \quad \Leftrightarrow \quad c = 12$$

Schritt 4:
Stelle die Ebene auf:

$$E : 3x_1 - 3x_2 - 12 = 0$$

Lösung zu Aufgabe 153

Zu Teil a):
Wir untersuchen zunächst, ob die Geraden genau einen Schnittpunkt haben und somit eine Ebene definieren. Dazu setzen wir beide Geradengleichungen gleich, wodurch wir das folgende LGS erhalten:

$$\begin{aligned} (1):&\quad 4+2\lambda = 1+3\mu \\ (2):&\ -1+0 \quad = 3+4\mu \\ (3):&\ -7-6\lambda = 6-5\mu \end{aligned}$$

Aus (2) erhalten wir $\mu = -1$. Dies setzen wir in (1) und (3) ein:

$$\begin{aligned} (1'):&\quad 4+2\lambda = 1-3 \\ \Leftrightarrow&\qquad\quad \lambda = -3 \\ (3'):&\ -7-6\lambda = 6+5 \\ \Leftrightarrow&\qquad\quad \lambda = -3 \end{aligned}$$

Da wir aus (1′) und (3′) den gleichen Wert für λ erhalten, existiert ein Schnittpunkt. Diesen finden wir, indem wir bspw. den Wert für μ in h einsetzen:

$$\vec{s} = \begin{pmatrix} 1 \\ 3 \\ 6 \end{pmatrix} - 1 \cdot \begin{pmatrix} 3 \\ 4 \\ -5 \end{pmatrix} = \begin{pmatrix} -2 \\ -1 \\ 11 \end{pmatrix}$$

Um die Ebene in Parameterform aufzustellen, in der die beiden Geraden liegen, genügt es nun einen Aufpunkt (einen Aufpunkt einer der beiden Geraden) und die beiden (linear unabhängigen) Richtungsvektoren der Geraden als Richtungsvektoren der Ebene zu wählen:

$$E: \vec{x} = \begin{pmatrix} 4 \\ -1 \\ -7 \end{pmatrix} + r \begin{pmatrix} 2 \\ 0 \\ -6 \end{pmatrix} + s \begin{pmatrix} 3 \\ 4 \\ -5 \end{pmatrix}, \quad \text{mit } r, s \in \mathbb{R}.$$

Zu Teil b):
Schritt 1:
Stelle die allgemeine Koordinatenform der Ebene auf:

$$E: n_1x_1 + n_2x_2 + n_3x_3 - a = 0$$

Schritt 2:
Berechne den Normalenvektor mithilfe der Spannvektoren der Parameterform:

$$\vec{n} = \begin{pmatrix} 2 \\ 0 \\ -6 \end{pmatrix} \times \begin{pmatrix} 3 \\ 4 \\ -5 \end{pmatrix} = \begin{pmatrix} 24 \\ -8 \\ 8 \end{pmatrix} = 8 \begin{pmatrix} 3 \\ -1 \\ 1 \end{pmatrix}$$

Schritt 3:
Die Punkt-Normalenform mit Aufpunkt $(4/-1/-7)$ lautet:

$$E: \begin{pmatrix} x_1 - 4 \\ x_2 - (-1) \\ x_3 - (-7) \end{pmatrix} \circ \begin{pmatrix} 3 \\ -1 \\ 1 \end{pmatrix} = 0$$

Schritt 4:
Ausmultipliziert ergibt sich:

$$E: 3x_1 - x_2 + x_3 - 6 = 0$$

Umwandlung von Ebenenformen

Lösung zu Aufgabe 154

Zu Teil a):
Schritt 1:
Wir wählen eine beliebige Koordinate, z.B. x_2, und stellen die Ebene nach dieser um. Achte dabei darauf, die Werte so zu sortieren, dass die Zahl vorne steht:

$$x_2 = -1 - 2x_1 + 4x_3$$

Schritt 2:
Belege die noch freien Koordinaten mit Variablen und setze diese in die obige Gleichung ein:

$$\left.\begin{array}{l} x_1 = \lambda \\ x_3 = \mu \end{array}\right\} \Rightarrow \quad x_2 = -1 - 2\lambda + 4\mu$$

Schritt 3:
Schreibe die drei x-Koordinaten untereinander und ziehe sie geeignet auseinander:

$$\begin{aligned} x_1 &= 0 + \lambda + 0 \\ x_2 &= -1 - 2\lambda + 4\mu \\ x_3 &= 0 + 0 + \mu \end{aligned}$$

Schritt 4:
Lies die Parameterform ab:

$$E: \vec{x} = \begin{pmatrix} 0 \\ -1 \\ 0 \end{pmatrix} + \lambda \begin{pmatrix} 1 \\ -2 \\ 0 \end{pmatrix} + \mu \begin{pmatrix} 0 \\ 4 \\ 1 \end{pmatrix}, \quad \text{mit } \lambda, \mu \in \mathbb{R}.$$

Zu Teil b):
Schritt 1:
Wir wählen eine beliebige Koordinate, z.B. x_3, und stellen die Ebene nach dieser um:

$$x_3 = -6x_1 + 3x_2$$

Schritt 2:
Belege die noch freien Koordinaten mit Variablen und setze diese ein:

$$\left.\begin{array}{l} x_1 = \lambda \\ x_2 = \mu \end{array}\right\} \Rightarrow \quad x_3 = -6\lambda + 3\mu$$

Schritt 3:
Schreibe die drei x-Koordinaten untereinander und ziehe sie geeignet auseinander:

$$\begin{aligned} x_1 &= 0 + \lambda + 0 \\ x_2 &= 0 + 0 + \mu \\ x_3 &= 0 - 6\lambda + 3\mu \end{aligned}$$

Schritt 4:
Lies die Parameterform ab:

$$F : \vec{x} = \begin{pmatrix} 0 \\ 0 \\ 0 \end{pmatrix} + \lambda \begin{pmatrix} 1 \\ 0 \\ -6 \end{pmatrix} + \mu \begin{pmatrix} 0 \\ 1 \\ 3 \end{pmatrix}, \quad \text{mit } \lambda, \mu \in \mathbb{R}.$$

Lösung zu Aufgabe 155

Zu Teil a):
Schritt 1:
Wir wählen eine beliebige Koordinate, z.B. x_1, und stellen die Ebene nach dieser um. Achte dabei darauf, die Werte so zu sortieren, dass die Zahl vorne steht:

$$x_1 = -5 + 7x_3$$

Schritt 2:
Belege die noch freien Koordinaten mit Variablen und setze diese ein:

$$\left.\begin{aligned} x_2 &= \lambda \\ x_3 &= \mu \end{aligned}\right\} \Rightarrow \quad x_1 = -5 + 7\mu$$

Schritt 3:
Schreibe die drei x-Koordinaten untereinander und ziehe sie geeignet auseinander:

$$\begin{aligned} x_1 &= -5 + 0 + 7\mu \\ x_2 &= 0 + \lambda + 0 \\ x_3 &= 0 + 0 + \mu \end{aligned}$$

Schritt 4:
Lies die Parameterform ab:

$$E : \vec{x} = \begin{pmatrix} -5 \\ 0 \\ 0 \end{pmatrix} + \lambda \begin{pmatrix} 0 \\ 1 \\ 0 \end{pmatrix} + \mu \begin{pmatrix} 7 \\ 0 \\ 1 \end{pmatrix}, \quad \lambda, \mu \in \mathbb{R}.$$

Zu Teil b):
Schritt 1:
Wir stellen hier nun die Ebene nach x_3 um:

$$x_3 = 4$$

Schritt 2:
Belege die noch freien Koordinaten mit Variablen. Da diese nicht in der Ebene auftauchen, können diese nicht eingesetzt werden, aber wir müssen sie trotzdem aufstellen:

$$\left.\begin{array}{l} x_1 = \lambda \\ x_2 = \mu \end{array}\right\} \Rightarrow \quad x_3 = 4$$

Schritt 3:
Schreibe die drei x-Koordinaten untereinander und ziehe sie geeignet auseinander:

$$\begin{aligned} x_1 &= 0 + \lambda + 0 \\ x_2 &= 0 + 0 + \mu \\ x_3 &= 4 + 0 + 0 \end{aligned}$$

Schritt 4:
Lies die Parameterform ab:

$$F: \vec{x} = \begin{pmatrix} 0 \\ 0 \\ 4 \end{pmatrix} + \lambda \begin{pmatrix} 1 \\ 0 \\ 0 \end{pmatrix} + \mu \begin{pmatrix} 0 \\ 1 \\ 0 \end{pmatrix}, \quad \lambda, \mu \in \mathbb{R}.$$

Lösung zu Aufgabe 156

Zu Teil a):
Schritt 1:
Wir wählen eine beliebige Koordinate, z.B. x_3, und stellen die Ebene nach dieser um. Achte dabei darauf, die Werte so zu sortieren, dass die Zahl (inkl. Parameter t) zuerst aufgeschrieben wird:

$$x_3 = (5 + t) + 2x_1$$

Schritt 2:
Belege die noch freien Koordinaten mit Variablen und setze ein:

$$\left.\begin{array}{l} x_1 = \lambda \\ x_2 = \mu \end{array}\right\} \Rightarrow \quad x_3 = (5 + t) + 2\lambda$$

Schritt 3:
Schreibe die drei x-Koordinaten untereinander und ziehe sie geeignet auseinander:

$$\begin{aligned} x_1 &= \quad 0 + \lambda + 0 \\ x_2 &= \quad 0 + 0 + \mu \\ x_3 &= (5+t) + 2\lambda + 0 \end{aligned}$$

Schritt 4:
Lies die Parameterform ab:

$$E: \vec{x} = \begin{pmatrix} 0 \\ 0 \\ 5+t \end{pmatrix} + \lambda \begin{pmatrix} 1 \\ 0 \\ 2 \end{pmatrix} + \mu \begin{pmatrix} 0 \\ 1 \\ 0 \end{pmatrix}, \quad \lambda, \mu \in \mathbb{R}.$$

Zu Teil b):
Schritt 1:
Wir wählen eine beliebige Koordinate, z.B. x_1, und stellen die Ebene nach dieser um:

$$x_1 = 3 + (3+s)x_2$$

Schritt 2:
Belege die noch freien Koordinaten mit Variablen und setze diese ein:

$$\left.\begin{aligned} x_2 &= \lambda \\ x_3 &= \mu \end{aligned}\right\} \Rightarrow \quad x_1 = 3 + (3+s)\lambda$$

Schritt 3:
Schreibe die drei x-Koordinaten untereinander und ziehe sie geeignet auseinander:

$$\begin{aligned} x_1 &= 3 + (3+s)\lambda + 0 \\ x_2 &= 0 + \lambda + 0 \\ x_3 &= 0 + 0 + \mu \end{aligned}$$

Schritt 4:
Lies die Parameterform ab:

$$F: \vec{x} = \begin{pmatrix} 3 \\ 0 \\ 0 \end{pmatrix} + \lambda \begin{pmatrix} 3+s \\ 1 \\ 0 \end{pmatrix} + \mu \begin{pmatrix} 0 \\ 0 \\ 1 \end{pmatrix}, \quad \lambda, \mu \in \mathbb{R}.$$

Lagebeziehungen zweier Geraden

Lösung zu Aufgabe 157

Zu Teil a):
Gefragt ist nach dem Schnittpunkt zweier Geraden. Dazu müssen wir zuerst die Gerade des zweiten Schachts aufstellen. Als Richtungsvektor wählen wir den Verbindungsvektor $\overrightarrow{AB}$:

$$\overrightarrow{AB} = \begin{pmatrix} 0 \\ 1 \\ -3 \end{pmatrix} - \begin{pmatrix} 1 \\ -1 \\ 0 \end{pmatrix} = \begin{pmatrix} -1 \\ 2 \\ -3 \end{pmatrix}$$

Ein möglicher Aufpunkt ist der Punkt A. Wir erhalten die Gerade

$$h : \vec{x} = \begin{pmatrix} 1 \\ -1 \\ 0 \end{pmatrix} + \mu \begin{pmatrix} -1 \\ 2 \\ -3 \end{pmatrix}.$$

Schritt 1:
Setze die beiden Geraden gleich. Wir erhalten folgendes Gleichungssystem:

$$\begin{aligned} (1) &: -0{,}5 + \lambda = 1 - \mu \\ (2) &: -1 + \lambda = -1 + 2\mu \\ (3) &: -0{,}5 - \lambda = 0 - 3\mu \end{aligned}$$

Schritt 2:
Löse das Gleichungssystem. Aus (2) erhalten wir $\lambda = 2\mu$. Setzen wir das in die erste Gleichung ein, so erhalten wir $\mu = 0{,}5$ und damit auch $\lambda = 1$. Wir können Gleichung (3) benutzen, um eine Probe zu machen:

$$\begin{aligned} (3)' : \; -0{,}5 - 1 &= 0 - 3 \cdot 0{,}5 \\ -1{,}5 &= -1{,}5 \quad \checkmark \end{aligned}$$

Hierbei handelt es sich um eine wahre Aussage. Die Geraden haben also einen Schnittpunkt S. Dessen Koordinaten erhalten wir durch Einsetzen des Parameters λ oder μ in die Geradengleichung:

$$S\,(0{,}5 \mid 0 \mid -1{,}5)$$

Zu Teil b):
Zwei Geraden verlaufen senkrecht, wenn sie sich schneiden, und das Skalarprodukt ihrer Richtungsvektoren Null ergibt. Ersteres ist erfüllt. Für das Skalarprodukt gilt:

$$\begin{pmatrix} 1 \\ 1 \\ -1 \end{pmatrix} \circ \begin{pmatrix} -1 \\ 2 \\ -3 \end{pmatrix} = -1 + 2 + 3 = 4 \neq 0$$

Die Tunnel verlaufen also nicht senkrecht.

Lösung zu Aufgabe 158

Zu Teil a):
Gefragt ist nach der Lagebeziehung zweier Geraden.

Schritt 1:
Setze die beiden Geraden gleich. Wir erhalten folgendes Gleichungssystem:

$$\begin{aligned} (1): \; -1 + 3\lambda &= -4 - 3\mu \\ (2): \; 0 + 4\lambda &= -5 - 3\mu \\ (3): \; 2 - \lambda &= 3 + \mu \end{aligned}$$

Schritt 2:
Löse das Gleichungssystem. Aus (3) erhalten wir $\lambda = -1 - \mu$. Setzen wir das in Gleichung (2) ein, so erhalten wir:

$$\begin{aligned} (2)': \; 4 \cdot (-1 - \mu) &= -5 - 3\mu \\ -4 - 4\mu &= -5 - 3\mu \\ \mu &= 1 \end{aligned}$$

Daraus folgt $\lambda = -2$. Wir können Gleichung (1) benutzen, um eine Probe zu machen und erhalten folgende Gleichung:

$$\begin{aligned} (1)': \; -1 + 3 \cdot (-2) &= -4 - 3 \cdot 1 \\ -7 &= -7 \quad \checkmark \end{aligned}$$

Hierbei handelt es sich um eine wahre Aussage. Die Geraden haben also einen Schnittpunkt S. Dessen Koordinaten erhalten wir durch Einsetzen des Parameters λ oder μ in die Geradengleichung:

$$S\,(-7 \mid -8 \mid 4)$$

Zu Teil b):
Gefragt ist nach der Lagebeziehung zweier Geraden.

Schritt 1:
Setze die beiden Geraden gleich. Wir erhalten folgendes Gleichungssystem:

$$\begin{aligned} (1): \quad 2 + \lambda &= -1 - 3\mu \\ (2): \quad 0 + \lambda &= 9 + 3\mu \\ (3): \quad -2 + 2\lambda &= 0 - 2\mu \end{aligned}$$

Schritt 2:
Löse das Gleichungssystem. Aus (2) erhalten wir $\lambda = 9 + 3\mu$. Setzen wir das in Gleichung (1) ein, erhalten wir:

$$\begin{aligned} (1)': \quad 2 + 9 + 3\mu &= -1 - 3\mu \\ 11 + 3\mu &= -1 - 3\mu \\ \mu &= -2 \end{aligned}$$

Daraus folgt $\lambda = 3$. Wir können Gleichung (3) benutzen, um eine Probe zu machen und erhalten die folgende Gleichung:

$$\begin{aligned} (3)': \quad -2 + 2 \cdot 3 &= -2 \cdot (-2) \\ 4 &= 4 \quad \checkmark \end{aligned}$$

Hierbei handelt es sich um eine wahre Aussage. Die Geraden haben also einen Schnittpunkt S. Dessen Koordinaten erhalten wir durch Einsetzen des Parameters λ oder μ in die Geradengleichung:

$$S\,(5 \mid 3 \mid 4)$$

Lösung zu Aufgabe 159

Zu Teil a):
Die Strahlen dürfen sich nicht schneiden. Die Geraden müssen also auf einen Schnittpunkt untersucht werden.

Schritt 1:
Setze die beiden Geraden gleich. Wir erhalten folgendes Gleichungssystem:

$$\begin{aligned} (1): \quad 2 - \lambda &= -3 + \mu \\ (2): \quad -2 + \lambda &= -6 - 2\mu \\ (3): \quad 2 + 2\lambda &= 0 - \mu \end{aligned}$$

Schritt 2:
Löse das Gleichungssystem. Aus (3) erhalten wir $\mu = -2 - 2\lambda$. Setzen wir das in Gleichung (1) ein, so erhalten wir

$$\begin{aligned}(1)': \; 2 - \lambda &= -3 - 2 - 2\lambda \\ \lambda &= -7.\end{aligned}$$

Daraus folgt $\mu = 12$. Wir können Gleichung (2) benutzen, um eine Probe zu machen:

$$\begin{aligned}(2)': \quad -2 - 7 &= -6 - 2 \cdot 12 \\ -9 &\neq -30\end{aligned} \quad ↯ \text{ Widerspruch}$$

Hierbei handelt es sich um eine falsche Aussage. Die Geraden haben also keinen Schnittpunkt und das Experiment ist richtig eingestellt.

Zu Teil b):
Die Strahlen sollen sich nun schneiden. Gefragt ist also wieder nach dem Schnittpunkt zweier Geraden. Achte bei der zweiten Gerade darauf, den neuen Richtungsvektor zu benutzen.

Schritt 1:
Setze die beiden Geraden gleich. Wir erhalten folgendes Gleichungssystem:

$$\begin{aligned}(1): \quad 2 - \lambda &= -3 + \mu \\ (2): \quad -2 + \lambda &= -6 - 2\mu \\ (3): \quad 2 + 2\lambda &= 0 + p\mu\end{aligned}$$

Schritt 2:
Löse das Gleichungssystem. Hier ist es sinnvoll zuerst die ersten beiden Gleichungen zu benutzen und anschließend p so zu wählen, dass die Probe mit Gleichung (3) aufgeht. Aus (1) erhalten wir $\lambda = 5 - \mu$. Setze das in Gleichung (2) ein:

$$\begin{aligned}(2)': \; -2 + 5 - \mu &= -6 - 2\mu \\ \mu &= -9\end{aligned}$$

Daraus folgt $\lambda = 14$. Setzen wir nun beides in Gleichung (3) ein, so erhalten wir:

$$\begin{aligned}(3)': \; 2 + 2 \cdot 14 &= 0 + p \cdot (-9) \\ p &= -\frac{30}{9}\end{aligned}$$

Lösung zu Aufgabe 160

Zu Teil a):
Gefragt ist nach der Lagebeziehung zweier Geraden.

Schritt 1:
Setze die beiden Geraden gleich. Wir erhalten folgendes Gleichungssystem:

$$\begin{aligned}
(1): 4 - 2\lambda &= 5 + \mu \\
(2): 0 + 0 &= -6 - 2\mu \\
(3): 3 - 6\lambda &= 0 + \mu
\end{aligned}$$

Schritt 2:
Löse das Gleichungssystem. Aus (2) erhalten wir $\mu = -3$.
Setzen wir das in Gleichung (1) ein, so erhalten wir:

$$\begin{aligned}
(1)': \ 4 - 2\lambda &= 5 + (-3) \\
4 - 2\lambda &= 2 \\
\lambda &= 1
\end{aligned}$$

Wir können Gleichung (3) benutzen, um eine Probe zu machen und erhalten:

$$\begin{aligned}
(3)': \ 3 - 6 \cdot 1 &= -3 \\
-3 &= -3 \quad \checkmark
\end{aligned}$$

Hierbei handelt es sich um eine wahre Aussage. Die Geraden haben also einen Schnittpunkt S. Dessen Koordinaten erhalten wir durch Einsetzen des Parameters λ oder μ in die Geradengleichung:

$$S\,(2 \mid 0 \mid -3)$$

Zu Teil b):
Gefragt ist nach der Lagebeziehung zweier Geraden.

Schritt 1:
Setze die beiden Geraden gleich. Wir erhalten folgendes Gleichungssystem:

$$\begin{aligned}
(1): 1 + \lambda &= -1 + 3\mu \\
(2): 8 - \lambda &= 3 + 3\mu \\
(3): 1 + 2\lambda &= 4 - 2\mu
\end{aligned}$$

Schritt 2:
Löse das Gleichungssystem. Aus (1) erhalten wir $\lambda = -2 + 3\mu$. Setzen wir das in Gleichung (2) ein, so erhalten wir:

$$\begin{aligned} (2)': \ 8 - (-2 + 3\mu) &= 3 + 3\mu \\ 10 - 3\mu &= 3 + 3\mu \\ \mu &= \frac{7}{6} \end{aligned}$$

Daraus folgt durch Einsetzen $\lambda = \frac{9}{6}$. Wir können Gleichung (3) benutzen, um eine Probe zu machen und erhalten:

$$\begin{aligned} (3)': \ 1 + 2 \cdot \frac{9}{6} &= 4 - 2 \cdot \frac{7}{6} \\ \frac{24}{6} &\neq \frac{10}{6} \end{aligned} \quad ↯ \text{ Widerspruch}$$

Hierbei handelt es sich um eine falsche Aussage. Die Geraden haben also keinen Schnittpunkt S. Insbesondere sind die beiden Geraden windschief.

Lösung zu Aufgabe 161

Zu Teil a):
Gesucht ist nach dem Schnittpunkt zweier Geraden.

Schritt 1:
Setze die beiden Geraden gleich. Wir erhalten folgendes Gleichungssystem:

$$\begin{aligned} (1): \ 3 + 3t_1 &= 1 + 2t_2 \\ (2): \ -4 - 2t_1 &= 0 - 2t_2 \\ (3): \ -5 - t_1 &= -3 - t_2 \end{aligned}$$

Schritt 2:
Löse das Gleichungssystem. Aus (2) erhalten wir $t_2 = 2 + t_1$. Setzen wir das in Gleichung (1) ein, so erhalten wir

$$\begin{aligned} (1)': \ 3 + 3t_1 &= 1 + 2 \cdot (2 + t_1) \\ t_1 &= 2 \end{aligned}$$

und damit auch $t_2 = 4$.

Wir können Gleichung (3) benutzen, um eine Probe zu machen und erhalten:

$$\begin{aligned}(3)': \ -5-2 &= -3-4\\ -7 &= -7 \quad \checkmark\end{aligned}$$

Hierbei handelt es sich um eine wahre Aussage. Die Geraden haben also einen Schnittpunkt S. Dennoch kollidieren die U-Boote nicht. Das erste passiert den Schnittpunkt zum Zeitpunkt $t_1 = 2$ und das zweite bei $t_2 = 4$.

Zu Teil b):
Gesucht ist die Gerade, welche die Bahn des dritten U-Boots beschreibt. Als Aufpunkt wählen wir den Punkt P. Da die Gerade parallel zur Geraden g verlaufen soll, wählen wir denselben Richtungsvektor. Wir erhalten also:

$$i: \ \vec{x} = \begin{pmatrix} 2 \\ -4 \\ -6 \end{pmatrix} + t_3 \begin{pmatrix} 3 \\ -2 \\ -1 \end{pmatrix}$$

Lösung zu Aufgabe 162

Zu Teil a):
Gesucht ist nach der Lagebeziehung zweier Geraden.

Schritt 1:
Es fällt auf, dass die Richtungsvektoren der beiden Geraden identisch, also insbesondere linear abhängig sind. Die Geraden können also noch parallel oder identisch sein.
Schritt 2:
Prüfe mit der Punktprobe, ob der Stützpunkt von g auf der Geraden h liegt. Es ergibt sich folgendes Gleichungssystem:

$$\begin{aligned}(1): 1 &= 3 + 4\mu\\ (2): 5 &= 1 - 8\mu\\ (3): 8 &= 5 - 6\mu\end{aligned}$$

Für $\mu = -\frac{1}{2}$ sind alle drei Gleichungen erfüllt. Das LGS hat also eine eindeutige Lösung, so dass beide Geraden identisch sind.

Zu Teil b):
Gesucht ist nach dem Schnittpunkt zweier Geraden.

Schritt 1:

Setze die beiden Geraden gleich. Wir erhalten folgendes Gleichungssystem:

$$\begin{aligned}(1): \quad -2 + 3\lambda &= -1 + \mu \\ (2): \quad 1 + \lambda &= 0 + \mu \\ (3): \quad p + 5\lambda &= 1 + 4\mu\end{aligned}$$

Schritt 2:
Löse das Gleichungssystem. Aus (2) erhalten wir $\mu = 1 + \lambda$. Setzen wir das in die erste Gleichung ein, so erhalten wir:

$$\begin{aligned}(1)': \quad -2 + 3\lambda &= -1 + 1 + \lambda \\ -2 + 3\lambda &= \lambda \\ \lambda &= 1\end{aligned}$$

Daraus folgt $\mu = 2$. Nun benutzen wir Gleichung (3) und wählen p so, dass die Probe eine wahre Aussage liefert:

$$\begin{aligned}(3)': \quad p + 5 \cdot 1 &= 1 + 4 \cdot 2 \\ p &= 4\end{aligned}$$

Hierbei handelt es sich um eine wahre Aussage. Die Geraden haben also einen Schnittpunkt S. Dessen Koordinaten erhalten wir durch Einsetzen des Parameters λ oder μ in die Geradengleichung:

$$S\,(1 \mid 2 \mid 9)$$

Lagebeziehungen einer Gerade und einer Ebene

Lösung zu Aufgabe 163

Gesucht ist nach dem Schnittpunkt einer Geraden und einer Ebene.

Schritt 1:
Setze den allgemeinen Geradenpunkt $\vec{x}$ in die Ebenengleichung ein:

$$\begin{aligned} 2\cdot(-3+2\lambda)+2\cdot(-3+2\lambda)+(2+\lambda)-12 &= 0 \\ -22+9\lambda &= 0 \qquad \Big| +22,\ :9 \\ \lambda &= \frac{22}{9} \end{aligned}$$

Schritt 2:
Wir erhalten den Schnittpunkt S, indem wir den Parameter λ in die Geradengleichung einsetzen:

$$S\left(\frac{17}{9}\,\middle|\,\frac{17}{9}\,\middle|\,\frac{40}{9}\right)$$

Lösung zu Aufgabe 164

Zu Teil a):
Gesucht ist nach der Lagebeziehung einer Ebene und einer Geraden.

Schritt 1:
Setze den allgemeinen Geradenpunkt $\vec{x}$ in die Ebenengleichung ein:

$$\begin{aligned} 3\cdot(1+4\lambda)-2\cdot(5+2\lambda)-1 &= 0 \\ -8+8\lambda &= 0 \qquad \Big| +8,\ :8 \\ \lambda &= 1 \end{aligned}$$

Wir erhalten eine eindeutige Lösung, demnach schneidet die Gerade die Ebene.

Schritt 2:
Wir erhalten den Schnittpunkt S, indem wir den Parameter in die Geradengleichung einsetzen:

$$S\,(5\mid 7\mid 2)$$

Zu Teil b):
Gesucht ist nach der Lagebeziehung einer Ebene und einer Geraden.

Schritt 1:
Setze den allgemeinen Geradenpunkt $\vec{x}$ in die Ebenengleichung ein:

$$\begin{aligned} 3\cdot(-2+3\lambda)-(3-\lambda)-2\cdot(1-2\lambda)+1&=0 \\ -10+14\lambda&=0 \qquad \mid +10,\ :14 \\ \lambda&=\frac{5}{7} \end{aligned}$$

Wir erhalten eine eindeutige Lösung, demnach schneidet die Gerade die Ebene.

Schritt 2:
Wir erhalten den Schnittpunkt S, indem wir den Parameter in die Geradengleichung einsetzen:

$$S\left(\frac{1}{7}\,\middle|\,\frac{16}{7}\,\middle|\,-\frac{3}{7}\right)$$

Lösung zu Aufgabe 165

Zu Teil a):
Gesucht ist nach der Lagebeziehung einer Ebene und einer Geraden.

Schritt 1:
Setze den allgemeinen Geradenpunkt $\vec{x}$ in die Ebenengleichung ein:

$$\begin{aligned} -1+4\cdot(2-4\lambda)-(-3-4\lambda)+2&=0 \\ 12-12\lambda&=0 \qquad \mid +12\lambda,\ :12 \\ \lambda&=1 \end{aligned}$$

Wir erhalten eine eindeutige Lösung, demnach schneidet die Gerade die Ebene.

Schritt 2:
Wir erhalten den Schnittpunkt S, indem wir den Parameter in die Geradengleichung einsetzen:

$$S\,(1\mid -2\mid -7)$$

Zu Teil b):
Gesucht ist nach der Lagebeziehung einer Ebene und einer Geraden.

Schritt 1:
Setze den allgemeinen Geradenpunkt $\vec{x}$ in die Ebenengleichung ein:

$$\begin{aligned} 2 \cdot (4 + 2\lambda) + (-3) + 2 \cdot (2 - 2\lambda) - 9 &= 0 \\ 0 &= 0 \quad \checkmark \end{aligned}$$

Wir erhalten eine wahre Aussage Demnach gibt es unendlich viele Lösungen. Die Gerade liegt also in der Ebene.

Lösung zu Aufgabe 166

Gesucht ist nach dem Schnittpunkt einer Geraden und einer Ebene. Zuerst müssen wir jedoch die Gerade, welche den Tunnel beschreibt, aufstellen. Als Richtungsvektor wählen wir den Verbindungsvektor $\overrightarrow{AB}$:

$$\overrightarrow{AB} = \begin{pmatrix} 2 \\ 1 \\ -2 \end{pmatrix} - \begin{pmatrix} -1 \\ 3 \\ -2 \end{pmatrix} = \begin{pmatrix} 3 \\ -2 \\ 0 \end{pmatrix}$$

Als Aufpunkt wählen wir den Punkt A. Wir erhalten:

$$g : \vec{x} = \begin{pmatrix} -1 \\ 3 \\ -2 \end{pmatrix} + \lambda \begin{pmatrix} 3 \\ -2 \\ 0 \end{pmatrix}, \quad \lambda \in \mathbb{R}.$$

Schritt 1:
Setze den allgemeinen Geradenpunkt $\vec{x}$ in die Ebenengleichung ein und löse die Gleichung:

$$\begin{aligned} -(-1 + 3\lambda) + 3 \cdot (3 - 2\lambda) - (-2) - 30 &= \ 0 \\ -18 - 9\lambda &= \ 0 \qquad \Big| + 18, \ : (-9) \\ \lambda &= -2 \end{aligned}$$

Die Gleichung hat also eine Lösung. Demnach trifft der Tunnel auf die Granitschicht.

Schritt 2:
Wir erhalten den Schnittpunkt S (nicht verlangt), indem wir den Parameter λ in die Geradengleichung einsetzen:

$$S\,(-7 \mid 7 \mid -2)$$

Lösung zu Aufgabe 167

Gesucht ist nach dem Schnittpunkt einer Geraden und einer Ebene.
Zuerst müssen wir jedoch die Gerade, welche den Lichtstrahl beschreibt, aufstellen. Als Richtungsvektor wählen wir den Vektor $\overrightarrow{v}$. Als Aufpunkt dient der Punkt P.

$$g: \overrightarrow{x} = \begin{pmatrix} 2 \\ -4 \\ 3 \end{pmatrix} + \lambda \begin{pmatrix} 1 \\ 2 \\ 1 \end{pmatrix}, \quad \lambda \in \mathbb{R}.$$

Zusätzlich muss die Ebene in Koordinatenform umgewandelt werden. Den Normalenvektor erhalten wir durch das Kreuzprodukt der beiden Spannvektoren:

$$\overrightarrow{n} = \begin{pmatrix} -1 \\ 1 \\ 0 \end{pmatrix} \times \begin{pmatrix} 0 \\ -1 \\ 2 \end{pmatrix} = \begin{pmatrix} 2 \\ 2 \\ 1 \end{pmatrix}$$

Der Ansatz für die Koordinatenform ist:

$$E: \ 2x_1 + 2x_2 + x_3 - c = 0$$

Setzen wir den Aufpunkt ein und lösen die Gleichung, so erhalten wir $c = 20$.
Die Ebenengleichung lautet demnach:

$$E: \ 2x_1 + 2x_2 + x_3 - 20 = 0$$

Schritt 1:
Setze den allgemeinen Geradenpunkt $\overrightarrow{x}$ in die Ebenengleichung ein und löse die Gleichung anschließend:

$$\begin{aligned} 2 \cdot (2 + \lambda) + 2 \cdot (-4 + 2\lambda) + (3 + \lambda) - 20 &= 0 \\ -21 + 7\lambda &= 0 \qquad \Big| +21, \ :7 \\ \lambda &= 3 \end{aligned}$$

Schritt 2:
Wir erhalten den Schnittpunkt S, indem wir den Parameter λ in die Geradengleichung einsetzen:

$$S\,(5 \mid 2 \mid 6)$$

In diesem Punkt trifft der Lichtstrahl auf den Spiegel.

Lösung zu Aufgabe 168

Zu Teil a):
Gesucht ist nach der Lagebeziehung einer Ebene und einer Geraden.

Schritt 1:
Setze den allgemeinen Geradenpunkt $\vec{x}$ in die Ebenengleichung ein:

$$\begin{aligned} 2 \cdot (2 - 5\lambda) - 2 \cdot (-7 + 7\lambda) + 4 \cdot (-\lambda) + 10 &= 0 \\ 28 - 28\lambda &= 0 \qquad \mid +28\lambda, \; :28 \\ \lambda &= 1 \end{aligned}$$

Wir erhalten eine eindeutige Lösung, demnach schneidet die Gerade die Ebene.

Schritt 2:
Wir erhalten den Schnittpunkt S, indem wir den Parameter λ in die Geradengleichung einsetzen:

$$S\,(-3 \mid 0 \mid -1)$$

Zu Teil b):
Gesucht ist nach der Lagebeziehung einer Ebene und einer Geraden.

Schritt 1:
Setze den allgemeinen Geradenpunkt $\vec{x}$ in die Ebenengleichung ein.

$$\begin{aligned} (-2 + 3\lambda) - 3 \cdot (3 + 2\lambda) + 3 \cdot (1 + \lambda) + 1 &= 0 \\ -7 &\neq 0 \qquad \text{↯ Widerspruch} \end{aligned}$$

Wir erhalten keine Lösung, demnach schneidet die Gerade die Ebene nicht und liegt auch nicht in der Ebene. Die Gerade ist also echt parallel zur Ebene.

Lagebeziehungen zweier Ebenen

Lösung zu Aufgabe 169

Gesucht ist nach der Schnittgeraden zweier Ebenen.

Schritt 1:
Wähle eine Variable, die unbestimmt bleibt:

$$x_1 = t$$

Schritt 2:
Stelle das Gleichungssystem auf:

$$\begin{aligned} (1): &\quad 4t + 2x_2 - x_3 - 2 = 0 \\ (2): &\quad -2t - x_2 + 4x_3 + 1 = 0 \end{aligned}$$

Stellen wir Gleichung (2) um, so erhalten wir:

$$(2)': \ x_2 = -2t + 4x_3 + 1$$

Setze dies in Gleichung (1) ein:

$$\begin{aligned} (1)': \ 4t + 2 \cdot (-2t + 4x_3 + 1) - x_3 - 2 &= 0 \\ x_3 &= 0 \end{aligned}$$

Daraus folgt ebenfalls

$$x_2 = -2t + 1.$$

Der allgemeine Lösungspunkt lautet:

$$\vec{x} = \begin{pmatrix} t \\ 1 - 2t \\ 0 \end{pmatrix}$$

Dies entspricht der Geraden

$$g : \vec{x} = \begin{pmatrix} 0 \\ 1 \\ 0 \end{pmatrix} + t \begin{pmatrix} 1 \\ -2 \\ 0 \end{pmatrix}, \quad t \in \mathbb{R}.$$

Lösung zu Aufgabe 170

Zu Teil a):
Schritt 1:
Wähle eine Variable, die unbestimmt bleibt:

$$x_3 = t$$

Schritt 2:
Stelle das Gleichungssystem auf:

$$\begin{aligned} (1): \ 3x_1 - 4x_2 + t - 2 &= 0 \\ (2): \ 2x_1 - \ \ x_2 \qquad\quad &= 0 \end{aligned}$$

Stellen wir Gleichung (1) um, so erhalten wir:

$$(1)': \ x_2 = \frac{3}{4}x_1 + \frac{1}{4}t - \frac{1}{2}$$

Aus Gleichung (2) folgt $x_2 = 2x_1$. Benutzen wir das, so erhalten wir:

$$\begin{aligned} (1)'': \ 2x_1 &= \frac{3}{4}x_1 + \frac{1}{4}t - \frac{1}{2} \\ x_1 &= \frac{1}{5}t - \frac{2}{5} \end{aligned}$$

Daraus folgt ebenfalls

$$x_2 = \frac{2}{5}t - \frac{4}{5}.$$

Der allgemeine Lösungspunkt lautet:

$$\vec{x} = \begin{pmatrix} -0{,}4 + 0{,}2t \\ -0{,}8 + 0{,}4t \\ 0 + t \end{pmatrix}$$

Dies entspricht der Geraden:

$$g: \vec{x} = \begin{pmatrix} -0{,}4 \\ -0{,}8 \\ 0 \end{pmatrix} + t \begin{pmatrix} 0{,}2 \\ 0{,}4 \\ 1 \end{pmatrix}, \quad t \in \mathbb{R}.$$

Zu Teil b):
Bevor die Lagebeziehung untersucht werden kann, muss die Ebene F zuerst in Koordinatenform gebracht werden. Der Normalenvektor kann durch das Kreuzprodukt der beiden Spannvektoren berechnet werden:

$$\vec{n} = \begin{pmatrix} -1 \\ 1 \\ 1 \end{pmatrix} \times \begin{pmatrix} 1 \\ 2 \\ 0 \end{pmatrix} = \begin{pmatrix} -2 \\ 1 \\ -3 \end{pmatrix}$$

Der Ansatz für die Ebenengleichung lautet also

$$F: \ -2x_1 + x_2 - 3x_3 - c = 0.$$

Setzen wir den Aufpunkt der Ebene ein, so erhalten wir $c = -12$. Damit kann die Ebenengleichung bestimmt werden.

$$F: \ -2x_1 + x_2 - 3x_3 + 12 = 0$$

Nun kann die Lage der Ebenen untersucht werden.

Schritt 1:
Wähle eine Variable, die unbestimmt bleibt:

$$x_3 = t$$

Schritt 2:
Stelle das Gleichungssystem auf:

$$\begin{aligned} (1): \ -2x_1 - 3x_2 + \ t + \ 4 &= 0 \\ (2): \ -2x_1 + \ x_2 - 3t + 12 &= 0 \end{aligned}$$

Nun bietet sich das Additionsverfahren an. Wir berechnen:

$$\begin{aligned} (1) - (2): \ -4x_2 + 4t - 8 &= 0 \\ t - 2 &= x_2 \end{aligned}$$

Setzen wir das in Gleichung (2) ein, so erhalten wir:

$$\begin{aligned} (2)': \ -2x_1 + t - 2 - 3t + 12 &= 0 \\ 5 - t &= x_1 \end{aligned}$$

Der allgemeine Lösungspunkt lautet:

$$\vec{x} = \begin{pmatrix} 5-t \\ -2+t \\ t \end{pmatrix}$$

Dies entspricht der Geraden:

$$g : \vec{x} = \begin{pmatrix} 5 \\ -2 \\ 0 \end{pmatrix} + t \begin{pmatrix} -1 \\ 1 \\ 1 \end{pmatrix}, \quad t \in \mathbb{R}.$$

Lösung zu Aufgabe 171

Zu Teil a):
Das Volumen eines Würfels kann mit der Formel $V = a^3$ berechnet werden. Dabei steht a für die Kantenlänge. Die Kantenlänge entspricht der Länge des Verbindungsvektors

$$\overrightarrow{AB} = \begin{pmatrix} 3 \\ 1 \\ 0 \end{pmatrix} - \begin{pmatrix} -1 \\ 1 \\ 0 \end{pmatrix} = \begin{pmatrix} 4 \\ 0 \\ 0 \end{pmatrix}$$

Damit gilt:

$$a = |\overrightarrow{AB}| = \sqrt{4^2 + 0^2 + 0^2} = 4$$

Das Volumen des Würfels ist also:

$$V = a^3 = 64\,\text{VE}$$

Zu Teil b):
Gefragt ist nach der Schnittgerade zweier Ebenen. Zuerst muss jedoch die Ebenengleichung der Grundfläche aufgestellt werden. Als Spannvektoren benutzen wir die Vektoren

$$\overrightarrow{AB} = \begin{pmatrix} 3 \\ 1 \\ 0 \end{pmatrix} - \begin{pmatrix} -1 \\ 1 \\ 0 \end{pmatrix} = \begin{pmatrix} 4 \\ 0 \\ 0 \end{pmatrix} \quad \text{und}$$
$$\overrightarrow{AC} = \begin{pmatrix} 3 \\ 5 \\ 0 \end{pmatrix} - \begin{pmatrix} -1 \\ 1 \\ 0 \end{pmatrix} = \begin{pmatrix} 4 \\ 4 \\ 0 \end{pmatrix}.$$

Der Einfachheit halber, können wir auch die parallelen, aber kürzeren Vektoren

$$\vec{v} = \begin{pmatrix} 1 \\ 0 \\ 0 \end{pmatrix} \quad \text{und} \quad \vec{u} = \begin{pmatrix} 1 \\ 1 \\ 0 \end{pmatrix}$$

benutzen. Wir benötigen die Koordinatenform der Ebene. Den Normalenvektor erhalten wir durch das Kreuzprodukt der Vektoren $\vec{v}$ und $\vec{u}$:

$$\vec{n} = \begin{pmatrix} 1 \\ 0 \\ 0 \end{pmatrix} \times \begin{pmatrix} 1 \\ 1 \\ 0 \end{pmatrix} = \begin{pmatrix} 0 \\ 0 \\ 1 \end{pmatrix}$$

Der Ansatz für die Koordinatenform lautet:

$$F : x_3 - c = 0$$

Durch Einsetzen des Punktes A erhalten wir $c = 0$. Die Ebenengleichung ist also

$$F : x_3 = 0.$$

Es handelt sich demnach um die x_1x_2-Ebene. Nun wird die Schnittgerade der Ebenen berechnet.

Schritt 1:
Wähle eine Variable die unbestimmt bleibt. Hier bieten sich x_1 oder x_2 an. Wir wählen

$$x_1 = t.$$

Schritt 2:
Stelle das Gleichungssystem auf:

$$\begin{aligned} (1): \quad t - x_2 + 2 &= 0 \\ (2): \quad x_3 &= 0 \end{aligned}$$

Aus Gleichung (1) erhalten wir:

$$(1)': \; x_2 = 2 + t$$

Der allgemeine Lösungspunkt lautet:

$$\vec{x} = \begin{pmatrix} t \\ 2 + t \\ 0 \end{pmatrix}$$

Dies entspricht der Geraden

$$g: \overrightarrow{x} = \begin{pmatrix} 0 \\ 2 \\ 0 \end{pmatrix} + t \begin{pmatrix} 1 \\ 1 \\ 0 \end{pmatrix}, \quad t \in \mathbb{R}.$$

Zu Teil c):
Um zu überprüfen, ob der Schnitt entlang der Geraden $\overrightarrow{BD}$ erfolgt, müssen wir diese zuerst aufstellen. Als Richtungsvektor dient der Vektor

$$\overrightarrow{BD} = \begin{pmatrix} -1 \\ 5 \\ 0 \end{pmatrix} - \begin{pmatrix} 3 \\ 1 \\ 0 \end{pmatrix} = \begin{pmatrix} -4 \\ 4 \\ 0 \end{pmatrix}.$$

Der Einfachheit halber benutzen wir den parallelen, aber kürzeren Vektor

$$\overrightarrow{a} = \begin{pmatrix} -1 \\ 1 \\ 0 \end{pmatrix}.$$

Als Aufpunkt benutzen wir den Punkt B. Damit erhalten wir die Gerade

$$h: \overrightarrow{x} = \begin{pmatrix} 3 \\ 1 \\ 0 \end{pmatrix} + \lambda \begin{pmatrix} -1 \\ 1 \\ 0 \end{pmatrix}, \quad \lambda \in \mathbb{R}.$$

Ein Vergleich der Richtungsvektoren zeigt, dass die beiden Geraden g und h nicht parallel sind. Demnach verläuft der Schnitt nicht entlang der Geraden $\overrightarrow{BD}$. Tatsächlich sehen wir, dass die Gerade h senkrecht auf der Schnittebene steht.

Lösung zu Aufgabe 172

Zu Teil a):
Schritt 1:
Wähle eine Variable, die unbestimmt bleibt:

$$x_1 = t$$

Schritt 2:
Stelle das Gleichungssystem auf:

$$\begin{aligned} (1): \; -2t + x_2 + \;\; x_3 - 2 &= 0 \\ (2): \;\;\; 2t - x_2 - 4x_3 + 5 &= 0 \end{aligned}$$

Hier bietet sich das Additionsverfahren an. Wir berechnen:

$$\begin{aligned}(1)+(2):\quad -3x_3+3&=0\\ x_3&=1\end{aligned}$$

Setzen wir das in (1) ein, so erhalten wir:

$$\begin{aligned}(1)':\ -2t+x_2+1-2&=0\\ 1+2t&=x_2\end{aligned}$$

Der allgemeine Lösungspunkt lautet:

$$\vec{x}=\begin{pmatrix}0+t\\1+2t\\1+0t\end{pmatrix}$$

Dies entspricht der Geraden:

$$g:\vec{x}=\begin{pmatrix}0\\1\\1\end{pmatrix}+t\begin{pmatrix}1\\2\\0\end{pmatrix},\quad t\in\mathbb{R}.$$

Zu Teil b):
Bevor die Lagebeziehung untersucht werden kann, muss die Ebene F zuerst in Koordinatenform gebracht werden. Der Normalenvektor kann durch das Kreuzprodukt der beiden Spannvektoren berechnet werden.

$$\vec{n}=\begin{pmatrix}2\\1\\-1\end{pmatrix}\times\begin{pmatrix}3\\-2\\0\end{pmatrix}=\begin{pmatrix}-2\\-3\\-7\end{pmatrix}$$

Der Ansatz für die Ebenengleichung lautet also:

$$F:-2x_1-3x_2-7x_3-c=0$$

Setzen wir den Aufpunkt der Ebene ein, so erhalten wir $c=12$. Damit kann die Ebenengleichung angegeben werden:

$$F:-2x_1-3x_2-7x_3-12=0$$

Nun kann die Lage der Ebenen untersucht werden.

Schritt 1:
Wähle eine Variable, die unbestimmt bleibt:

$$x_1 = t$$

Schritt 2:
Stelle das Gleichungssystem auf:

$$\begin{aligned} (1): \quad 4t + 6x_2 + 14x_3 - 9 &= 0 \\ (2): -2t - 3x_2 - 7x_3 - 12 &= 0 \end{aligned}$$

Nun bietet sich das Additionsverfahren an. Wir berechnen:

$$(1) + 2 \cdot (2): \quad -33 \neq 0 \quad ↯ \text{ Widerspruch}$$

Wir erhalten eine falsche Aussage. Zudem sehen wir, dass die Normalenvektoren der Ebenen E und F Vielfache voneinander sind. Das bedeutet die Ebenen sind echt parallel und haben demnach keine Schnittgerade.

Lösung zu Aufgabe 173

Zu Teil a):
Für das Volumen einer Pyramide gilt:

$$V = \frac{1}{3} \cdot G \cdot h$$

Hierbei ist G die Grundfläche und h die Höhe der Pyramide. Da wir wissen, dass es sich um eine vierseitige, symmetrische Pyramide handelt, können wir den Mittelpunkt M der Grundfläche bestimmen.
Die Höhe h kann dann leicht als der Abstand $|\overrightarrow{MS}|$ vom Mittelpunkt zur Spitze der Pyramide berechnet werden:

$$\vec{m} = \vec{a} + \frac{1}{2}\overrightarrow{AC}$$

Wir erhalten:

$$\vec{m} = \begin{pmatrix} 1 \\ 1 \\ -1 \end{pmatrix} + \frac{1}{2}\left[\begin{pmatrix} 3 \\ 3 \\ -1 \end{pmatrix} - \begin{pmatrix} 1 \\ 1 \\ -1 \end{pmatrix}\right] = \begin{pmatrix} 2 \\ 2 \\ -1 \end{pmatrix}$$

Für den Verbindungsvektor $\overrightarrow{MS}$ erhalten wir:

$$\overrightarrow{MS} = \begin{pmatrix} 2 \\ 2 \\ 3 \end{pmatrix} - \begin{pmatrix} 2 \\ 2 \\ -1 \end{pmatrix} = \begin{pmatrix} 0 \\ 0 \\ 4 \end{pmatrix}$$

Die Pyramide hat also die Höhe $h = 4$. Für die Grundfläche berechnen wir zuerst die Seitenlänge a der Grundfläche:

$$a = |\overrightarrow{AB}| = \left| \begin{pmatrix} 3 \\ 1 \\ -1 \end{pmatrix} - \begin{pmatrix} 1 \\ 1 \\ -1 \end{pmatrix} \right| = \left| \begin{pmatrix} 2 \\ 0 \\ 0 \end{pmatrix} \right| = 2$$

Die Grundfläche beträgt also

$$G = a^2 = 4\,\text{FE}.$$

Damit können wir das Volumen berechnen:

$$V = \frac{1}{3} \cdot 4 \cdot 4 = \frac{16}{3}\ \text{VE}$$

Zu Teil b):
Die gesuchte Ebene ist parallel zur Grundfläche. Deren Spannvektoren sind z.B. die Vektoren

$$\overrightarrow{AB} = \begin{pmatrix} 2 \\ 0 \\ 0 \end{pmatrix} \quad \text{und} \quad \overrightarrow{AC} = \begin{pmatrix} 2 \\ 2 \\ 0 \end{pmatrix}.$$

Der Normalenvektor der Grundfläche kann mittels des Kreuzprodukts der Spannvektoren berechnet werden:

$$\vec{n} = \begin{pmatrix} 2 \\ 0 \\ 0 \end{pmatrix} \times \begin{pmatrix} 2 \\ 2 \\ 0 \end{pmatrix} = \begin{pmatrix} 0 \\ 0 \\ 4 \end{pmatrix}$$

Die gesuchte Ebene hat denselben Normalenvektor. Um den Aufpunkt zu bestimmen, benutzen wir die Information, dass die Ebene auf halber Strecke zwischen Grundfläche und Spitze liegt. Ein Punkt in der Ebene ist also:

$$\overrightarrow{m'} = \vec{m} + \frac{1}{2}\overrightarrow{MS} = \begin{pmatrix} 2 \\ 2 \\ 1 \end{pmatrix}$$

Der Ansatz für die Ebenengleichung lautet:

$$F: \; 4x_3 - c = 0$$

Setzen wir den Punkt M' ein, so erhalten wir $c = 4$. Die vereinfachte Ebenengleichung lautet also:

$$F: \; x_3 - 1 = 0$$

Zu Teil c):
Gesucht ist nach der Schnittgeraden zweier Ebenen. Zuerst müssen wir jedoch die Ebenengleichung der Seitenwand ABS aufstellen. Als Spannvektoren wählen wir die Vektoren

$$\overrightarrow{AB} = \begin{pmatrix} 2 \\ 0 \\ 0 \end{pmatrix} \quad \text{und} \quad \overrightarrow{AS} = \begin{pmatrix} 1 \\ 1 \\ 4 \end{pmatrix}.$$

Der Normalenvektor kann mittels des Kreuzprodukts der Spannvektoren berechnet werden:

$$\vec{n} = \begin{pmatrix} 2 \\ 0 \\ 0 \end{pmatrix} \times \begin{pmatrix} 1 \\ 1 \\ 4 \end{pmatrix} = \begin{pmatrix} 0 \\ -8 \\ 2 \end{pmatrix}$$

Der Ansatz für die Ebenengleichung lautet:

$$E: -8x_2 + 2x_3 - c = 0$$

Setzen wir den Punkt A ein, so erhalten wir $c = -10$. Die Ebenengleichung lautet also:

$$E: -8x_2 + 2x_3 + 10 = 0$$

Nun kann die Schnittgerade berechnet werden.

Schritt 1:
Wähle eine Variable, die unbestimmt bleibt. Da wir zwei Gleichungen für zwei Unbekannte haben, sind x_2 und x_3 eindeutig bestimmt. Es gibt also nur eine geschickte Wahl:

$$x_1 = t$$

Schritt 2:
Stelle das Gleichungssystem auf:

$$\begin{aligned} (1):\ & -8x_2 + 2x_3 + 10 = 0 \\ (2):\ & \qquad\quad x_3 - \ 1 = 0 \end{aligned}$$

Setzen wir Gleichung (2) in (1) ein, so erhalten wir

$$x_2 = \frac{3}{2} \quad \text{und} \quad x_3 = 1.$$

Der allgemeine Lösungspunkt lautet

$$\vec{x} = \begin{pmatrix} t \\ \frac{3}{2} \\ 1 \end{pmatrix}.$$

Dies entspricht der Geraden

$$g:\ \vec{x} = \begin{pmatrix} 0 \\ \frac{3}{2} \\ 1 \end{pmatrix} + t \begin{pmatrix} 1 \\ 0 \\ 0 \end{pmatrix}, \quad t \in \mathbb{R}.$$

Lösung zu Aufgabe 174

Zu Teil a):
Schritt 1:
Wähle eine Variable, die unbestimmt bleibt:

$$x_3 = t$$

Schritt 2:
Stelle das Gleichungssystem auf:

$$\begin{aligned} (1):\ & -4x_1 \qquad\ + 2t - 4 = 0 \\ (2):\ & \ \ 2x_1 - x_2 + 6t - 8 = 0 \end{aligned}$$

Stellen wir Gleichung (1) um, so erhalten wir:

$$(1)':\ x_1 = 0{,}5t - 1$$

Setzen wir das in Gleichung (2) ein, so folgt:

$$\begin{aligned}(2)':\ 2\cdot(0{,}5t-1)-x_2+6t-8&=0\\ 7t-10&=x_2\end{aligned}$$

Der allgemeine Lösungspunkt lautet

$$\vec{x}=\begin{pmatrix}-1+0{,}5t\\-10+7t\\0+t\end{pmatrix}.$$

Dies entspricht der Geraden

$$g:\vec{x}=\begin{pmatrix}-1\\-10\\0\end{pmatrix}+t\begin{pmatrix}0{,}5\\7\\1\end{pmatrix},\quad t\in\mathbb{R}.$$

Zu Teil b):
Bevor die Lagebeziehung untersucht werden kann, muss die Ebene F zuerst in Koordinatenform gebracht werden. Der Normalenvektor kann durch das Kreuzprodukt der beiden Spannvektoren berechnet werden:

$$\vec{n}=\begin{pmatrix}2\\4\\1\end{pmatrix}\times\begin{pmatrix}3\\5\\1\end{pmatrix}=\begin{pmatrix}-1\\1\\-2\end{pmatrix}$$

Der Ansatz für die Ebenengleichung lautet also

$$F:-x_1+x_2-2x_3-c=0.$$

Setzen wir den Aufpunkt der Ebene ein, so erhalten wir $c=-4$. Damit kann die Form der Ebene angegeben werden:

$$F:\ -x_1+x_2-2x_3+4=0$$

Nun kann die Lage der Ebenen untersucht werden.

Schritt 1:
Wähle eine Variable, die unbestimmt bleibt:

$$x_3=t$$

Schritt 2:
Stelle das Gleichungssystem auf:

$$\begin{aligned}(1):\ & -2x_1+2x_2-4t+8=0\\ (2):\ & -\ x_1+\ x_2-2t+4=0\end{aligned}$$

Wir erkennen, dass die erste Gleichung ein Vielfaches der zweiten Gleichung ist. Es gilt $(1)=2\cdot(2)$. Das heißt, es handelt sich um identische Ebenen.

Abstandsberechnung

Lösung zu Aufgabe 175

Dieses Szenario lässt sich auf die Abstandsberechnung von Punkt und Ebene zurückführen. Man wählt dazu einfach einen beliebigen Punkt auf der einen Ebene und berechnet den Abstand zur anderen Ebene.

Zu Teil a):
Schritt 1:
Vergleiche die beiden Normalenvektoren der Ebenen:

$$\overrightarrow{n_E} = \begin{pmatrix} 3 \\ 2 \\ -1 \end{pmatrix} \quad \text{und} \quad \overrightarrow{n_F} = \begin{pmatrix} 6 \\ 4 \\ -2 \end{pmatrix} = 2 \cdot \overrightarrow{n_E}$$

Diese sind offensichtlich Vielfache voneinander. Damit sind beide Ebenen parallel.

Schritt 2:
Berechne die Länge des Normalenvektors der Ebene E und normiere diesen, um einen Normalenvektor der Länge eins zu erhalten:

$$|\overrightarrow{n_E}| = \sqrt{3^2 + 2^2 + (-1)^2} = \sqrt{14}$$

Wir erhalten somit

$$\overrightarrow{n_0} = \frac{1}{\sqrt{14}} \begin{pmatrix} 3 \\ 2 \\ -1 \end{pmatrix}.$$

Schritt 3:
Wir stellen die Hessesche Normalenform der Ebene E auf, indem die Koordinatenform durch die Länge des Normalenvektors geteilt wird:

$$E: \frac{1}{\sqrt{14}} \left[3x_1 + 2x_2 - x_3 \right] = 0$$

Schritt 4:
Finde einen Punkt auf der Ebene F, z.B. einen Spurpunkt. Dazu können zwei beliebige Koordinaten Null gesetzt werden:

$$6 \cdot 0 + 4 \cdot x_2 - 2 \cdot 0 + 8 = 0 \quad \Leftrightarrow \quad x_2 = -2$$

Der Punkt $P\,(0 \mid -2 \mid 0)$ liegt also auf der Ebene F.

Schritt 5:
Berechne den Abstand vom Punkt P zur Ebene E:

$$d(E;P) = \left| \frac{1}{\sqrt{14}}\Big[3 \cdot 0 + 2 \cdot (-2) - 1 \cdot 0\Big] \right| = \frac{4}{\sqrt{14}}$$

Zu Teil b):
Schritt 1:
Um zu zeigen, dass beide Ebenen parallel sind, vergleichen wir die beiden Normalenvektoren:

$$\overrightarrow{n_E} = \begin{pmatrix} -5 \\ 1 \\ -3 \end{pmatrix} \quad \text{und} \quad \overrightarrow{n_F} = \begin{pmatrix} 0 \\ 3 \\ 1 \end{pmatrix} \times \begin{pmatrix} 1 \\ 5 \\ 0 \end{pmatrix} = \begin{pmatrix} -5 \\ 1 \\ -3 \end{pmatrix} = \overrightarrow{n_E}$$

Diese sind offensichtlich identisch. Damit sind die beiden Ebenen parallel.

Schritt 2:
Berechne die Länge des Normalenvektors der Ebene E und normiere diesen, um einen Normalenvektor der Länge eins zu erhalten:

$$|\overrightarrow{n_E}| = \sqrt{(-5)^2 + 1^2 + (-3)^2} = \sqrt{35}$$

Wir erhalten somit

$$\overrightarrow{n_0} = \frac{1}{\sqrt{35}} \begin{pmatrix} -5 \\ 1 \\ -3 \end{pmatrix}.$$

Schritt 3:
Wir stellen die Hessesche Normalenform der Ebene E auf, indem die Koordinatenform durch die Länge des Normalenvektors geteilt wird:

$$E: \frac{1}{\sqrt{35}}\Big[-5x_1 + x_2 - 3x_3 - 4\Big] = 0$$

Schritt 4:
Berechne den Abstand vom Stützpunkt P der Ebene F zur Ebene E:

$$d(E;P) = \left| \frac{1}{\sqrt{35}}\Big[-5 \cdot 0 + 1 \cdot 1 - 3 \cdot 0 - 4\Big] \right| = \frac{3}{\sqrt{35}}$$

Lösung zu Aufgabe 176

Dieses Szenario lässt sich zurückführen auf die Abstandsberechnung von Punkt und Gerade. Man wählt dazu einfach einen beliebigen Punkt auf der anderen Geraden, z.B. den Aufpunkt, und berechnet den Abstand.

Zu Teil a):
Schritt 1:
Zunächst werden die beiden Richtungsvektoren der Geraden verglichen, um zu überprüfen, ob sie parallel sind:

$$\vec{u} = \begin{pmatrix} 3 \\ 1 \\ 0 \end{pmatrix} \quad \text{und} \quad \vec{v} = \begin{pmatrix} -3 \\ -1 \\ 0 \end{pmatrix} = -1 \cdot \vec{u}$$

Die beiden Vektoren sind Vielfache voneinander, die Geraden also parallel.

Schritt 2:
Wir stellen eine Hilfsebene auf, auf der g senkrecht steht und die den Aufpunkt $P\,(0 \mid 3 \mid -2)$ von h beinhaltet. Dazu nutzen wir den Richtungsvektor der Geraden g als Normalenvektor der Ebene:

$$H : 3x_1 + x_2 - c = 0$$

Einsetzen des Punktes P liefert den Wert für c:

$$3 \cdot 0 + 3 - c = 0 \quad \Leftrightarrow \quad c = 3$$

Die Hilfsebene lautet also:

$$H : 3x_1 + x_2 - 3 = 0$$

Schritt 3:
Nun muss der Schnittpunkt zwischen der Geraden g und der Hilfsebene ermittelt werden. Dazu setzen wir den allgemeinen Geradenpunkt zeilenweise in die Ebene ein und lösen dies nach λ auf:

$$3(1 + 3\lambda) + (3 + \lambda) - 3 = 0 \quad \Leftrightarrow \quad \lambda = -0{,}3$$

Der Parameter λ kann nun in die Gerade eingesetzt werden, wodurch wir den Ortsvektor des Schnittpunktes erhalten:

$$\vec{s} = \begin{pmatrix} 1 \\ 3 \\ 9 \end{pmatrix} - 0{,}3 \cdot \begin{pmatrix} 3 \\ 1 \\ 0 \end{pmatrix} = \begin{pmatrix} 0{,}1 \\ 2{,}7 \\ 9 \end{pmatrix}$$

Schritt 4:
Nun kann der Abstand zwischen den Punkten P und S ermittelt werden, indem zuerst der Verbindungsvektor und dann seine Länge berechnet wird:

$$\overrightarrow{PS} = \vec{s} - \vec{p} = \begin{pmatrix} 0{,}1 \\ 2{,}7 \\ 9 \end{pmatrix} - \begin{pmatrix} 0 \\ 3 \\ -2 \end{pmatrix} = \begin{pmatrix} 0{,}1 \\ -0{,}3 \\ 11 \end{pmatrix}$$

$$d(g;h) = |\overrightarrow{PS}| = \sqrt{(0{,}1)^2 + (-0{,}3)^2 + 11^2} \approx 11$$

Zu Teil b):
Schritt 1:
Zunächst werden die beiden Richtungsvektoren der Geraden verglichen, um zu überprüfen, ob sie parallel sind:

$$\vec{u} = \begin{pmatrix} 12 \\ -4 \\ 8 \end{pmatrix} \quad \text{und} \quad \vec{v} = \begin{pmatrix} 3 \\ -1 \\ 2 \end{pmatrix} = 4 \cdot \vec{u}$$

Die beiden Vektoren sind Vielfache voneinander, die Geraden also parallel.

Schritt 2:
Wir stellen eine Hilfsebene auf, auf der g senkrecht steht und die den Aufpunkt $P\,(-2 \mid 0 \mid 0)$ von h beinhaltet. Dazu nutzen wir den Richtungsvektor der Geraden g als Normalenvektor der Ebene:

$$H : 12x_1 - 4x_2 + 8x_3 - c = 0$$

Einsetzen des Punktes P liefert den Wert für c:

$$12 \cdot (-2) + 0 + 0 - c = 0 \quad \Leftrightarrow \quad c = -24$$

Die Hilfsebene lautet also

$$H : 12x_1 - 4x_2 + 8x_3 + 24 = 0.$$

Schritt 3:
Nun muss der Schnittpunkt zwischen der Geraden g und der Hilfsebene ermittelt werden. Dazu setzen wir den allgemeinen Geradenpunkt zeilenweise in die Ebene ein und lösen dies nach λ auf:

$$12(2 + 12\lambda) - 4(5 - 4\lambda) + 8(9 + 8\lambda) + 24 = 0 \quad \Leftrightarrow \quad \lambda = -\frac{25}{56}$$

λ kann nun in die Gerade eingesetzt werden, wodurch wir den Ortsvektor des Schnittpunktes erhalten:

$$\vec{s} = \begin{pmatrix} 2 \\ 5 \\ 9 \end{pmatrix} - \frac{25}{56} \cdot \begin{pmatrix} 12 \\ -4 \\ 8 \end{pmatrix} = \frac{1}{14} \cdot \begin{pmatrix} -47 \\ 95 \\ 76 \end{pmatrix}$$

Schritt 4:
Nun kann der Abstand zwischen den Punkten P und S ermittelt werden, indem zuerst der Verbindungsvektor und dann seine Länge berechnet wird:

$$\overrightarrow{PS} = \vec{s} - \vec{p} = \begin{pmatrix} -\frac{47}{14} \\ \frac{95}{14} \\ \frac{76}{14} \end{pmatrix} - \begin{pmatrix} -2 \\ 0 \\ 0 \end{pmatrix} = \begin{pmatrix} -\frac{19}{14} \\ \frac{95}{14} \\ \frac{76}{14} \end{pmatrix}$$

$$d(g;h) = |\overrightarrow{PS}| = \sqrt{\left(-\frac{19}{14}\right)^2 + \left(\frac{95}{14}\right)^2 + \left(\frac{76}{14}\right)^2} \approx 8{,}80$$

Lösung zu Aufgabe 177

Dieses Szenario lässt sich zurückführen auf die Abstandsberechnung von Punkt und Ebene. Man wählt dazu einfach einen beliebigen Punkt auf der Geraden, z.B. den Aufpunkt, und berechnet den Abstand.

Zu Teil a):
Schritt 1:
Um zu zeigen, dass Gerade und Ebene parallel sind, wird das Skalarprodukt des Richtungsvektors mit dem Normalenvektor geprüft:

$$\vec{n} \circ \vec{u} = \begin{pmatrix} 0 \\ 4 \\ 0 \end{pmatrix} \circ \begin{pmatrix} 1 \\ 0 \\ 1 \end{pmatrix} = 0$$

Diese stehen also senkrecht aufeinander, womit Gerade und Ebene parallel sind.

Schritt 2:
Berechne die Länge des Normalenvektors der Ebene E und normiere diesen, um einen Normalenvektor der Länge eins zu erhalten:

$$|\vec{n}| = \sqrt{0^2 + 4^2 + 0^2} = 4$$

Wir erhalten somit

$$\overrightarrow{n_0} = \frac{1}{4}\begin{pmatrix}0\\4\\0\end{pmatrix} = \begin{pmatrix}0\\1\\0\end{pmatrix}.$$

Schritt 3:
Wir stellen die Hessesche Normalenform der Ebene E auf, indem die Koordinatenform durch die Länge des Normalenvektors geteilt wird:

$$E : x_2 - \frac{5}{4} = 0$$

Schritt 4:
Berechne den Abstand vom Aufpunkt P der Geraden zur Ebene:

$$d(E;P) = \left| 4 - \frac{5}{4} \right| = \frac{11}{4}$$

Zu Teil b):
Schritt 1:
Wandle die Ebene in die Koordinatenform um. Dazu wird aus den beiden Spannvektoren der Normalenvektor berechnet:

$$\overrightarrow{n} = \begin{pmatrix}1\\-1\\0\end{pmatrix} \times \begin{pmatrix}7\\0\\-1\end{pmatrix} = \begin{pmatrix}1\\1\\7\end{pmatrix}$$

Schritt 2:
Setze den Stützpunkt der Ebene und den Normalenvektor in die allgemeine Koordinatenform

$$E : n_1x_1 + n_2x_2 + n_3x_3 - c = 0$$

ein, um c zu berechnen:

$$1 \cdot (-2) + 1 \cdot 0 + 7 \cdot 0 - c = 0 \quad \Leftrightarrow \quad c = -2$$

Die Koordinatenform der Ebene lautet

$$E : x_1 + x_2 + 7x_3 + 2 = 0.$$

Schritt 3:
Um zu zeigen, dass Gerade und Ebene parallel sind, wird das Skalarprodukt des Richtungsvektors mit dem Normalenvektor geprüft:

$$\vec{n} \circ \vec{u} = \begin{pmatrix} 1 \\ 1 \\ 7 \end{pmatrix} \circ \begin{pmatrix} 3 \\ 4 \\ -1 \end{pmatrix} = 0$$

Diese stehen also senkrecht aufeinander, womit Gerade und Ebene parallel sind.

Schritt 4:
Berechne die Länge des Normalenvektors der Ebene E und normiere diesen, um einen Normalenvektor der Länge eins zu erhalten:

$$|\vec{n}| = \sqrt{1^2 + 1^2 + 7^2} = \sqrt{51}$$

Wir erhalten somit

$$\vec{n_0} = \frac{1}{\sqrt{51}} \begin{pmatrix} 1 \\ 1 \\ 7 \end{pmatrix}.$$

Schritt 5:
Wir stellen die Hessesche Normalenform der Ebene E auf, indem die Koordinatenform durch die Länge des Normalenvektors geteilt wird:

$$E : \frac{1}{\sqrt{51}} \Big[\, x_1 + x_2 + 7x_3 + 2 \, \Big] = 0$$

Schritt 6:
Berechne den Abstand vom Aufpunkt P der Geraden zur Ebene:

$$d(E; P) = \left| \, \frac{1}{\sqrt{51}}(1 + 2) \, \right| = \frac{3}{\sqrt{51}}$$

Lösung zu Aufgabe 178

Zu Teil a):
In einem Rechteck liegt der Mittelpunkt genau auf halber Strecke der Diagonalen. Wir berechnen also den Ortsvektor des Mittelpunkts der Strecke $\overrightarrow{AC}$:

$$\vec{m} = \frac{1}{2}(\vec{a} + \vec{c}) = \begin{pmatrix} 1{,}5 \\ 3{,}5 \\ 3 \end{pmatrix}$$

Zu Teil b):
Hierzu benötigen wir zunächst den Normalenvektor der Ebene, in der die Platte liegt.

Schritt 1:
Wir berechnen zunächst die Verbindungsvektoren zwischen drei der vier Punkte:

$$\overrightarrow{AB} = \vec{b} - \vec{a} = \begin{pmatrix} 5 \\ 3 \\ 3 \end{pmatrix} - \begin{pmatrix} 2 \\ -1 \\ 3 \end{pmatrix} = \begin{pmatrix} 3 \\ 4 \\ 0 \end{pmatrix}$$

$$\overrightarrow{AC} = \vec{c} - \vec{a} = \begin{pmatrix} 1 \\ 8 \\ 3 \end{pmatrix} - \begin{pmatrix} 2 \\ -1 \\ 3 \end{pmatrix} = \begin{pmatrix} -1 \\ 9 \\ 0 \end{pmatrix}$$

Schritt 2:
Berechne den Normalenvektor mithilfe der Verbindungsvektoren:

$$\overrightarrow{m_N} = \begin{pmatrix} 3 \\ 4 \\ 0 \end{pmatrix} \times \begin{pmatrix} -1 \\ 9 \\ 0 \end{pmatrix} = \begin{pmatrix} 0 \\ 0 \\ 31 \end{pmatrix} = 31 \begin{pmatrix} 0 \\ 0 \\ 1 \end{pmatrix}$$

Der Einfachheit halber normieren wir den Normalenvektor auf die Länge eins:

$$\vec{n} = \frac{1}{31} \cdot \overrightarrow{m_N} = \begin{pmatrix} 0 \\ 0 \\ 1 \end{pmatrix}$$

Alternativ hätte man hier auch sehen können, dass sich alle Punkte auf der gleichen Höhe bei drei befinden, die Ebene also parallel zur x_1x_2-Ebene ist und dadurch den ermittelten Normalenvektor besitzt.

Schritt 3:
Da das Seil senkrecht zur Platte am Mittelpunkt angebracht werden und Länge drei haben soll, können wir berechnen:

$$\vec{s} = \vec{m} + 3 \cdot \vec{n} = \begin{pmatrix} 1{,}5 \\ 3{,}5 \\ 6 \end{pmatrix}$$

Das obere Ende des Seils muss also im Punkt $S\,(1{,}5 \mid 3{,}5 \mid 6)$ am Kran befestigt werden.

Zu Teil c):
Der Abstand zwischen Punkt und Ebene kann mithilfe der Hesseschen Normalenform berechnet werden.

Schritt 1:
Stelle die allgemeine Koordinatenform der Ebene auf:

$$E : n_1x_1 + n_2x_2 + n_3x_3 - c = 0$$

Schritt 2:
Berechne den Wert für c, indem der normierte Normalenvektor und der Punkt A eingesetzt werden:

$$0 \cdot 2 + 0 \cdot (-1) + 1 \cdot 3 - c = 0 \quad \Leftrightarrow \quad c = 3$$

Schritt 3:
Stelle die Hessesche Normalenform der Ebene auf:

$$E : x_3 - 3 = 0$$

Schritt 4:
Berechne den Abstand von K zur Ebene E:

$$d(K; E) = |\,5 - 3\,| = 2$$

Das Seil darf nun also nur noch Länge zwei haben.

Lösung zu Aufgabe 179

Gefragt ist nach dem Abstand eines Punkts zu einer Ebene.

Schritt 1:
Wir stellen eine Hilfsebene auf, auf der g senkrecht steht und die den Punkt E beinhaltet. Dazu nutzen wir den Richtungsvektor der Geraden als Normalenvektor der Ebene:

$$H: -3x_1 + 2x_2 + 3x_3 - c = 0$$

Einsetzen des Punktes E liefert den Wert für c:

$$-3 \cdot 5 + 2 \cdot 0 + 3 \cdot (-1) - c = 0 \quad \Leftrightarrow \quad c = -18$$

Die Hilfsebene lautet also

$$H: -3x_1 + 2x_2 + 3x_3 + 18 = 0.$$

Schritt 2:
Nun muss der Schnittpunkt zwischen der Geraden und der Hilfsebene ermittelt werden. Dazu setzen wir den allgemeinen Geradenpunkt in die Ebenengleichung ein und lösen dies nach λ auf:

$$-3(-3\lambda) + 2(2\lambda) + 3(3\lambda) + 18 = 0 \quad \Leftrightarrow \quad \lambda = -\frac{9}{11}$$

λ kann nun in die Gerade eingesetzt werden, wodurch wir den Ortsvektor des Schnittpunktes erhalten:

$$\vec{s} = -\frac{9}{11} \cdot \begin{pmatrix} -3 \\ 2 \\ 3 \end{pmatrix} = \frac{1}{11} \begin{pmatrix} 27 \\ -18 \\ -27 \end{pmatrix}$$

Schritt 3:
Nun kann der Abstand zwischen den Punkten E und S ermittelt werden, indem zuerst der Verbindungsvektor und dann seine Länge berechnet wird:

$$\overrightarrow{ES} = \vec{s} - \vec{e} = \frac{1}{11} \begin{pmatrix} 27 \\ -18 \\ -27 \end{pmatrix} - \begin{pmatrix} 5 \\ 0 \\ -1 \end{pmatrix} = \frac{1}{11} \begin{pmatrix} -28 \\ -18 \\ -16 \end{pmatrix}$$

$$d(E; g) = |\overrightarrow{ES}| = \frac{1}{11}\sqrt{(-28)^2 + (-18)^2 + (-16)^2} \approx 3{,}36$$

Das Schiff verfehlt den Eisberg also ganz knapp, um etwa 3,36m.

Lösung zu Aufgabe 180

Zu Teil a):
Schritt 1:
Wir berechnen zunächst die Verbindungsvektoren zwischen den drei Punkten:

$$\overrightarrow{HK} = \vec{k} - \vec{h} = \begin{pmatrix} 5 \\ -1 \\ 8 \end{pmatrix} - \begin{pmatrix} 1 \\ 3 \\ -2 \end{pmatrix} = \begin{pmatrix} 4 \\ -4 \\ 10 \end{pmatrix}$$

$$\overrightarrow{HL} = \vec{l} - \vec{h} = \begin{pmatrix} -1 \\ 0 \\ 3 \end{pmatrix} - \begin{pmatrix} 1 \\ 3 \\ -2 \end{pmatrix} = \begin{pmatrix} -2 \\ -3 \\ 5 \end{pmatrix}$$

Schritt 2:
Stelle die allgemeine Koordinatenform der Ebene auf:

$$E : n_1x_1 + n_2x_2 + n_3x_3 - c = 0$$

Schritt 3:
Berechne den Normalenvektor mithilfe der Verbindungsvektoren:

$$\vec{m} = \begin{pmatrix} 4 \\ -4 \\ 10 \end{pmatrix} \times \begin{pmatrix} -2 \\ -3 \\ 5 \end{pmatrix} = \begin{pmatrix} 10 \\ -40 \\ -20 \end{pmatrix} = 10 \cdot \begin{pmatrix} 1 \\ -4 \\ -2 \end{pmatrix}$$

Da die Länge des Normalenvektors für die Koordinatenform keine Rolle spielt, nutzen wir der Einfachheit halber ein Zehntel des berechneten Normalenvektors:

$$\vec{n} = \frac{1}{10} \cdot \vec{m} = \begin{pmatrix} 1 \\ -4 \\ -2 \end{pmatrix}$$

Schritt 4:
Berechne den Wert für c, indem der Normalenvektor und der Punkt H in die Ebenengleichung eingesetzt werden:

$$1 \cdot 1 + (-4) \cdot 3 + (-2) \cdot (-2) - c = 0 \quad \Leftrightarrow \quad c = -7$$

Schritt 4:
Stelle die Ebene auf:

$$E : x_1 - 4x_2 - 2x_3 + 7 = 0$$

Zu Teil b):
Der Abstand zwischen Punkt und Ebene kann mithilfe der Hesseschen Normalenform berechnet werden.

Schritt 1:
Berechne die Länge des Normalenvektors und normiere diesen, um einen Normalenvektor der Länge eins zu erhalten:

$$|\vec{n}| = \sqrt{1^2 + (-4)^2 + (-2)^2} = \sqrt{21}$$

Wir erhalten somit

$$\vec{n_0} = \frac{1}{\sqrt{21}} \begin{pmatrix} 1 \\ -4 \\ -2 \end{pmatrix}.$$

Schritt 2:
Stelle die Ebene auf:

$$E : \frac{1}{\sqrt{21}}x_1 - \frac{4}{\sqrt{21}}x_2 - \frac{2}{\sqrt{21}}x_3 + \frac{7}{\sqrt{21}} = 0$$

Schritt 3:
Berechne den Abstand von Z zur Ebene E:

$$d(Z; E) = \left| \frac{-10}{\sqrt{21}} - \frac{4}{\sqrt{21}} \cdot 0 - \frac{2}{\sqrt{21}} \cdot 8 + \frac{7}{\sqrt{21}} \right| \approx 4{,}15$$

Es gibt also einen Punkt in der Ebene, in dem Anna nur 4,15m vom Ziel entfernt steht. Sie kann das Ziel also treffen und die begehrten Bonuspunkte einsammeln.

Lösung zu Aufgabe 181

Gesucht ist der Abstand von Punkt und Gerade.

Schritt 1:
Wir stellen eine Hilfsebene auf, auf der g senkrecht steht und die den Punkt K beinhaltet. Dazu nutzen wir den Richtungsvektor der Geraden als Normalenvektor der Ebene:

$$H : 3x_1 + x_2 - c = 0$$

Einsetzen des Punktes K liefert den Wert für c:

$$3 \cdot 3 + 7 - c = 0 \quad \Leftrightarrow \quad c = 16$$

Die Hilfsebene lautet also

$$H : 3x_1 + x_2 - 16 = 0.$$

Schritt 2:
Um den Schnittpunkt zwischen der Geraden und der Hilfsebene zu ermitteln, setzen wir den allgemeinen Geradenpunkt in die Ebene ein und lösen die Gleichung für λ.

$$3(1 + 3\lambda) + (3 + \lambda) - 16 = 0 \quad \Leftrightarrow \quad \lambda = 1$$

Der Parameter λ kann nun in die Gerade eingesetzt werden, wodurch wir den Ortsvektor des Schnittpunktes erhalten:

$$\vec{s} = \begin{pmatrix} 1 \\ 3 \\ 9 \end{pmatrix} + 1 \cdot \begin{pmatrix} 3 \\ 1 \\ 0 \end{pmatrix} = \begin{pmatrix} 4 \\ 4 \\ 9 \end{pmatrix}$$

Schritt 3:
Nun kann der Abstand zwischen den Punkten K und S ermittelt werden, indem zuerst der Verbindungsvektor und dann seine Länge berechnet wird:

$$\overrightarrow{KS} = \vec{s} - \vec{kx} = \begin{pmatrix} 4 \\ 4 \\ 9 \end{pmatrix} - \begin{pmatrix} 3 \\ 7 \\ 8 \end{pmatrix} = \begin{pmatrix} 1 \\ -3 \\ 1 \end{pmatrix}$$

$$d(K; g) = |\overrightarrow{KS}| = \sqrt{1^2 + (-3)^2 + 1^2} = \sqrt{11} \approx 3{,}32$$

Der minimale Abstand zur Kirchturmspitze beträgt demnach ca. 33,2m. Die Startbahn wird also nicht zugelassen.

Lösung zu Aufgabe 182

Zu Teil a):
Wir kennen die Längen des Aquariums und gehen davon aus, dass dieses nicht schief steht. Da das Aquarium zusätzlich eine quadratische Grundfläche besitzt und symmetrisch ist, ist auch die Wasseroberfläche quadratisch.
Indem man also vom Punkt M jeweils drei LE in x_1- und x_2-Richtung abzieht bzw. addiert, erhält man alle oberen Eckpunkte des Aquariums:

$$R\,(5\mid -2\mid 4)\,,\quad T\,(5\mid 4\mid 4)\,,\quad L\,(-1\mid 4\mid 4)\quad \text{und}\quad E\,(-1\mid -2\mid 4)$$

Da das Aquarium vier LE hoch ist, erhält man die unteren Punkte analog, nur um vier LE nach unten verschoben und indem man zwei LE in x_1- und x_2-Richtung abzieht bzw. addiert:

$$S\,(4\mid -1\mid 0)\,,\quad Q\,(4\mid 3\mid 0)\,,\quad U\,(0\mid 3\mid 0)\quad \text{und}\quad I\,(0\mid -1\mid 0)$$

Zu Teil b):
Da die Kette im Punkt M verankert ist und senkrecht herabhängt, kennen wir bereits zwei der drei gesuchten Koordinaten der Futterkugel:

$$F\,(2\mid 1\mid k)$$

Die Höhe k muss nun noch herausgefunden werden.
Da das Aquarium symmetrisch ist, genügt es den Abstand zu einer Wand zu betrachten. Wir wählen dazu die Wand $IULE$. Der Abstand zwischen einem Punkt und einer Ebene kann mithilfe der Hesseschen Normalenform berechnet werden.

Wir stellen nun die Hessesche Normalenform der Ebene $IULE$ auf.

Schritt 1:
Wir berechnen zunächst die Verbindungsvektoren zwischen drei der vier Punkte:

$$\overrightarrow{IU} = \vec{u} - \vec{i} = \begin{pmatrix}0\\3\\0\end{pmatrix} - \begin{pmatrix}0\\-1\\0\end{pmatrix} = \begin{pmatrix}0\\4\\0\end{pmatrix}$$

$$\overrightarrow{IE} = \vec{e} - \vec{i} = \begin{pmatrix}-1\\-2\\4\end{pmatrix} - \begin{pmatrix}0\\-1\\0\end{pmatrix} = \begin{pmatrix}-1\\-1\\4\end{pmatrix}$$

Schritt 2:
Stelle die allgemeine Koordinatenform der Ebene auf:

$$E : n_1x_1 + n_2x_2 + n_3x_3 - c = 0$$

Schritt 3:
Berechne den Normalenvektor mithilfe der Verbindungsvektoren:

$$\vec{m} = \begin{pmatrix} 0 \\ 4 \\ 0 \end{pmatrix} \times \begin{pmatrix} -1 \\ -1 \\ 4 \end{pmatrix} = \begin{pmatrix} 16 \\ 0 \\ 4 \end{pmatrix}$$

Schritt 4:
Berechne die Länge des Normalenvektors und normiere diesen, um einen Normalenvektor der Länge eins zu erhalten:

$$|\vec{m}| = \sqrt{16^2 + 0^2 + 4^2} = \sqrt{272}$$

Wir erhalten somit

$$\vec{n} = \frac{1}{\sqrt{272}} \begin{pmatrix} 16 \\ 0 \\ 4 \end{pmatrix} = \frac{1}{\sqrt{17}} \begin{pmatrix} 4 \\ 0 \\ 1 \end{pmatrix}.$$

Schritt 5:
Berechne den Wert für c. Dazu muss der Normalenvektor und der Punkt I in die Ebenengleichung eingesetzt werden:

$$\frac{1}{\sqrt{17}} \left[4 \cdot 0 + 0 \cdot (-1) + 1 \cdot 0 - c\right] = 0 \quad \Leftrightarrow \quad c = 0$$

Schritt 6:
Stelle die Hessesche Normalenform der Ebene auf:

$$E : \frac{4}{\sqrt{17}} x_1 + \frac{1}{\sqrt{17}} x_3 = 0$$

Schritt 7:
Wir setzen nun den Punkt F und den Abstand 2,67 ein, um k zu ermitteln:

$$\frac{8}{\sqrt{17}} + \frac{1}{\sqrt{17}} k = 2{,}67 \quad \Leftrightarrow \quad k \approx 3$$

Die Futterkugel befindet sich also im Punkt $F\,(2 \mid 1 \mid 3)$.

Lösung zu Aufgabe 183

Gefragt ist nach dem Abstand eines Punktes zu einer Geraden.

Schritt 1:
Wir stellen eine Hilfsebene auf, auf der g senkrecht steht und die den Punkt W beinhaltet. Dazu nutzen wir den Richtungsvektor der Geraden als Normalenvektor der Ebene:

$$H : -x_2 + x_3 - c = 0$$

Einsetzen des Punktes W liefert den Wert für c:

$$-3 + 3 - c = 0 \quad \Leftrightarrow \quad c = 0$$

Die Hilfsebene lautet also:

$$H : -x_2 + x_3 = 0$$

Schritt 2:
Nun muss der Schnittpunkt zwischen der Geraden und der Hilfsebene ermittelt werden. Dazu setzen wir den allgemeinen Geradenpunkt in die Ebene ein und lösen dies nach λ auf:

$$-(k - \lambda) + \lambda = 0 \quad \Leftrightarrow \quad \lambda = \frac{k}{2}$$

λ kann nun in die Gerade eingesetzt werden, wodurch wir den Ortsvektor des Schnittpunktes erhalten:

$$\vec{s} = \begin{pmatrix} -2 \\ k \\ 0 \end{pmatrix} + \frac{k}{2} \cdot \begin{pmatrix} 0 \\ -1 \\ 1 \end{pmatrix} = \begin{pmatrix} -2 \\ \frac{k}{2} \\ \frac{k}{2} \end{pmatrix}$$

Daraus ergibt sich der Schnittpunkt $S\left(-2 \mid \frac{k}{2} \mid \frac{k}{2}\right)$.

Schritt 3:
Nun kann der Abstand zwischen den Punkten W und S ermittelt werden, indem zuerst der Verbindungsvektor und dann seine Länge berechnet wird:

$$\overrightarrow{WS} = \vec{s} - \vec{w} = \begin{pmatrix} -2 \\ \frac{k}{2} \\ \frac{k}{2} \end{pmatrix} - \begin{pmatrix} 0 \\ 3 \\ 3 \end{pmatrix} = \begin{pmatrix} -2 \\ \frac{k}{2} - 3 \\ \frac{k}{2} - 3 \end{pmatrix}$$

$$\begin{aligned} |\overrightarrow{WS}| &= \sqrt{(-2)^2 + \left(\frac{k}{2} - 3\right)^2 + \left(\frac{k}{2} - 3\right)^2} \\ &= \sqrt{\frac{k^2}{2} - 6k + 22} \end{aligned}$$

Diese Länge soll nun mindestens fünf LE betragen. Wir berechnen:

$$\begin{aligned} \sqrt{\frac{k^2}{2} - 6k + 22} &\geq 5 && \mid {}^2 \\ \frac{k^2}{2} - 6k + 22 &\geq 25 && \mid -25 \\ \frac{k^2}{2} - 6k - 3 &\geq 0 \end{aligned}$$

Mit der Mitternachtsformel erhalten wir

$$k_1 \approx 12{,}48 \quad \text{und} \quad k_2 \approx -0{,}48$$

als Nullstellen. Da der Term eine nach oben geöffnete Parabel darstellt und wir uns nur für positive k-Werte interessieren, erhalten wir als Lösung der Ungleichung

$$k \geq 12{,}48.$$

Schnittwinkel

Lösung zu Aufgabe 184

Zu Teil a):
Der Boden hat die Ebenengleichung

$$F:\ x_3 = 0.$$

Gefragt ist nach dem Schnittwinkel γ einer Geraden mit Richtungsvektor $\vec{v}$ und einer Ebene F. Für diesen gilt

$$\sin(\gamma) = \frac{|\vec{v} \circ \overrightarrow{n_F}|}{|\vec{v}| \cdot |\overrightarrow{n_F}|}.$$

Wir haben

$$\overrightarrow{n_F} = \begin{pmatrix} 0 \\ 0 \\ 1 \end{pmatrix} \quad \text{und} \quad \vec{v} = \begin{pmatrix} 0 \\ 1 \\ 5 \end{pmatrix}.$$

Für die Beträge gilt:

$$\begin{aligned} |\overrightarrow{n_F}| &= \sqrt{0^2 + 0^2 + 1^2} = 1 \\ |\vec{v}| &= \sqrt{0^2 + 1^2 + 5^2} = \sqrt{26} \end{aligned}$$

Setzen wir all das in die Formel ein, so erhalten wir:

$$\sin(\gamma) = \frac{|0 \cdot 0 + 1 \cdot 0 + 5 \cdot 1|}{1 \cdot \sqrt{26}} \approx 0{,}98 \quad \Leftrightarrow \quad \gamma \approx 78{,}52^\circ$$

Zu Teil b):
Gefragt ist nach dem Schnittpunkt und -winkel zweier Geraden.

Schritt 1:
Setze die beiden Geraden gleich. Wir erhalten folgendes Gleichungssystem:

$$\begin{aligned} (1): 1 + \quad 0 &= 4 - 1{,}5\mu \\ (2): 3 + 1\lambda &= 2 + \quad \mu \\ (3): 0 + 5\lambda &= 5 + \quad 0 \end{aligned}$$

Schritt 2:
Löse das Gleichungssystem. Aus (1) erhalten wir $\mu = 2$. Gleichung (3) liefert $\lambda = 1$.

Wir können Gleichung (2) benutzen, um eine Probe zu machen und erhalten:

$$\begin{aligned}(2)':\ 3+1&=2+2\\ 4&=4\quad\checkmark\end{aligned}$$

Hierbei handelt es sich um eine wahre Aussage. Die Geraden haben also einen Schnittpunkt.

Schritt 3:
Für den Schnittwinkel β zweier Geraden mit Richtungsvektoren $\vec{v}$ und $\vec{w}$ gilt

$$\cos(\beta)=\frac{|\vec{v}\circ\vec{w}|}{|\vec{v}|\cdot|\vec{w}|}.$$

Wir haben

$$\vec{v}=\begin{pmatrix}0\\1\\5\end{pmatrix}\quad\text{und}\quad\vec{w}=\begin{pmatrix}-1{,}5\\1\\0\end{pmatrix}.$$

Für die Beträge gilt:

$$\begin{aligned}|\vec{v}|&=\sqrt{0^2+1^2+5^2}&&=\sqrt{26}\\|\vec{w}|&=\sqrt{(-1{,}5)^2+1^2+0^2}&&=\sqrt{3{,}25}\end{aligned}$$

Setzen wir all das in die Formel ein, so erhalten wir:

$$\cos(\beta)=\frac{|0\cdot(-1{,}5)+1\cdot1+5\cdot0|}{\sqrt{3{,}25}\cdot\sqrt{26}}\approx 0{,}11\quad\Leftrightarrow\quad\beta\approx 83{,}68^\circ$$

Zu Teil c):
Gefragt ist nach dem Winkel α zwischen zwei Ebenen E und F. Für diesen gilt stets

$$\cos(\alpha)=\frac{|\overrightarrow{n_E}\circ\overrightarrow{n_F}|}{|\overrightarrow{n_E}|\cdot|\overrightarrow{n_F}|}.$$

Die Ebenengleichung des Bodens lautet

$$F:\ x_3=0.$$

Wir haben also

$$\overrightarrow{n_E}=\begin{pmatrix}1\\-1\\2\end{pmatrix}\quad\text{und}\quad\overrightarrow{n_F}=\begin{pmatrix}0\\0\\1\end{pmatrix}.$$

Für die Beträge gilt:

$$\begin{aligned} |\overrightarrow{n_E}| &= \sqrt{1^2 + (-1)^2 + 2^2} = \sqrt{6} \\ |\overrightarrow{n_F}| &= \sqrt{0^2 + 0^2 + 1^2} = 1 \end{aligned}$$

Setzen wir all das in die Formel ein, so erhalten wir:

$$\cos(\alpha) = \frac{1 \cdot 0 - 1 \cdot 0 + 2 \cdot 1}{\sqrt{6} \cdot 1} \approx 0{,}82 \quad \Leftrightarrow \quad \alpha \approx 34{,}92^\circ$$

Lösung zu Aufgabe 185

Zu Teil a)
Gesucht ist der Schnittwinkel zweier Ebenen. Zuerst stellen wir die Ebenengleichung der Grundfläche auf. Deren Spannvektoren sind die Vektoren

$$\overrightarrow{AB} = \begin{pmatrix} 2 \\ 0 \\ 0 \end{pmatrix} \quad \text{und} \quad \overrightarrow{AC} = \begin{pmatrix} 2 \\ 2 \\ 0 \end{pmatrix}.$$

Der Normalenvektor der Grundfläche kann mittels des Kreuzprodukts der Spannvektoren berchnet werden:

$$\vec{n} = \begin{pmatrix} 2 \\ 0 \\ 0 \end{pmatrix} \times \begin{pmatrix} 2 \\ 2 \\ 0 \end{pmatrix} = \begin{pmatrix} 0 \\ 0 \\ 4 \end{pmatrix}$$

Der Ansatz für die Ebenengleichung lautet

$$F : 4x_3 - c = 0.$$

Setzen wir den Punkt A ein, so erhalten wir $c = -4$. Die vereinfachte Ebenengleichung lautet also

$$F : x_3 + 1 = 0.$$

Da die Pyramide symmetrisch ist, können wir jede beliebige Seitenfläche wählen. Eine mögliche Wahl ist die Fläche ABS. Deren Spannvektoren sind die Vektoren

$$\overrightarrow{AB} = \begin{pmatrix} 2 \\ 0 \\ 0 \end{pmatrix} \quad \text{und} \quad \overrightarrow{AS} = \begin{pmatrix} 1 \\ 1 \\ 4 \end{pmatrix}.$$

Der Normalenvektor der Seitenfläche kann mittels des Kreuzprodukts der Spannvektoren berechnet werden:

$$\vec{n} = \begin{pmatrix} 2 \\ 0 \\ 0 \end{pmatrix} \times \begin{pmatrix} 1 \\ 1 \\ 2 \end{pmatrix} = \begin{pmatrix} 0 \\ -8 \\ 2 \end{pmatrix}$$

Der Ansatz für die Ebenengleichung lautet also

$$E : -8x_2 + 2x_3 - c = 0.$$

Setzen wir den Punkt A ein, so erhalten wir $c = -10$. Die vollständige Ebenengleichung lautet demnach

$$E : -8x_2 + 2x_3 + 10 = 0.$$

Nun kann der Winkel α zwischen den Ebenen E und F berechnet werden. Für diesen gilt stets

$$\cos(\alpha) = \frac{|\overrightarrow{n_E} \circ \overrightarrow{n_F}|}{|\overrightarrow{n_E}| \cdot |\overrightarrow{n_F}|}.$$

Die Normalenvektoren haben wir bereits berechnet. Für deren Beträge gilt:

$$\begin{aligned} |\overrightarrow{n_E}| &= \sqrt{0^2 + (-8)^2 + 2^2} &= 2\sqrt{17} \\ |\overrightarrow{n_F}| &= \sqrt{0^2 + 0^2 + 4^2} &= 4 \end{aligned}$$

Setzen wir all das in die Formel ein, so erhalten wir:

$$\cos(\alpha) = \frac{0 \cdot 0 - 8 \cdot 0 + 2 \cdot 4}{2\sqrt{17} \cdot 4} \approx 0{,}24 \quad \Leftrightarrow \quad \alpha \approx 76{,}11^\circ$$

Zu Teil b):
Gefragt ist nach dem Schnittwinkel γ einer Geraden g mit Richtungsvektor $\vec{v}$ und einer Ebene F. Für diesen gilt

$$\sin(\gamma) = \frac{|\vec{v} \circ \overrightarrow{n_F}|}{|\vec{v}| \cdot |\overrightarrow{n_F}|}.$$

Wir haben

$$\overrightarrow{n_F} = \begin{pmatrix} 0 \\ 0 \\ 4 \end{pmatrix} \quad \text{und} \quad \vec{v} = \begin{pmatrix} 1 \\ 0 \\ 2 \end{pmatrix}.$$

Für die Beträge gilt:

$$
\begin{aligned}
|\overrightarrow{n_F}| &= \sqrt{0^2+0^2+4^2} = 4\\
|\overrightarrow{v}| &= \sqrt{1^2+0^2+2^2} = \sqrt{5}
\end{aligned}
$$

Setzen wir all das in die Formel ein, so erhalten wir:

$$\sin(\gamma) = \frac{|1\cdot 0 + 0\cdot 0 + 2\cdot 4|}{\sqrt{5}\cdot 4} \approx 0{,}89 \quad \Leftrightarrow \quad \gamma \approx 62{,}87^\circ$$

Beachte, dass wir den spitzen Winkel zwischen der Geraden und dem Pyramidenboden angeben.

Zu Teil c):

Gefragt ist nach dem Schnittpunkt und -winkel zweier Geraden. Der zweite Schacht kann durch eine Gerade h mit Aufpunkt M beschrieben werden. Als Richtungsvektor dient der Normalenvektor der Grundfläche. Wir erhalten also die Gerade

$$h:\overrightarrow{x} = \begin{pmatrix}2\\2\\-1\end{pmatrix} + \mu\begin{pmatrix}0\\0\\1\end{pmatrix}, \quad \mu\in\mathbb{R}.$$

Wir sehen auf den ersten Blick, dass sich die beiden Geraden schneiden, da sie beide den selben Aufpunkt haben. Es bleibt also nur noch den Schnittwinkel β zu berechnen. Für diesen gilt

$$\cos(\beta) = \frac{|\overrightarrow{v}\circ\overrightarrow{w}|}{|\overrightarrow{v}|\cdot|\overrightarrow{w}|}.$$

Wir haben

$$\overrightarrow{v} = \begin{pmatrix}1\\0\\2\end{pmatrix} \quad \text{und} \quad \overrightarrow{w} = \begin{pmatrix}0\\0\\1\end{pmatrix}.$$

Für die Beträge gilt:

$$
\begin{aligned}
|\overrightarrow{v}| &= \sqrt{1^2+0^2+2^2} = \sqrt{5}\\
|\overrightarrow{w}| &= \sqrt{0^2+0^2+1^2} = 1
\end{aligned}
$$

Setzen wir all das in die Formel ein, so erhalten wir:

$$\cos(\beta) = \frac{|1\cdot 0 + 0\cdot 0 + 2\cdot 1|}{1\cdot\sqrt{5}} \approx 0{,}89 \quad \Leftrightarrow \quad \beta \approx 27{,}13^\circ$$

Lösung zu Aufgabe 186

Zu Teil a):
Gefragt ist nach dem Winkel α zwischen zwei Ebenen E und F. Für diesen gilt stets

$$\cos(\alpha) = \frac{|\overrightarrow{n_E} \circ \overrightarrow{n_F}|}{|\overrightarrow{n_E}| \cdot |\overrightarrow{n_E}|}.$$

Die Ebenengleichung des Meeresboden lautet

$$F: \ x_3 = 0.$$

Wir haben

$$\overrightarrow{n_E} = \begin{pmatrix} 2 \\ -3 \\ 2 \end{pmatrix} \quad \text{und} \quad \overrightarrow{n_F} = \begin{pmatrix} 0 \\ 0 \\ 1 \end{pmatrix}.$$

Für die Beträge gilt:

$$\begin{aligned} |\overrightarrow{n_E}| &= \sqrt{2^2 + (-3)^2 + 2^2} = \sqrt{17} \\ |\overrightarrow{n_F}| &= \sqrt{0^2 + 0^2 + 1^2} = 1 \end{aligned}$$

Setzen wir all das in die Formel ein, so erhalten wir:

$$\cos(\alpha) = \frac{2 \cdot 0 - 3 \cdot 0 + 2 \cdot 1}{\sqrt{17} \cdot 1} \approx 0{,}49 \quad \Leftrightarrow \quad \alpha \approx 60{,}66^\circ$$

Zu Teil b):
Gefragt ist nach dem Schnittpunkt und -winkel zweier Geraden. Zuerst muss die Gerade des Masts aufgestellt werden. Als Aufpunkt kann der Punkt A benutzt werden. Als Richtungsvektor dient der Normalenvektor der Ebene E. Wir erhalten also die Gerade

$$g: \vec{x} = \begin{pmatrix} 0 \\ 3 \\ 1 \end{pmatrix} + \lambda \begin{pmatrix} 2 \\ -3 \\ 2 \end{pmatrix}, \quad \lambda \in \mathbb{R}.$$

Die Bahn des Roboters kann durch die Gerade h mit Aufpunkt P und Richtungsvektor $\vec{v}$ beschrieben werden:

$$h: \vec{x} = \begin{pmatrix} 3 \\ -2 \\ 4 \end{pmatrix} + \mu \begin{pmatrix} -1 \\ 2 \\ -1 \end{pmatrix}, \quad \mu \in \mathbb{R}.$$

Nun kann der Schnittpunkt berechnet werden.

Schritt 1:
Setze die beiden Geraden gleich. Wir erhalten folgendes Gleichungssystem:

$$\begin{aligned}(1): 0 + 2\lambda &= 3 - \mu\\ (2): 3 - 3\lambda &= -2 + 2\mu\\ (3): 1 + 2\lambda &= 4 - \mu\end{aligned}$$

Schritt 2:
Löse das Gleichungssystem. Aus (1) erhalten wir $\mu = 3 - 2\lambda$. Setzen wir das in Gleichung (2) ein, so erhalten wir :

$$\begin{aligned}(2)': \; 3 - 3\lambda &= -2 + 2 \cdot (3 - 2\lambda)\\ \lambda &= 1\end{aligned}$$

Daraus folgt $\mu = 1$. Wir können Gleichung (3) benutzen, um eine Probe zu machen und erhalten:

$$\begin{aligned}(3)': \; 1 + 2 &= 4 - 1\\ 3 &= 3 \quad \checkmark\end{aligned}$$

Hierbei handelt es sich um eine wahre Aussage. Die Geraden haben also einen Schnittpunkt.

Schritt 3:
Für den Schnittwinkel β zweier Geraden mit Richtungsvektoren $\vec{v}$ und $\vec{w}$ gilt

$$\cos(\beta) = \frac{|\vec{v} \circ \vec{w}|}{|\vec{v}| \cdot |\vec{w}|}.$$

Wir haben

$$\vec{v} = \begin{pmatrix} 2 \\ -3 \\ 2 \end{pmatrix} \quad \text{und} \quad \vec{w} = \begin{pmatrix} -1 \\ 2 \\ -1 \end{pmatrix}.$$

Für die Beträge gilt:

$$\begin{aligned}|\vec{v}| &= \sqrt{2^2 + (-3)^2 + 2^2} &&= \sqrt{17}\\ |\vec{w}| &= \sqrt{(-1)^2 + 2^2 + (-1)^2} &&= \sqrt{6}\end{aligned}$$

.

Setzen wir all das in die Formel ein, so erhalten wir:

$$\cos(\beta) = \frac{|2 \cdot (-1) - 3 \cdot 2 + 2 \cdot (-1)|}{\sqrt{17} \cdot \sqrt{6}} \approx 0{,}99 \quad \Leftrightarrow \quad \beta \approx 8{,}05°$$

Zu Teil c):
Gefragt ist nach dem Schnittwinkel γ einer Geraden mit Richtungsvektor $\overrightarrow{v}$ und einer Ebene F. Für diesen gilt

$$\sin(\gamma) = \frac{|\overrightarrow{v} \circ \overrightarrow{n_F}|}{|\overrightarrow{v}| \cdot |\overrightarrow{n_F}|}.$$

Wir haben

$$\overrightarrow{n_F} = \begin{pmatrix} 0 \\ 0 \\ 1 \end{pmatrix} \quad \text{und} \quad \overrightarrow{v} = \begin{pmatrix} -1 \\ 2 \\ -1 \end{pmatrix}.$$

Für die Beträge gilt:

$$\begin{aligned} |\overrightarrow{n_F}| &= \sqrt{0^2 + 0^2 + 1^2} &&= 1 \\ |\overrightarrow{v}| &= \sqrt{(-1)^2 + 2^2 + (-1)^2} &&= \sqrt{6} \end{aligned}$$

Setzen wir all das in die Formel ein, so erhalten wir:

$$\sin(\gamma) = \frac{|-1 \cdot 0 + 2 \cdot 0 - 1 \cdot 1|}{1 \cdot \sqrt{6}} \approx 0{,}41 \quad \Leftrightarrow \quad \gamma \approx 24{,}20°$$

Spiegel- & Schattenpunkte

Lösung zu Aufgabe 187

Zu Teil a):
Gesucht ist der am Punkt B gespiegelte Punkt A':

$$\overrightarrow{a'} = \overrightarrow{a} + 2\overrightarrow{AB} = \begin{pmatrix} 0 \\ 3 \\ -1 \end{pmatrix} + 2\begin{pmatrix} 2 \\ -1 \\ 5 \end{pmatrix} = \begin{pmatrix} 4 \\ 1 \\ 9 \end{pmatrix}$$

Der Spiegelpunkt liegt demnach im Punkt $A'\,(4 \mid 1 \mid 9)$.

Zu Teil b):
Wieder wird der am Punkt B gespiegelte Punkt A' gesucht:

$$\overrightarrow{a'} = \overrightarrow{a} + 2\overrightarrow{AB} = \begin{pmatrix} 6 \\ -7 \\ 1 \end{pmatrix} + 2\begin{pmatrix} 2 \\ 8 \\ -5 \end{pmatrix} = \begin{pmatrix} 10 \\ 9 \\ -9 \end{pmatrix}$$

Der Spiegelpunkt liegt demnach im Punkt $A'\,(10 \mid 9 \mid -9)$.

Zu Teil c):
Wieder wird der am Punkt B gespiegelte Punkt A' gesucht:

$$\overrightarrow{a'} = \overrightarrow{a} + 2\overrightarrow{AB} = \begin{pmatrix} 1 \\ 16 \\ -3 \end{pmatrix} + 2\begin{pmatrix} -6 \\ -4 \\ -3 \end{pmatrix} = \begin{pmatrix} -11 \\ 8 \\ -9 \end{pmatrix}$$

Der Spiegelpunkt liegt demnach im Punkt $A'\,(-11 \mid 8 \mid -9)$.

Lösung zu Aufgabe 188

Zu Teil a):
Der Punkt A soll an der Ebene E gespiegelt werden.

Schritt 1:
Stelle eine Hilfsgerade h auf, die durch den Punkt A verläuft und deren Richtungsvektor dem Normalenvektor der Ebene E entspricht:

$$h : \vec{x} = \begin{pmatrix} 1 \\ -2 \\ 4 \end{pmatrix} + \lambda \begin{pmatrix} 2 \\ -2 \\ 1 \end{pmatrix}, \quad \lambda \in \mathbb{R}.$$

Schritt 2:
Berechne den Schnittpunkt von h und E. Setze dazu den allgemeinen Geradenpunkt in die Ebenengleichung ein:

$$2 \cdot (1 + 2\lambda) - 2 \cdot (-2 - 2\lambda) + 1 \cdot (4 + \lambda) - 1 = 0 \quad \Leftrightarrow \quad \lambda = -1$$

Nun kann λ in die Gerade h eingesetzt werden. So erhalten wir den Ortsvektor des Lotfußpunktes L:

$$\vec{L} = \begin{pmatrix} 1 \\ -2 \\ 4 \end{pmatrix} - \begin{pmatrix} 2 \\ -2 \\ 1 \end{pmatrix} = \begin{pmatrix} -1 \\ 0 \\ 3 \end{pmatrix}$$

Der Lotfußpunkt ist also $L\,(-1 \mid 0 \mid 3)$.

Schritt 3:
Spiegle A an L:

$$\vec{a'} = \vec{a} + 2\overrightarrow{AL} = \begin{pmatrix} 1 \\ -2 \\ 4 \end{pmatrix} + 2 \begin{pmatrix} -2 \\ 2 \\ -1 \end{pmatrix} = \begin{pmatrix} -3 \\ 2 \\ 2 \end{pmatrix}$$

Der Spiegelpunkt liegt demnach im Punkt $A'\,(-3 \mid 2 \mid 2)$.

Zu Teil b):
Wieder soll der Punkt A an der Ebene E gespiegelt werden.

Schritt 1:
Stelle eine Hilfsgerade h auf, die durch den Punkt A verläuft und deren Richtungsvektor dem Normalenvektor der Ebene E entspricht:

$$h : \vec{x} = \begin{pmatrix} -1 \\ 0 \\ 3 \end{pmatrix} + \lambda \begin{pmatrix} -3 \\ 5 \\ -1 \end{pmatrix}, \quad \lambda \in \mathbb{R}.$$

Schritt 2:
Berechne den Schnittpunkt von h und E. Setze dazu den allgemeinen Geradenpunkt in die Ebenengleichung ein:

$$-3 \cdot (-1 - 3\lambda) + 5 \cdot (0 + 5\lambda) - 1 \cdot (3 - \lambda) - 105 = 0 \quad \Leftrightarrow \quad \lambda = 3$$

Nun kann λ in die Gerade h eingesetzt werden. So erhalten wir den Ortsvektor des Lotfußpunktes L:

$$\vec{L} = \begin{pmatrix} -1 \\ 0 \\ 3 \end{pmatrix} + 3 \begin{pmatrix} -3 \\ 5 \\ -1 \end{pmatrix} = \begin{pmatrix} -10 \\ 15 \\ 0 \end{pmatrix}$$

Der Lotfußpunkt ist also $L\,(-10 \mid 15 \mid 0)$.

Schritt 3:
Spiegle A an L:

$$\vec{a'} = \vec{a} + 2\overrightarrow{AL} = \begin{pmatrix} -1 \\ 0 \\ 3 \end{pmatrix} + 2 \begin{pmatrix} -9 \\ 15 \\ -3 \end{pmatrix} = \begin{pmatrix} -19 \\ 30 \\ -3 \end{pmatrix}$$

Der Spiegelpunkt liegt demnach im Punkt $A'\,(-19 \mid 30 \mid -3)$.

Zu Teil c):
Wieder soll der Punkt A an der Ebene E gespiegelt werden.

Schritt 1:
Stelle eine Hilfsgerade h auf, die durch den Punkt A verläuft und deren Richtungsvektor dem Normalenvektor der Ebene E entspricht:

$$h: \vec{x} = \begin{pmatrix} 4 \\ 6 \\ -5 \end{pmatrix} + \lambda \begin{pmatrix} 4 \\ -1 \\ -1 \end{pmatrix}, \quad \lambda \in \mathbb{R}.$$

Schritt 2:
Berechne den Schnittpunkt von h und E. Setze dazu den allgemeinen Geradenpunkt in die Ebenengleichung ein:

$$4 \cdot (4 + 4\lambda) - 1 \cdot (6 - \lambda) - 1 \cdot (-5 - \lambda) + 21 = 0 \quad \Leftrightarrow \quad \lambda = -2$$

Nun kann λ in die Gerade h eingesetzt werden. So erhalten wir den Ortsvektor des Lotfußpunktes L:

$$\vec{L} = \begin{pmatrix} 4 \\ 6 \\ -5 \end{pmatrix} - 2 \begin{pmatrix} 4 \\ -1 \\ -1 \end{pmatrix} = \begin{pmatrix} -4 \\ 8 \\ -3 \end{pmatrix}$$

Der Lotfußpunkt ist also $L\,(-4 \mid 8 \mid -3)$.

Schritt 3:
Spiegle A an L:

$$\vec{a'} = \vec{a} + 2\overrightarrow{AL} = \begin{pmatrix} 4 \\ 6 \\ -5 \end{pmatrix} + 2 \begin{pmatrix} -8 \\ 2 \\ 2 \end{pmatrix} = \begin{pmatrix} -12 \\ 10 \\ -1 \end{pmatrix}$$

Der Spiegelpunkt liegt demnach im Punkt $A'\,(-12 \mid 10 \mid -1)$.

Lösung zu Aufgabe 189

Zu Teil a):
Schritt 1:
Bestimme eine Hilfsebene H, auf der g orthogonal steht und die den Punkt A beinhaltet. Nutze dafür den Richtungsvektor der Geraden als Normalenvektor der Ebene:

$$H : 3x_1 + 4x_2 - c = 0$$

Indem wir den Punkt A einsetzen, können wir c ermitteln:

$$3 \cdot (-2) + 4 \cdot 0 - c = 0 \quad \Leftrightarrow \quad c = -6$$

Die Ebene lautet:

$$H : 3x_1 + 4x_2 + 6 = 0$$

Schritt 2:
Bestimme den Schnittpunkt von H und g. Setze dazu den allgemeinen Geradenpunkt in die Ebene ein:

$$3 \cdot (12 + 3\lambda) + 4 \cdot (2 + 4\lambda) + 6 = 0 \quad \Leftrightarrow \quad \lambda = -2$$

Nun kann λ in die Gerade g eingesetzt werden. So erhalten wir den Ortsvektor des Lotfußpunktes L:

$$\vec{L} = \begin{pmatrix} 12 \\ 2 \\ 2 \end{pmatrix} - 2 \begin{pmatrix} 3 \\ 4 \\ 0 \end{pmatrix} = \begin{pmatrix} 6 \\ -6 \\ 2 \end{pmatrix}$$

Der Lotfußpunkt ist $L\,(6 \mid -6 \mid 2)$.

Schritt 3:
Spiegle A an L:

$$\vec{a'} = \vec{a} + 2\overrightarrow{AL} = \begin{pmatrix} -2 \\ 0 \\ 1 \end{pmatrix} + 2 \begin{pmatrix} 8 \\ -6 \\ 1 \end{pmatrix} = \begin{pmatrix} 14 \\ -12 \\ 3 \end{pmatrix}$$

Der gespiegelte Punkt befindet sich also im Punkt $A'\,(14 \mid -12 \mid 3)$.

Zu Teil b):
Schritt 1:
Bestimme eine Hilfsebene H, auf der g orthogonal steht und die den Punkt A beinhaltet. Nutze dafür den Richtungsvektor der Geraden als Normalenvektor der Ebene:

$$H: -2x_1 + 2x_2 + x_3 - c = 0$$

Indem wir den Punkt A einsetzen, können wir c ermitteln:

$$-2 \cdot (-1) + 2 \cdot 3 - 1 - c = 0 \quad \Leftrightarrow \quad c = 7$$

Die Ebene lautet

$$H: -2x_1 + 2x_2 + x_3 - 7 = 0.$$

Schritt 2:
Bestimme den Schnittpunkt von H und g. Setze dazu den allgemeinen Geradenpunkt in die Ebene ein:

$$-2 \cdot (4 - 2\lambda) + 2 \cdot (-1 + 2\lambda) + (-1 + \lambda) - 7 = 0 \quad \Leftrightarrow \quad \lambda = 2$$

Um den Lotfußpunkt L zu erhalten, setzen wir λ in die Geradengleichung ein:

$$\vec{L} = \begin{pmatrix} 4 \\ -1 \\ -1 \end{pmatrix} + 2 \begin{pmatrix} -2 \\ 2 \\ 1 \end{pmatrix} = \begin{pmatrix} 0 \\ 3 \\ 1 \end{pmatrix}$$

Schritt 3:
Spiegle A an L:

$$\vec{a'} = \vec{a} + 2\overrightarrow{AL} = \begin{pmatrix} -1 \\ 3 \\ -1 \end{pmatrix} + 2 \begin{pmatrix} 1 \\ 0 \\ 2 \end{pmatrix} = \begin{pmatrix} 1 \\ 3 \\ 3 \end{pmatrix}$$

Der gespiegelte Punkt befindet sich also im Punkt $A'(1 \mid 3 \mid 3)$.

Zu Teil c):
Schritt 1:
Bestimme eine Hilfsebene H, auf der g orthogonal steht und die den Punkt A beinhaltet. Nutze dafür den Richtungsvektor der Geraden als Normalenvektor der Ebene:

$$H : 3x_1 - 4x_2 + x_3 - c = 0$$

Indem wir den Punkt A einsetzen, können wir c ermitteln:

$$3 \cdot 4 - 4 \cdot 3 - 5 - c = 0 \quad \Leftrightarrow \quad c = -5$$

Die Ebene lautet

$$H : 3x_1 - 4x_2 + x_3 + 5 = 0.$$

Schritt 2:
Bestimme den Schnittpunkt von H und g. Setze dazu den allgemeinen Geradenpunkt in die Ebene ein:

$$3 \cdot (7 + 3\lambda) - 4 \cdot (1 - 4\lambda) + (4 + \lambda) + 5 = 0 \quad \Leftrightarrow \quad \lambda = -1$$

Nun kann λ in die Gerade g eingesetzt werden. So erhalten wir den Ortsvektor des Lotfußpunktes L:

$$\vec{L} = \begin{pmatrix} 7 \\ 1 \\ 4 \end{pmatrix} - \begin{pmatrix} 3 \\ -4 \\ 1 \end{pmatrix} = \begin{pmatrix} 4 \\ 5 \\ 3 \end{pmatrix}$$

Der Lotfußpunkt ist $L\,(4 \mid 5 \mid 3)$.

Schritt 3:
Spiegle A an L:

$$\vec{a'} = \vec{a} + 2\overrightarrow{AL} = \begin{pmatrix} 4 \\ 3 \\ -5 \end{pmatrix} + 2 \begin{pmatrix} 0 \\ 2 \\ 8 \end{pmatrix} = \begin{pmatrix} 4 \\ 7 \\ 11 \end{pmatrix}$$

Der gespiegelte Punkt befindet sich also im Punkt $A'\,(4 \mid 7 \mid 11)$.

Lösung zu Aufgabe 190

Zu Teil a):
Hier muss der Punkt P an der Ebene E gespiegelt werden, um den Installationspunkt zu erhalten.

Schritt 1:
Stelle eine Hilfsgerade h auf, die durch den Punkt P verläuft und deren Richtungsvektor dem Normalenvektor der Ebene E entspricht:

$$h : \vec{x} = \begin{pmatrix} 1 \\ 1 \\ 2 \end{pmatrix} + \lambda \begin{pmatrix} -4 \\ -2 \\ 1 \end{pmatrix}, \quad \lambda \in \mathbb{R}.$$

Schritt 2:
Berechne den Schnittpunkt von h und E. Setze dazu den allgemeinen Geradenpunkt in die Ebene ein:

$$-4 \cdot (1 - 4\lambda) - 2(1 - 2\lambda) + (2 + \lambda) - 3 = 0 \quad \Leftrightarrow \quad \lambda = \frac{1}{3}$$

Nun kann λ in die Gerade h eingesetzt werden. So erhalten wir den Ortsvektor des Lotfußpunktes L:

$$\vec{x} = \begin{pmatrix} 1 \\ 1 \\ 2 \end{pmatrix} + \frac{1}{3} \begin{pmatrix} -4 \\ -2 \\ 1 \end{pmatrix} = \frac{1}{3} \begin{pmatrix} -1 \\ 1 \\ 7 \end{pmatrix}$$

Der Lotfußpunkt ist also $L\left(-\frac{1}{3} \,\middle|\, \frac{1}{3} \,\middle|\, \frac{7}{3}\right)$.

Schritt 3:
Spiegle P an L:

$$\vec{p'} = \vec{p} + 2\overrightarrow{PL} = \begin{pmatrix} 1 \\ 1 \\ 2 \end{pmatrix} + 2 \cdot \frac{1}{3} \begin{pmatrix} -4 \\ -2 \\ 1 \end{pmatrix} = \frac{1}{3} \begin{pmatrix} -5 \\ -1 \\ 8 \end{pmatrix}$$

Das Kunstwerk muss also im Punkt $P'\left(-\frac{5}{3} \,\middle|\, -\frac{1}{3} \,\middle|\, \frac{8}{3}\right)$ aufgestellt werden.

Zu Teil b):
Schritt 1:
Stelle die beiden Normalenvektoren auf:

$$\overrightarrow{n_E} = \begin{pmatrix} -4 \\ -2 \\ 1 \end{pmatrix} \quad \text{und} \quad \overrightarrow{n_{1,2}} = \begin{pmatrix} 0 \\ 0 \\ 1 \end{pmatrix}$$

Schritt 2:
Berechne den Winkel zwischen der Ebene E und der x_1x_2-Ebene:

$$\begin{aligned} \alpha &= \cos^{-1}\left(\frac{|\overrightarrow{n_E} \circ \overrightarrow{n_{1,2}}|}{|\overrightarrow{n_E}| \cdot |\overrightarrow{n_{1,2}}|}\right) \\ &= \cos^{-1}\left(\frac{1}{\sqrt{21} \cdot 1}\right) \\ &\approx 77{,}40^\circ \end{aligned}$$

Die Ebene E schneidet den Boden also in einem Winkel von $77{,}40^\circ$.

Lösung zu Aufgabe 191

Der Mittelpunkt der Kugel ist $M\,(3 \mid -2 \mid 0)$. Wir spiegeln nun diesen Punkt an der Geraden g.

Schritt 1:
Bestimme eine Hilfsebene H, auf der g orthogonal steht und die den Punkt M beinhaltet. Nutze dafür den Richtungsvektor der Geraden als Normalenvektor der Ebene:

$$H: 2x_1 + x_3 - c = 0$$

Indem wir den Punkt M einsetzen, können wir c ermitteln:

$$2 \cdot 3 + 0 - c = 0 \quad \Leftrightarrow \quad c = 6$$

Die Ebene lautet:

$$H: 2x_1 + x_3 - 6 = 0$$

Schritt 2:
Bestimme den Schnittpunkt von H und g. Setze dazu den allgemeinen Geradenpunkt in die Ebene ein:

$$2 \cdot (6 + 2\lambda) + (4 + \lambda) - 6 = 0 \quad \Leftrightarrow \quad \lambda = -2$$

Nun kann λ in die Gerade g eingesetzt werden. So erhalten wir den Ortsvektor des Lotfußpunktes L:

$$\vec{x} = \begin{pmatrix} 6 \\ -1 \\ 4 \end{pmatrix} - 2 \begin{pmatrix} 2 \\ 0 \\ 1 \end{pmatrix} = \begin{pmatrix} 2 \\ -1 \\ 2 \end{pmatrix}$$

Der Lotfußpunkt ist $L\,(2 \mid -1 \mid 2)$.

Schritt 3:
Spiegle M an L:

$$\overrightarrow{m'} = \vec{m} + 2\overrightarrow{ML} = \begin{pmatrix} 3 \\ -2 \\ 0 \end{pmatrix} + 2 \begin{pmatrix} -1 \\ 1 \\ 2 \end{pmatrix} = \begin{pmatrix} 1 \\ 0 \\ 4 \end{pmatrix}$$

Der Mittelpunkt der gespiegelten Kugel befindet sich im Punkt $M'\,(1 \mid 0 \mid 4)$.

Lösung zu Aufgabe 192

Zu Teil a):

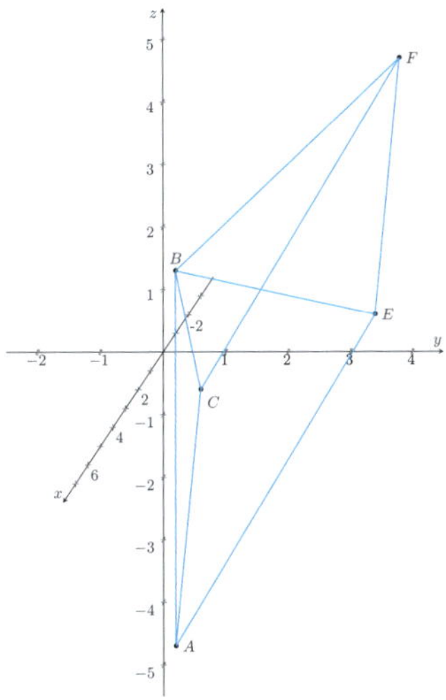

Zu Teil b):

Es soll B an der Geraden gespiegelt werden, die durch die Punkte A und F verläuft.

Schritt 1:
Stelle die Gerade auf:

$$g: \vec{x} = \vec{a} + \lambda \cdot \overrightarrow{AF} = \begin{pmatrix} -1 \\ 0 \\ -5 \end{pmatrix} + \lambda \begin{pmatrix} 2 \\ 4 \\ 10 \end{pmatrix}, \quad \lambda \in \mathbb{R}.$$

Schritt 2:
Bestimme eine Hilfsebene H, auf der g orthogonal steht und die den Punkt B beinhaltet. Nutze dafür den Richtungsvektor der Geraden als Normalenvektor der Ebene:

$$H : 2x_1 + 4x_2 + 10x_3 - c = 0$$

Indem wir den Punkt B einsetzen, können wir c ermitteln:

$$2 \cdot (-1) + 4 \cdot 0 + 10 \cdot 1 - c = 0 \quad \Leftrightarrow \quad c = 8$$

Die Ebene lautet

$$H : 2x_1 + 4x_2 + 10x_3 - 8 = 0.$$

Schritt 3:
Bestimme den Schnittpunkt von H und g. Setze dazu den allgemeinen Geradenpunkt in die Ebene ein und löse die Gleichung.

$$2 \cdot (-1 + 2\lambda) + 4 \cdot (0 + 4\lambda) + 10 \cdot (-5 + 10\lambda) - 8 = 0 \quad \Leftrightarrow \quad \lambda = 0{,}5$$

Nun kann λ in die Gerade g eingesetzt werden. So erhalten wir den Ortsvektor des Lotfußpunktes L:

$$\vec{x} = \begin{pmatrix} -1 \\ 0 \\ -5 \end{pmatrix} + 0{,}5 \begin{pmatrix} 2 \\ 4 \\ 10 \end{pmatrix} = \begin{pmatrix} 0 \\ 2 \\ 0 \end{pmatrix}$$

Der Lotfußpunkt ist $L\,(0 \mid 2 \mid 0)$.

Schritt 4:
Spiegle B an L:

$$\vec{d} = \vec{b} + 2\overrightarrow{BL} = \begin{pmatrix} -1 \\ 0 \\ 1 \end{pmatrix} + 2 \begin{pmatrix} 1 \\ 2 \\ -1 \end{pmatrix} = \begin{pmatrix} 1 \\ 4 \\ -1 \end{pmatrix}$$

Der gespiegelte Punkt ist also $D\,(1 \mid 4 \mid -1)$.

Lösung zu Aufgabe 193

Zu Teil a):
Um zu zeigen, dass die Grundfläche quadratisch ist, müssen alle Seiten gleich lang sein und alle Innenwinkel 90° betragen. Es genügt allerdings zu zeigen, dass zwei gegenüberliegende Winkel rechte Winkel sind. Wir berechnen die Längen:

$$|\overrightarrow{CH}| = \left|\begin{pmatrix}2\\2\\0\end{pmatrix}\right| = \sqrt{8} \qquad |\overrightarrow{HE}| = \left|\begin{pmatrix}-2\\2\\0\end{pmatrix}\right| = \sqrt{8}$$

$$|\overrightarrow{EO}| = \left|\begin{pmatrix}-2\\-2\\0\end{pmatrix}\right| = \sqrt{8} \qquad |\overrightarrow{OC}| = \left|\begin{pmatrix}2\\-2\\0\end{pmatrix}\right| = \sqrt{8}$$

Alle Seiten sind also gleich lang. Nun testen wir noch die Winkel $\sphericalangle HCO$ und $\sphericalangle OEH$ auf Orthogonalität:

$$\overrightarrow{OC} \circ \overrightarrow{CH} = 0$$
$$\overrightarrow{HE} \circ \overrightarrow{EO} = 0$$

Damit bildet die Grundfläche ein Quadrat.

Zu Teil b):
Da die Eckpunkte alle auf der gleichen Höhe liegen, ist die x_3-Koordinate schnell bestimmt:

$$x_3 = 1 + 10 = 11$$

Die ersten beiden Koordinaten entsprechen denen des Mittelpunktes der Diagonalen der Grundfläche. Dieser berechnet sich wie folgt:

$$\vec{m} = \frac{1}{2}\left(\vec{c} + \vec{e}\right) = \begin{pmatrix}-1\\2\\1\end{pmatrix}$$

Die Spitze befindet sich demnach im Punkt $P\,(-1 \mid 2 \mid 11)$.

Zu Teil c):
Um die Richtung des Sonnenstrahls zu erhalten, benötigen wir den Verbindungsvektor zwischen der Luke im Punkt S und dem Mittelpunkt M der Grundfläche, welchen wir

bereits in Teil b) berechnet haben. Wir erhalten:

$$\overrightarrow{SM} = \vec{m} - \vec{s} = \begin{pmatrix} 0 \\ -1 \\ -5 \end{pmatrix}$$

Zu Teil d):
Hier muss die Gerade entlang des Lichtstrahls am Boden der Pyramide (der Ebene B) gespiegelt werden. Die reflektierte Gerade kann dann mit der Ebene F, in welcher die Wand mit den Punkten C,P und O liegt, geschnitten werden.

Wir stellen zunächst die Gerade g des Lichtstrahls auf:

$$g : \vec{x} = \begin{pmatrix} -1 \\ 3 \\ 6 \end{pmatrix} + \lambda \begin{pmatrix} 0 \\ -1 \\ -5 \end{pmatrix}, \quad \lambda \in \mathbb{R}.$$

Für die Ebene, in der der Boden liegt, kann der Normalenvektor $\begin{pmatrix} 0 \\ 0 \\ 1 \end{pmatrix}$ benutzt werden, da sich der Boden parallel zur x_1x_2-Ebene befindet. Indem man den Mittelpunkt einsetzt, erhält man den Wert c:

$$0 \cdot (-1) + 0 \cdot 2 + 1 \cdot 1 - c = 0 \quad \Leftrightarrow \quad c = 1$$

Die Ebene lautet

$$B : x_3 - 1 = 0.$$

Nun kann die Gerade g an der Ebene B gespiegelt werden. Spiegle dazu den Punkt S an B und bilde die neue Gerade g' mit dem Richtungsvektor $\overrightarrow{S'M}$.

Schritt 1:
Stelle eine Hilfsgerade h auf, die durch den Punkt S verläuft und deren Richtungsvektor dem Normalenvektor der Ebene E entspricht:

$$h : \vec{x} = \begin{pmatrix} -1 \\ 3 \\ 6 \end{pmatrix} + \mu \begin{pmatrix} 0 \\ 0 \\ 1 \end{pmatrix}, \quad \mu \in \mathbb{R}.$$

Schritt 2:
Berechne den Schnittpunkt von h und E. Setze dazu den allgemeinen Geradenpunkt in die Ebene ein:

$$(6+\mu)-1=0 \quad \Leftrightarrow \quad \mu=-5$$

Nun kann μ in die Gerade h eingesetzt werden. So erhalten wir den Ortsvektor des Lotfußpunktes L:

$$\overrightarrow{x}=\begin{pmatrix}-1\\3\\6\end{pmatrix}-5\cdot\begin{pmatrix}0\\0\\1\end{pmatrix}=\begin{pmatrix}-1\\3\\1\end{pmatrix}$$

Der Lotfußpunkt ist also $L\,(-1 \mid 3 \mid 1)$.

Schritt 3:
Spiegle S an L:

$$\overrightarrow{s'}=\overrightarrow{s}+2\overrightarrow{SL}=\begin{pmatrix}-1\\3\\6\end{pmatrix}+2\begin{pmatrix}0\\0\\-5\end{pmatrix}=\begin{pmatrix}-1\\3\\-4\end{pmatrix}$$

Der gespiegelte Punkt ist $S'\,(-1 \mid 3 \mid -4)$.

Schritt 4:
Der Schnittpunkt A von g' mit der Ebene F in der die Wand liegt, lässt sich nun aus Symmetriegründen durch

$$\overrightarrow{a}=\overrightarrow{s'}+2\cdot\overrightarrow{S'M}\begin{pmatrix}-1\\3\\4\end{pmatrix}+2\begin{pmatrix}0\\-1\\5\end{pmatrix}=\begin{pmatrix}-1\\1\\6\end{pmatrix}$$

berechnen.
Der reflektierte Lichtstrahl trifft also im Punkt $A\,(-1 \mid 1 \mid 6)$ auf die Wand.

Alternative:
Ohne die Symmetrieeigenschaft zu benutzen lässt sich die Aufgabe auch etwas aufwändiger lösen:

Schritt 4b:
Stelle die gespiegelte Gerade auf:

$$g' : \overrightarrow{x} = \overrightarrow{s'} + \nu \cdot \overrightarrow{S'M} = \begin{pmatrix} -1 \\ 3 \\ -4 \end{pmatrix} + \nu \begin{pmatrix} 0 \\ -1 \\ 5 \end{pmatrix}$$

Schritt 5b:
Stelle die Ebene F auf, in der die Wand mit den Punkten C,P und O liegt:

$$F : \overrightarrow{x} = \overrightarrow{c} + a \cdot \overrightarrow{CP} + b \cdot \overrightarrow{CO} = \begin{pmatrix} -1 \\ 0 \\ 1 \end{pmatrix} + a \begin{pmatrix} 0 \\ 2 \\ 10 \end{pmatrix} + b \begin{pmatrix} -2 \\ 2 \\ 0 \end{pmatrix}$$

Die Umwandlung der Parameterform in die Koordinatenform mit dem Vektorprodukt ergibt als möglichen Normalenvektor

$$\begin{pmatrix} 0 \\ 2 \\ 10 \end{pmatrix} \times \begin{pmatrix} -2 \\ 2 \\ 0 \end{pmatrix} = \begin{pmatrix} -20 \\ -20 \\ 4 \end{pmatrix}$$

Wähle daher $\overrightarrow{n} = \begin{pmatrix} -10 \\ -10 \\ 2 \end{pmatrix}$ als Normalenvektor der Ebene F. Wegen $\overrightarrow{c} \circ \overrightarrow{n} = 12$ folgt:

$$F : -10x_1 - 10x_2 + 2x_3 - 12 = 0$$

Schritt 6b:
Schneide nun g' mit F. Dazu setzen wir den allgemeinen Geradenpunkt in die Ebene ein und lösen die Gleichung:

$$\begin{aligned} -10 \cdot (-1 + 0) - 10 \cdot (3 - \nu) + 2 \cdot (-4 + 5\nu) - 12 &= 0 \\ 10 - 30 + 10\nu - 8 + 10\nu - 12 &= 0 \\ -40 + 20\nu &= 0 \qquad \Big| + 40, \ : 20 \\ \nu &= 2 \end{aligned}$$

Schritt 7b:
Setze nun ν in g' ein, um den Ortsvektor des Schnittpunktes zu erhalten:

$$\overrightarrow{a} = \begin{pmatrix} -1 \\ 3 \\ -4 \end{pmatrix} + 2 \begin{pmatrix} 0 \\ -1 \\ 5 \end{pmatrix} = \begin{pmatrix} -1 \\ 1 \\ 6 \end{pmatrix}$$

Der reflektierte Lichtstrahl trifft also im Punkt $A\,(-1 \mid 1 \mid 6)$ auf die Wand.

Zu Teil e):
Das Volumen einer Pyramide lässt sich mit der Formel

$$V = \frac{1}{3} \cdot G \cdot h$$

berechnen. Die Grundfläche ist quadratisch und eine Seitenlänge beträgt $\sqrt{8}$m. Die Höhe beträgt 10m wie wir der Angabe entnehmen können. Daraus ergibt sich

$$V = \frac{1}{3} \cdot G \cdot h = \frac{1}{3} \cdot (\sqrt{8})^2 \cdot 10 \approx 26{,}67\text{m}^3.$$

Lösung zu Aufgabe 194

Zu Teil a):
Der Punkt P muss hier an der Geraden g gespiegelt werden.

Schritt 1:
Bestimme eine Hilfsebene H, auf der g orthogonal steht und die den Punkt P beinhaltet. Nutze dafür den Richtungsvektor der Geraden als Normalenvektor der Ebene:

$$H : x_1 - x_2 + 10x_3 - c = 0$$

Indem wir den Punkt P einsetzen, können wir c ermitteln:

$$1 - 0 + 10 \cdot 5 - c = 0 \quad \Leftrightarrow \quad c = 51$$

Die Ebene lautet:

$$H : x_1 - x_2 + 10x_3 - 51 = 0$$

Schritt 2:
Bestimme den Schnittpunkt von H und g. Setze dazu den allgemeinen Geradenpunkt in die Ebene ein:

$$(-2 + \lambda) - (9 - \lambda) + 10 \cdot (-4 + 10\lambda) - 51 = 0 \quad \Leftrightarrow \quad \lambda = 1$$

Nun kann λ in die Gerade g eingesetzt werden. So erhalten wir den Ortsvektor des Lotfußpunktes L:

$$\vec{x} = \begin{pmatrix} -2 \\ 9 \\ -4 \end{pmatrix} + 1 \cdot \begin{pmatrix} 1 \\ -1 \\ 10 \end{pmatrix} = \begin{pmatrix} -1 \\ 8 \\ 6 \end{pmatrix}$$

Der Lotfußpunkt ist $L\,(-1 \mid 8 \mid 6)$.

Schritt 3:
Spiegle P an L:

$$\vec{p'} = \vec{p} + 2\overrightarrow{PL} = \begin{pmatrix} 1 \\ 0 \\ 5 \end{pmatrix} + 2\begin{pmatrix} -2 \\ 8 \\ 1 \end{pmatrix} = \begin{pmatrix} -3 \\ 16 \\ 7 \end{pmatrix}$$

Die Girlande muss auf der rechten Seite im Punkt $P'\,(-3 \mid 16 \mid 7)$ befestigt werden.

Zu Teil b):
Hier muss der Abstand vom Punkt P zum Punkt P' über den Lotfußpunkt L berechnet werden:

$$d_L(P; P') = 2 \cdot |\overrightarrow{PL}| \approx 16{,}62$$

Die Girlande muss mindestens 16,62m lang sein.

Lösung zu Aufgabe 195

Zu Teil a):

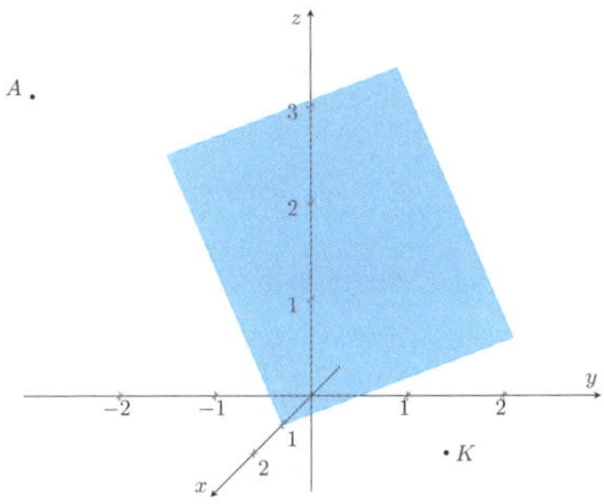

Hier muss der Punkt A an der Ebene E gespiegelt werden.

Schritt 1:
Stelle eine Hilfsgerade h auf, die durch den Punkt A verläuft und deren Richtungsvektor dem Normalenvektor der Ebene E entspricht:

$$h : \vec{x} = \begin{pmatrix} 3 \\ -2 \\ 4 \end{pmatrix} + \lambda \begin{pmatrix} 1 \\ 2 \\ -1 \end{pmatrix}, \quad \lambda \in \mathbb{R}.$$

Schritt 2:
Berechne den Schnittpunkt von h und E. Setze dazu den allgemeinen Geradenpunkt in die Ebene ein:

$$(3 + \lambda) + 2(-2 + 2\lambda) - (4 - \lambda) - 1 = 0 \quad \Leftrightarrow \quad \lambda = 1$$

Nun kann λ in die Gerade h eingesetzt werden. So erhalten wir den Ortsvektor des Lotfußpunktes L:

$$\vec{x} = \begin{pmatrix} 3 \\ -2 \\ 4 \end{pmatrix} + \begin{pmatrix} 1 \\ 2 \\ -1 \end{pmatrix} = \begin{pmatrix} 4 \\ 0 \\ 3 \end{pmatrix}$$

Der Lotfußpunkt ist also $L\,(4 \mid 0 \mid 3)$.

Schritt 3:
Spiegle A an L:

$$\overrightarrow{a'} = \overrightarrow{a} + 2\overrightarrow{AL} = \begin{pmatrix} 3 \\ -2 \\ 4 \end{pmatrix} + 2 \begin{pmatrix} 1 \\ 2 \\ -1 \end{pmatrix} = \begin{pmatrix} 5 \\ 2 \\ 2 \end{pmatrix}$$

Der Ausgang befindet sich also tatsächlich im Punkt $A' \, (5 \mid 2 \mid 2)$.

Zu Teil b):
Schritt 1:
Stelle die Gerade g auf, die zwischen den Punkten K und A verläuft:

$$g: \overrightarrow{x} = \overrightarrow{k} + \mu \cdot \overrightarrow{KA} = \begin{pmatrix} 2 \\ 2 \\ 0 \end{pmatrix} + \mu \begin{pmatrix} 1 \\ -4 \\ 4 \end{pmatrix}, \quad \mu \in \mathbb{R}.$$

Schritt 2:
Berechne den Winkel zwischen der Geraden g und der Ebene E:

$$\begin{aligned} \alpha &= \sin^{-1}\left(\frac{|\overrightarrow{u} \circ \overrightarrow{n}|}{|\overrightarrow{u}| \cdot |\overrightarrow{n}|}\right) \\ &= \sin^{-1}\left(\frac{|-11|}{\sqrt{33} \cdot \sqrt{6}}\right) \\ &\approx 51{,}42^\circ \end{aligned}$$

Kathi steht also in einem Winkel von ca. $51{,}42^\circ$ zum Spiegel.

Kugelaufgaben

Lösung zu Aufgabe 196

Zu Teil a):
Aus der Form der Kugelgleichung können wir ablesen, dass der Mittelpunkt bei $M\,(2 \mid -1 \mid 0)$ liegt und die Kugel einen Radius von $r = 2$ hat.

Zu Teil b):
Durch Einsetzen des Punktes P in die Kugelgleichung erhalten wir:

$$\begin{aligned} (1-2)^2 + (0+1)^2 + (-1)^2 &= 4 \\ 3 &\neq 4 \end{aligned} \qquad \text{↯ Widerspruch}$$

Der Punkt P erfüllt also nicht die Kugelgleichung und liegt damit nicht auf der Kugel.

Zu Teil c):
Schritt 1:
Setze den allgemeinen Geradenpunkt $\vec{x}$ in die Kugelgleichung ein:

$$\begin{aligned} (2+2\lambda-2)^2 + (2+\lambda+1)^2 + (-3-\lambda)^2 &= 4 \\ 4\lambda^2 + 9 + 6\lambda + \lambda^2 + 9 + 6\lambda + \lambda^2 &= 4 \qquad \mid -4 \\ 6\lambda^2 + 12\lambda + 14 &= 0 \end{aligned}$$

Schritt 2:
Löse die Gleichung mit Hilfe der Mitternachtsformel:

$$\lambda_{1,2} = \frac{-12 \pm \sqrt{144 - 4 \cdot 6 \cdot 14}}{12}$$

Der Ausdruck unter der Wurzel ist negativ. Die Gleichung hat also keine Lösung, weshalb die Gerade die Kugel nicht schneidet.

Zu Teil d):
Die Gerade soll die Kugel lediglich im Punkt A berühren. Das bedeutet der Richtungsvektor der Geraden muss senkrecht auf den Vektor $\overrightarrow{AM}$ stehen.

Schritt 1:
Bestimme den Verbindungsvektor:

$$\overrightarrow{AM} = \begin{pmatrix} 2 \\ -1 \\ 0 \end{pmatrix} - \begin{pmatrix} 0 \\ -1 \\ 0 \end{pmatrix} = \begin{pmatrix} 2 \\ 0 \\ 0 \end{pmatrix}$$

Schritt 2:
Bestimme einen Vektor $\vec{v}$, der senkrecht auf $\overrightarrow{AM}$ steht. Dazu wählen wir beispielsweise zwei der drei Koordinaten fix:

$$\vec{v} = \begin{pmatrix} 0 \\ 1 \\ k \end{pmatrix}$$

Dieser Vektor soll senkrecht auf dem Verbindungsvektor stehen. Das Skalarprodukt der beiden Vektoren muss demnach Null ergeben. Wir können aufstellen:

$$\begin{pmatrix} 0 \\ 1 \\ k \end{pmatrix} \circ \begin{pmatrix} 2 \\ 0 \\ 0 \end{pmatrix} = 0$$

Diese Gleichung ist für jeden Wert von k erfüllt. Die einfachste Wahl ist $k = 0$. Wir erhalten also den Richtungsvektor

$$\vec{v} = \begin{pmatrix} 0 \\ 1 \\ 0 \end{pmatrix}.$$

Schritt 3:
Stelle die Geradengleichung auf. Als Aufpunkt kann der Punkt A gewählt werden. Wir erhalten also:

$$h : \vec{x} = \begin{pmatrix} 0 \\ -1 \\ 0 \end{pmatrix} + \lambda \begin{pmatrix} 0 \\ 1 \\ 0 \end{pmatrix}, \quad \lambda \in \mathbb{R}.$$

Lösung zu Aufgabe 197

Zu Teil a):
Die Gleichung der Kugel lautet:

$$K_2 : (x_1 + 1)^2 + (x_2 - 2)^2 + (x_3 - 1)^2 = 25$$

Zu Teil b):
Gefragt ist nach der Lagebeziehung zweier Kugeln.

Schritt 1:
Bestimme den Abstand der beiden Kugelmittelpunkte.

Dazu bilden wir zunächst den Verbindungsvektor zwischen diesen:

$$\overrightarrow{M_1M_2} = \begin{pmatrix} -1 \\ 2 \\ 1 \end{pmatrix} - \begin{pmatrix} -4 \\ -2 \\ 1 \end{pmatrix} = \begin{pmatrix} 3 \\ 4 \\ 0 \end{pmatrix}$$

Der Abstand entspricht nun der Länge des Verbindungsvektors:

$$d(M_1; M_2) = |\overrightarrow{M_1M_2}| = \sqrt{3^2 + 4^2 + 0^2} = 5$$

Schritt 2:
Es gilt

$$d(M_1; M_2) = 5 < 3 + 5 = r_1 + r_2.$$

Die Kugeln schneiden sich also.

Zu Teil c):
Gefragt ist nach der Lagebeziehung einer Kugel und einer Ebene. Die x_1x_2-Ebene hat die Ebenengleichung

$$E : x_3 = 0.$$

Schritt 1:
Bestimme den Abstand des Kugelmittelpunkts M_1 zur Ebene E. Dazu nutzen wir die Hessesche Normalenform:

$$\begin{aligned} d(M_1; E) &= \left| \frac{n_1p_1 + n_2p_2 + n_3p_3 - c}{\sqrt{n_1^2 + n_2^2 + n_3^2}} \right| \\ &= \frac{0 \cdot (-4) + 0 \cdot (-2) + 1 \cdot 1 - 0}{1} = 1 \end{aligned}$$

Schritt 2:
Es gilt

$$d(M_1; E) = 1 < 3 = r_1.$$

Die Kugel schneidet also die Ebene.

Lösung zu Aufgabe 198

Zu Teil a):
Gesucht ist nach der Lagebeziehung zwischen einer Geraden und einer Kugel. Zuerst müssen wir jedoch die Kugelgleichung der „Erde“ aufstellen. Diese ist

$$K:\ (x_1-1)^2+(x_2+3)^2+(x_3-4)^2=1.$$

Schritt 1:
Setze den allgemeinen Geradenpunkt $\overrightarrow{x}$ in die Kugelgleichung ein:

$$\begin{aligned} (-1-\lambda-1)^2+(1+2\lambda+3)^2+(8+2\lambda-4)^2&=1 \\ \lambda^2+4\lambda+4+4\lambda^2+16+16\lambda+4\lambda^2+16+16\lambda&=1 \qquad &|-1 \\ 9\lambda^2+36\lambda+35&=0 \qquad &|:9 \\ \lambda^2+4\lambda+\frac{35}{9}&=0 \end{aligned}$$

Schritt 2:
Löse die Gleichung mit Hilfe der Mitternachtsformel:

$$\lambda_{1,2}=\frac{-4\pm\sqrt{16-4\cdot\frac{35}{9}}}{2}$$

Wir erhalten die beiden Lösungen

$$\lambda_1=-\frac{5}{3}\quad \text{und} \quad \lambda_2=-\frac{7}{3}.$$

Die Gerade schneidet die Kugel also in zwei Punkten. Der Auftreffpunkt A entspricht dem Punkt, den wir durch Einsetzen des Parameters λ_1 in die Geradengleichung erhalten:

$$A\left(\frac{2}{3}\,\middle|\,-\frac{7}{3}\,\middle|\,\frac{14}{3}\right)$$

Zu Teil b):
Die Gerade soll die Kugel lediglich im Punkt P berühren. Das bedeutet, der Richtungsvektor der Geraden muss senkrecht auf den Vektor $\overrightarrow{PM}$ stehen.

Schritt 1:
Bestimme den Verbindungsvektor:

$$\overrightarrow{PM}=\begin{pmatrix}1\\-3\\4\end{pmatrix}-\begin{pmatrix}1\\-2\\4\end{pmatrix}=\begin{pmatrix}0\\-1\\0\end{pmatrix}$$

Schritt 2:
Bestimme einen Vektor $\vec{v}$, der senkrecht auf $\overrightarrow{PM}$ steht. Dazu wählen wir beispielsweise zwei der drei Koordinaten fix:

$$\vec{v} = \begin{pmatrix} 1 \\ 0 \\ k \end{pmatrix}$$

Dieser Vektor soll senkrecht auf dem Verbindungsvektor stehen. Das Skalarprodukt der beiden Vektoren muss demnach Null ergeben. Wir können aufstellen:

$$\begin{pmatrix} 1 \\ 0 \\ k \end{pmatrix} \circ \begin{pmatrix} 0 \\ -1 \\ 0 \end{pmatrix} = 0$$

Diese Gleichung ist für jeden Wert von k erfüllt. Die einfachste Wahl ist $k = 0$. Wir erhalten also den Richtungsvektor

$$\vec{v} = \begin{pmatrix} 1 \\ 0 \\ 0 \end{pmatrix}.$$

Schritt 3:
Stelle die Geradengleichung auf. Als Aufpunkt kann der Punkt P gewählt werden. Wir erhalten also

$$h : \vec{x} = \begin{pmatrix} 1 \\ -2 \\ 4 \end{pmatrix} + \lambda \begin{pmatrix} 1 \\ 0 \\ 0 \end{pmatrix}, \quad \lambda \in \mathbb{R}.$$

Lösung zu Aufgabe 199

Zu Teil a):
Aus der Angabe können wir ablesen, dass der Mittelpunkt der Kugel bei $M\,(5 \mid 0 \mid -2)$ liegt und sie einen Radius von $r = 4$ hat.

Zu Teil b):
Soll der Punkt P auf der Kugel liegen, muss k so gewählt werden, dass der Punkt die Kugelgleichung erfüllt. Wir setzen P also in die Kugelgleichung ein und lösen auf:

$$(4-5)^2 + (-2)^2 + (k+2)^2 = 16 \qquad \big| -16$$
$$k^2 + 4k - 7 = 0$$

Diese Gleichung kann mit Hilfe der Mitternachtsformel gelöst werden. Wir erhalten:

$$k_{1,2} = \frac{-4 \pm \sqrt{16 + 4 \cdot 7}}{2} = -2 \pm \sqrt{11}$$

Damit der Punkt auf der Kugel liegt, muss der Parameter also die Werte

$$k_1 = -2 + \sqrt{11} \quad \text{oder} \quad k_2 = -2 - \sqrt{11}$$

annehmen.

Zu Teil c):
Gefragt ist nach der Lagebeziehung zwischen einer Ebene und einer Kugel.

Schritt 1:
Bestimme den Abstand des Kugelmittelpunktes M zur Ebene E:

$$d(M;E) = \left| \frac{n_1 m_1 + n_2 m_2 + n_3 m_3 - c}{\sqrt{n_1^2 + n_2^2 + n_3^2}} \right|$$
$$= \left| \frac{2 \cdot 5 - 2 \cdot 0 + 1 \cdot (-2)}{3} \right| = \frac{11}{3}$$

Schritt 2:
Es gilt

$$d(M;E) = \frac{11}{3} < 4 = r,$$

weshalb die Kugel die Ebene schneidet.

Lösung zu Aufgabe 200

Zu Teil a):
Soll die Kugel auf der Ebene rollen, bedeutet dies, dass sie diese stets nur in einem Punkt berührt. Der Abstand des Kugelmittelpunktes M zur Ebene muss also stets dem Radius der Kugel entsprechen.

Schritt 1:
Bestimme den Abstand des Punktes M zur Ebene E:

$$\begin{aligned} d(M;E) &= \left| \frac{n_1m_1 + n_2m_2 + n_3m_3 - c}{\sqrt{n_1^2 + n_2^2 + n_3^2}} \right| \\ &= \left| \frac{1 \cdot (-1) + 2 \cdot 3 + 2 \cdot 3 - 2}{3} \right| = 3 \end{aligned}$$

Schritt 2:
Die Kugel hat also den Radius $r = 3$. Ihr Durchmesser beträgt damit sechs Längeneinheiten. Die entsprechende Kugelgleichung ist

$$K: \ (x_1 + 1)^2 + (x_2 - 3) + (x_3 - 3)^2 = 9.$$

Zu Teil b):
Soll der Punkt P auf der Kugel liegen, muss der Parameter k so gewählt werden, dass der Punkt die Kugelgleichung erfüllt. Wir setzen P also in die Kugelgleichung ein und lösen diese:

$$\begin{aligned} (0+1)^2 + (3-3)^2 + (k-3)^2 &= 9 \qquad \left| -9 \right. \\ k^2 - 6k + 1 &= 0 \end{aligned}$$

Diese Gleichung kann mit Hilfe der Mitternachtsformel gelöst werden. Wir erhalten:

$$k_{1,2} = \frac{6 \pm \sqrt{36 - 4 \cdot 1}}{2} = 3 \pm \sqrt{8}$$

Damit der Punkt auf der Kugel liegt, muss der Parameter also den Wert

$$k_1 = 3 + \sqrt{8} \quad \text{oder} \quad k_2 = 3 - \sqrt{8}$$

annehmen.

Lösung zu Aufgabe 201

Zu Teil a):
Die einfachste Möglichkeit ist, die Kugel so zu konstruieren, dass der Mittelpunkt M auf halber Strecke zwischen den beiden Punkten A und B liegt. Für den Ortsvektor des Mittelpunktes gilt also:

$$\vec{m} = \vec{a} + \frac{1}{2} \cdot \overrightarrow{AB}$$

Setzen wir das ein, so erhalten wir den Mittelpunkt $M\ (2 \mid 1 \mid 1)$. Der Radius entspricht der halben Distanz zwischen den Punkten A und B. Wir berechnen:

$$r = \frac{1}{2}\ |\overrightarrow{AB}| = \frac{1}{2} \left| \begin{pmatrix} 2 \\ 2 \\ 0 \end{pmatrix} \right| = \sqrt{2}$$

Die Kugelgleichung ist also

$$K_2 :\ (x_1 - 2)^2 + (x_2 - 1)^2 + (x_3 - 1)^2 = 2.$$

Zu Teil b):
Gefragt ist nach der Lagebeziehung zweier Kugeln.

Schritt 1:
Bestimme den Abstand der beiden Kugelmittelpunkte. Dazu benötigen wir zunächst den Verbindungsvektor:

$$\overrightarrow{M_1 M_2} = \begin{pmatrix} 2 \\ 1 \\ 1 \end{pmatrix} - \begin{pmatrix} -2 \\ 2 \\ -1 \end{pmatrix} = \begin{pmatrix} 4 \\ -1 \\ 2 \end{pmatrix}$$

Der Abstand entspricht nun der Länge des Verbindungsvektors. Wir berechnen:

$$d(M_1; M_2) = |\overrightarrow{M_1 M_2}| = \sqrt{4^2 + (-1)^2 + 2^2} = \sqrt{21}$$

Schritt 2:
Es gilt

$$d(M_1; M_2) = \sqrt{21} > 3{,}41 \approx r_1 + r_2,$$

weshalb sich die beiden Kugeln nicht schneiden.

Zu Teil c):
Gefragt ist nach den Schnittpunkten einer Geraden und einer Kugel.

Schritt 1:
Setze den allgemeinen Geradenpunkt $\vec{x}$ in die Kugelgleichung ein:

$$\begin{aligned}(1+\lambda+2)^2+(-1-2\lambda-2)^2+(1+\lambda+1)^2&=4\\ \lambda^2+6\lambda+9+4\lambda^2+12\lambda+9+\lambda^2+4\lambda+4&=4 \qquad \Big|-4\\ 6\lambda^2+22\lambda+18&=0\end{aligned}$$

Schritt 2:
Löse diese Gleichung mit Hilfe der Mitternachtsformel:

$$\lambda_{1,2}=\frac{-22\pm\sqrt{484-4\cdot 6\cdot 18}}{12}$$

Wir erhalten also die beiden Lösungen

$$\lambda_1\approx -1{,}23 \quad \text{und} \quad \lambda_2\approx -2{,}43.$$

Setzen wir diese in die Geradengleichung ein, so erhalten wir die beiden Schnittpunkte

$$S_1\,(-0{,}23\mid 1{,}46\mid -0{,}23) \quad \text{und} \quad S_2\,(-1{,}43\mid 3{,}86\mid -1{,}43)\,.$$

Matrizen

Lösung zu Aufgabe 202

Zu Teil a):

$$2 \cdot A + 3 \cdot B = \begin{pmatrix} 2 & 8 & 0 \\ -4 & 6 & 10 \\ 0 & 4 & 2 \end{pmatrix} + \begin{pmatrix} 9 & 6 & -9 \\ 18 & -12 & 3 \\ 6 & 0 & 15 \end{pmatrix} = \begin{pmatrix} 11 & 14 & -9 \\ 14 & -6 & 13 \\ 6 & 4 & 17 \end{pmatrix}$$

Zu Teil b):

$$A \cdot B = \begin{pmatrix} 1 & 4 & 0 \\ -2 & 3 & 5 \\ 0 & 2 & 1 \end{pmatrix} \cdot \begin{pmatrix} 3 & 2 & -3 \\ 6 & -4 & 1 \\ 2 & 0 & 5 \end{pmatrix} = \begin{pmatrix} 27 & -14 & 1 \\ 22 & -16 & 34 \\ 14 & -8 & 7 \end{pmatrix}$$

Zu Teil c):

$$B \cdot A = \begin{pmatrix} 3 & 2 & -3 \\ 6 & -4 & 1 \\ 2 & 0 & 5 \end{pmatrix} \cdot \begin{pmatrix} 1 & 4 & 0 \\ -2 & 3 & 5 \\ 0 & 2 & 1 \end{pmatrix} = \begin{pmatrix} -1 & 12 & 7 \\ 14 & 14 & -19 \\ 2 & 18 & 5 \end{pmatrix}$$

Zu Teil d):

$$A \cdot B - B \cdot A = \begin{pmatrix} 27 & -14 & 1 \\ 22 & -16 & 34 \\ 14 & -8 & 7 \end{pmatrix} - \begin{pmatrix} -1 & 12 & 7 \\ 14 & 14 & -19 \\ 2 & 18 & 5 \end{pmatrix} = \begin{pmatrix} 28 & -26 & -6 \\ 8 & -30 & 53 \\ 12 & -26 & 2 \end{pmatrix}$$

Wir sehen also, dass das Produkt zweier Matrizen im Allgemeinen nicht kommutativ ist, sonst würde gelten:

$$A \cdot B - B \cdot A = 0$$

Lösung zu Aufgabe 203

Um zu zeigen, dass zwei Matrizen invers zueinander sind, genügt es zu prüfen, ob

$$A \cdot B = 1 \quad \text{und} \quad B \cdot A = 1$$

gilt. Wichtig ist hierbei, dass beide Bedingungen erfüllt sind. Wir prüfen also:

$$A \cdot B = \begin{pmatrix} 1 & -3 \\ 1 & -4 \end{pmatrix} \cdot \begin{pmatrix} 4 & -3 \\ 1 & -1 \end{pmatrix} = \begin{pmatrix} 1 & 0 \\ 0 & 1 \end{pmatrix}$$

$$B \cdot A = \begin{pmatrix} 4 & -3 \\ 1 & -1 \end{pmatrix} \cdot \begin{pmatrix} 1 & -3 \\ 1 & -4 \end{pmatrix} = \begin{pmatrix} 1 & 0 \\ 0 & 1 \end{pmatrix}$$

Die Matrizen sind also tatsächlich invers zueinander.

Lösung zu Aufgabe 204

Zu Teil a):
Wir benutzen das Gauß-Verfahren. Der Ansatz sieht folgendermaßen aus:

$$\begin{array}{rrr|rrr l} 1 & -1 & 0 & 1 & 0 & 0 & \text{(I)} \\ 0 & 1 & 2 & 0 & 1 & 0 & \text{(II)} \\ 2 & -1 & 3 & 0 & 0 & 1 & \text{(III)} \end{array}$$

Nun bringen wir durch Zeilenaddition und -subtratkion die linke Matrix in die Form der Einheitsmatrix. Als erstes wird das linke Element der untersten Zeile eliminiert. Wir berechnen

$$\text{(III)}' = \text{(III)} - 2 \cdot \text{(I)}$$

und erhalten:

$$\begin{array}{rrr|rrr l} 1 & -1 & 0 & 1 & 0 & 0 & \text{(I)} \\ 0 & 1 & 2 & 0 & 1 & 0 & \text{(II)} \\ 0 & 1 & 3 & -2 & 0 & 1 & \text{(III)}' \end{array}$$

Als nächstes berechnen wir:

$$\text{(III)}'' = \text{(III)}' - \text{(II)} \quad \text{und} \quad \text{(I)}' = \text{(I)} + \text{(II)}.$$

$$\begin{array}{ccc|ccc l} 1 & 0 & 2 & 1 & 1 & 0 & (\mathrm{I})' \\ 0 & 1 & 2 & 0 & 1 & 0 & (\mathrm{II}) \\ 0 & 0 & 1 & -2 & -1 & 1 & (\mathrm{III})'' \end{array}$$

Als letztes bleibt nur noch:

$$(\mathrm{I})'' = (\mathrm{I})' - 2 \cdot (\mathrm{III})'' \quad \text{und} \quad (\mathrm{II})' = (\mathrm{II}) - 2 \cdot (\mathrm{III})''.$$

$$\begin{array}{ccc|ccc l} 1 & 0 & 0 & 5 & 3 & -2 & (\mathrm{I})'' \\ 0 & 1 & 0 & 4 & 3 & -2 & (\mathrm{II})' \\ 0 & 0 & 1 & -2 & -1 & 1 & (\mathrm{III})'' \end{array}$$

Wir können also ablesen:

$$A^{-1} = \begin{pmatrix} 5 & 3 & -2 \\ 4 & 3 & -2 \\ -2 & -1 & 1 \end{pmatrix}$$

Zu Teil b):
Wir benutzen wieder das Gauß-Verfahren. Der Ansatz siehtfolgendermaßen aus:

$$\begin{array}{ccc|ccc l} 1 & 4 & -2 & 1 & 0 & 0 & (\mathrm{I}) \\ 2 & 2 & -1 & 0 & 1 & 0 & (\mathrm{II}) \\ -1 & -2 & 2 & 0 & 0 & 1 & (\mathrm{III}) \end{array}$$

Als erstes berechnen wir:

$$(\mathrm{III})' = (\mathrm{III}) + (\mathrm{I}) \quad \text{und} \quad (\mathrm{II})' = (\mathrm{II}) - 2 \cdot (\mathrm{I})$$

$$\begin{array}{ccc|ccc l} 1 & 4 & -2 & 1 & 0 & 0 & (\mathrm{I}) \\ 0 & -6 & 3 & -2 & 1 & 0 & (\mathrm{II})' \\ 0 & 2 & 0 & 1 & 0 & 1 & (\mathrm{III})' \end{array}$$

Ein sinnvoller Zwischenschritt ist nun, die zweite Zeile durch drei zu teilen.

$$\begin{array}{ccc|ccc l} 1 & 4 & -2 & 1 & 0 & 0 & (\mathrm{I}) \\ 0 & -2 & 1 & -\frac{2}{3} & \frac{1}{3} & 0 & (\mathrm{II})' \\ 0 & 2 & 0 & 1 & 0 & 1 & (\mathrm{III})' \end{array}$$

Als nächstes bieten sich folgende Umformungen an:

$$(\mathrm{III})'' = (\mathrm{III})' + (\mathrm{II})' \quad \text{und} \quad (\mathrm{I})' = (\mathrm{I}) + 2 \cdot (\mathrm{II})'$$

$$\begin{array}{ccc|ccc l} 1 & 0 & 0 & -\frac{1}{3} & \frac{2}{3} & 0 & (\mathrm{I})' \\ 0 & -2 & 1 & -\frac{2}{3} & \frac{1}{3} & 0 & (\mathrm{II})' \\ 0 & 0 & 1 & \frac{1}{3} & \frac{1}{3} & 1 & (\mathrm{III})'' \end{array}$$

Um die linke Matrix endgültig auf Einheitsform zu bringen berechnen wir:

$$(\mathrm{II})'' = -\frac{1}{2} \cdot \left[(\mathrm{II})' - (\mathrm{III})''\right]$$

$$\begin{array}{ccc|ccc l} 1 & 0 & 0 & -\frac{1}{3} & \frac{2}{3} & 0 & (\mathrm{I})' \\ 0 & 1 & 0 & \frac{1}{2} & 0 & \frac{1}{2} & (\mathrm{II})'' \\ 0 & 0 & 1 & \frac{1}{3} & \frac{1}{3} & 1 & (\mathrm{III})'' \end{array}$$

Wir können also ablesen:

$$B^{-1} = \begin{pmatrix} -\frac{1}{3} & \frac{2}{3} & 0 \\ \frac{1}{2} & 0 & \frac{1}{2} \\ \frac{1}{3} & \frac{1}{3} & 1 \end{pmatrix}$$

Lösung zu Aufgabe 205

Zu Teil a):
Wir wählen $\vec{x} = \vec{y} = \vec{0}$. Dann folgt aus der ersten Identität

$$\beta(\vec{0} + \vec{0}) = \beta(\vec{0}) + \beta(\vec{0}).$$

Oder vereinfacht, da $\vec{0} + \vec{0} = \vec{0}$:

$$\beta(\vec{0}) = 2\beta(\vec{0}) \quad \Rightarrow \quad \beta(\vec{0}) = \vec{0}$$

Zu Teil b):
Wir wissen, dass $C \cdot C^{-1} = \hat{1}$ gilt. Hierbei steht $\hat{1}$ für die Einheitsmatrix. Multiplizieren wir diese Gleichung von links mit C, erhalten wir:

$$C \cdot C \cdot C^{-1} = C$$

Benutzen wir nun die Identität $C^2 = C$ und multiplizieren anschließend von links mit C^{-1}, erhalten wir

$$C^{-1} = \hat{1}.$$

Durch Multiplikation mit C erhalten wir zudem die gewünschte Identität

$$C = \hat{1}.$$

Lösung zu Aufgabe 206

Zu Teil a):
Eine affine Abbildung hat die allgemeine Form:

$$\alpha : \begin{pmatrix} x_1' \\ x_2' \end{pmatrix} = \begin{pmatrix} a_1 & b_1 \\ a_2 & b_2 \end{pmatrix} \cdot \begin{pmatrix} x_1 \\ x_2 \end{pmatrix} + \begin{pmatrix} c_1 \\ c_2 \end{pmatrix}$$

Wie müssen also die Koeffizienten a_1, a_2, b_1, b_2, c_1 und c_2 bestimmen. Dazu setzen wir die gegebenen Punkte in die obige Form der Abbildung ein und erhalten:

$$\begin{aligned} \mathrm{I} : \begin{pmatrix} 3 \\ 2 \end{pmatrix} &= \begin{pmatrix} a_1 & b_1 \\ a_2 & b_2 \end{pmatrix} \cdot \begin{pmatrix} 1 \\ 1 \end{pmatrix} + \begin{pmatrix} c_1 \\ c_2 \end{pmatrix} \\ \mathrm{II} : \begin{pmatrix} -2 \\ 1 \end{pmatrix} &= \begin{pmatrix} a_1 & b_1 \\ a_2 & b_2 \end{pmatrix} \cdot \begin{pmatrix} 4 \\ 0 \end{pmatrix} + \begin{pmatrix} c_1 \\ c_2 \end{pmatrix} \\ \mathrm{III} : \begin{pmatrix} 1 \\ -1 \end{pmatrix} &= \begin{pmatrix} a_1 & b_1 \\ a_2 & b_2 \end{pmatrix} \cdot \begin{pmatrix} 1 \\ -1 \end{pmatrix} + \begin{pmatrix} c_1 \\ c_2 \end{pmatrix} \end{aligned}$$

Das entspricht dem Gleichungssystem:

$$\begin{aligned} (1) &: \quad 3 = a_1 + b_1 + c_1 \\ (2) &: \quad 2 = a_2 + b_2 + c_2 \\ (3) &: -2 = 4a_1 + c_1 \\ (4) &: \quad 1 = 4a_2 + c_2 \\ (5) &: \quad 1 = a_1 - b_1 + c_1 \\ (6) &: -1 = a_2 - b_2 + c_2 \end{aligned}$$

Nun bleibt nur noch das Gleichungssystem zu lösen. Ein möglicher Weg, das zu tun, ist durch die folgenden Schritte gegeben:

- Aus (1)−(5) folgt $b_1 = 1$.
- Setzen wir das in (5) ein, folgt $a_1 = 2 - c_1$.
- Eingesetzt in (3) erhalten wir $c_1 = \frac{10}{3}$ und $a_1 = -\frac{4}{3}$.
- Aus Gleichung (4) folgt $c_2 = 1 - 4a_2$.
- Eingesetzt in (6) erhalten wir $b_2 = 2 - 3a_2$.
- Nun nutzen wir Gleichung (2) um a_2 zu bestimmen und erhalten $a_2 = \frac{1}{6}$.
- Damit folgt ebenfalls $b_2 = \frac{3}{2}$ und $c_2 = \frac{1}{3}$.

Die affine Abbildung hat also die Form

$$\alpha : \begin{pmatrix} x_1' \\ x_2' \end{pmatrix} = \begin{pmatrix} -\frac{4}{3} & 1 \\ \frac{1}{6} & \frac{3}{2} \end{pmatrix} \cdot \begin{pmatrix} x_1 \\ x_2 \end{pmatrix} + \begin{pmatrix} \frac{10}{3} \\ \frac{1}{3} \end{pmatrix}.$$

In vereinfachter Form erhalten wir

$$\alpha : \begin{pmatrix} x_1' \\ x_2' \end{pmatrix} = \frac{1}{6} \cdot \begin{pmatrix} -8 & 6 \\ 1 & 9 \end{pmatrix} \cdot \begin{pmatrix} x_1 \\ x_2 \end{pmatrix} + \frac{1}{3} \cdot \begin{pmatrix} 10 \\ 1 \end{pmatrix}.$$

Zu Teil b):
Um das Bild der Gerade g unter der Abbildung α zu bestimmen muss lediglich der allgemeine Geradenpunkt in die Abbildung eingesetzt werden. Wir erhalten:

$$\begin{pmatrix} x_1' \\ x_2' \end{pmatrix} = \frac{1}{6} \cdot \begin{pmatrix} -8 & 6 \\ 1 & 9 \end{pmatrix} \cdot \begin{pmatrix} -1 + 2\lambda \\ 1 \end{pmatrix} + \frac{1}{3} \cdot \begin{pmatrix} 10 \\ 1 \end{pmatrix} = \frac{1}{6} \cdot \begin{pmatrix} 34 - 16\lambda \\ 10 + 2\lambda \end{pmatrix}$$

Das Bild der alten Gerade ist also die neue Gerade

$$g' : \overrightarrow{x}' = \frac{1}{6} \cdot \begin{pmatrix} 34 \\ 10 \end{pmatrix} + \frac{\lambda}{6} \begin{pmatrix} -16 \\ 2 \end{pmatrix}.$$

Lösung zu Aufgabe 207

Zu Teil a):
Wir wissen, dass Drehungen um die x-, bzw. z-Achse durch allgemeine Drehmatrizen beschrieben werden können:

$$S_x = \begin{pmatrix} 1 & 0 & 0 \\ 0 & \cos(\alpha) & -\sin(\alpha) \\ 0 & \sin(\alpha) & \cos(\alpha) \end{pmatrix} \qquad S_z = \begin{pmatrix} \cos(\beta) & -\sin(\beta) & 0 \\ \sin(\beta) & \cos(\beta) & 0 \\ 0 & 0 & 1 \end{pmatrix}$$

Wir haben in diesem Fall $\alpha = 45°$ und $\beta = 60°$. Eine Streckung um den Faktor zwei entspricht dem multiplizieren mit dem Faktor Zwei, oder in Matrixnotation der Multiplikation mit der Matrix

$$S = \begin{pmatrix} 2 & 0 & 0 \\ 0 & 2 & 0 \\ 0 & 0 & 2 \end{pmatrix}.$$

Wir haben $M = S_z \cdot S \cdot S_x$. Hierbei ist es wichtig, die richtige Reihenfolge zu beachten. Die Drehung um die x-Achse muss ganz rechts stehen, da sie die erste Operation ist, die auf den Vektor wirkt:

$$M = \begin{pmatrix} \frac{1}{2} & -\frac{\sqrt{3}}{2} & 0 \\ \frac{\sqrt{3}}{2} & \frac{1}{2} & 0 \\ 0 & 0 & 1 \end{pmatrix} \cdot \begin{pmatrix} 2 & 0 & 0 \\ 0 & 2 & 0 \\ 0 & 0 & 2 \end{pmatrix} \cdot \begin{pmatrix} 1 & 0 & 0 \\ 0 & \frac{\sqrt{2}}{2} & -\frac{\sqrt{2}}{2} \\ 0 & \frac{\sqrt{2}}{2} & \frac{\sqrt{2}}{2} \end{pmatrix}$$

$$= \begin{pmatrix} 1 & -\sqrt{\frac{3}{2}} & \sqrt{\frac{3}{2}} \\ \sqrt{3} & \frac{\sqrt{2}}{2} & -\frac{\sqrt{2}}{2} \\ 0 & \sqrt{2} & \sqrt{2} \end{pmatrix}$$

Zu Teil b):
Um das Bild des Vektors und der Abbildung M zu bestimmen, genügt es, das Produkt

$$\vec{v}' = M \cdot \vec{v}$$

zu bestimmen. Wir erhalten:

$$\vec{v}' = \begin{pmatrix} 1 & -\sqrt{\frac{3}{2}} & \sqrt{\frac{3}{2}} \\ \sqrt{3} & \frac{\sqrt{2}}{2} & -\frac{\sqrt{2}}{2} \\ 0 & \sqrt{2} & \sqrt{2} \end{pmatrix} \cdot \begin{pmatrix} 4 \\ -2 \\ 1 \end{pmatrix} = \begin{pmatrix} 4 + \sqrt{\frac{3}{2}} + \sqrt{6} \\ -\frac{\sqrt{2}}{2} - \sqrt{2} + 4\sqrt{3} \\ -\sqrt{2} \end{pmatrix}$$

Lösung zu Aufgabe 208

Zu Teil a):
Die allgemeine Fixpunktgleichung lautet

$$A \cdot \vec{x} = \vec{x}.$$

Um die Fixpunkte zu bestimmen, genügt es also, dieses Gleichungssystem für beide Matritzen zu lösen.

Für die Abbildungsmatrix A erhalten wir:

$$\begin{pmatrix} x_1 \\ x_2 \\ x_3 \end{pmatrix} = \begin{pmatrix} 3 & -1 & 4 \\ 2 & 0 & 4 \\ -4 & 2 & -2 \end{pmatrix} \cdot \begin{pmatrix} x_1 \\ x_2 \\ x_3 \end{pmatrix}$$

Wir erhalten das folgende Gleichungssystem:

$$\begin{aligned} (1): x_1 &= 3x_1 - x_2 + 4x_3 \\ (2): x_2 &= 2x_1 + 4x_3 \\ (3): x_3 &= -4x_1 + 2x_2 - 2x_3 \end{aligned}$$

Aus den ersten beiden Gleichungen erhalten wir jeweils $x_2 = 2x_1 + 4x_3$. Das Gleichungssystem ist also unbestimmt. Die Menge aller Fixpunkte kann demnach nur durch eine Gerade beschrieben werden.
Wir verfahren wie bei der Bestimmung der Schnittgerade zweier Ebenen. Als unbestimmten Parameter wählen wir $x_1 = t$. Damit erhalten wir zwei Gleichungen:

$$\begin{aligned} (\text{I}): 0 &= -4t + 2x_2 - 3x_3 \\ (\text{II}): x_2 &= 2t + 4x_3 \end{aligned}$$

Setzen wir Gleichung (II) in Gleichung (I) ein, erhalten wir $x_3 = 0$. Mit Gleichung (II) folgt dann ebenfalls $x_2 = 2t$. Der allgemeine Lösungspunkt lautet:

$$\vec{x} = \begin{pmatrix} t \\ 2t \\ 0 \end{pmatrix} = \begin{pmatrix} 0 \\ 0 \\ 0 \end{pmatrix} + t \cdot \begin{pmatrix} 1 \\ 2 \\ 0 \end{pmatrix}, \quad t \in \mathbb{R}.$$

Die Menge aller Fixpunkte ist also durch obige Fixpunktgerade gegeben.

Für die Matrix B erhalten wir:

$$\begin{pmatrix} x_1 \\ x_2 \\ x_3 \end{pmatrix} = \begin{pmatrix} 1 & 0 & -1 \\ -2 & 5 & 2 \\ -1 & -5 & 6 \end{pmatrix} \cdot \begin{pmatrix} x_1 \\ x_2 \\ x_3 \end{pmatrix}$$

Wir erhalten das folgende Gleichungssystem:

$$\begin{aligned} (1): x_1 &= x_1 - x_3 \\ (2): x_2 &= -2x_1 + 5x_2 + 2x_3 \\ (3): x_3 &= -x_1 - 5x_2 + 6x_3 \end{aligned}$$

- Aus Gleichung (1) erhalten wir $x_3 = 0$.
- Setzen wir dies in Gleichung (2) ein gilt $x_1 = 2x_2$.
- Aus Gleichung (3) folgt $x_1 = -5x_2$.
- Diese beiden Gleichungen sind nur durch $x_1 = x_2 = 0$ erfüllt.

Der einzige Fixpunkt ist also durch

$$\vec{x} = \begin{pmatrix} 0 \\ 0 \\ 0 \end{pmatrix}$$

gegeben. Dieser triviale Fixpunkt existiert für alle linearen Abbildungen.

Zu Teil b):
Bei einem Fixpunkt handelt es sich per Definition um einen Punkt, der unter einer linearen Abbildung invariant bleibt. Bei der gegebenen Drehmatrix handelt es sich um eine Drehung um die z-Achse. Lediglich Punkte die auf der z-Achse liegen sind unter einer solchen Drehung invariant. Die Menge aller Fixpunkte ist also durch folgende Fixpunktgerade gegeben:

$$g: \vec{x} = \begin{pmatrix} 0 \\ 0 \\ 0 \end{pmatrix} + \lambda \cdot \begin{pmatrix} 0 \\ 0 \\ 1 \end{pmatrix}, \quad \lambda \in \mathbb{R}.$$

Lösung zu Aufgabe 209

Gesucht ist nach der Abbildungsmatrix einer Parallelprojektion auf die Ebene E entlang des Vektors $\overrightarrow{v}$. Hierzu machen wir uns die Linearität einer solchen Abbildung zu Nutze. Es genügt die Bilder der kartesischen Einheitsvektoren zu bestimmen und damit die Abbildungsmatrix zu bilden.
Die Einheitsvektoren $\overrightarrow{e_1}$, $\overrightarrow{e_2}$ und $\overrightarrow{e_3}$ werden entlang der Geraden

$$g_1 : \overrightarrow{x} = \begin{pmatrix} 1 \\ 0 \\ 0 \end{pmatrix} + \lambda_1 \begin{pmatrix} 1 \\ 1 \\ 2 \end{pmatrix}, \quad \lambda_1 \in \mathbb{R},$$

$$g_2 : \overrightarrow{x} = \begin{pmatrix} 0 \\ 1 \\ 0 \end{pmatrix} + \lambda_2 \begin{pmatrix} 1 \\ 1 \\ 2 \end{pmatrix}, \quad \lambda_2 \in \mathbb{R},$$

$$g_3 : \overrightarrow{x} = \begin{pmatrix} 0 \\ 0 \\ 1 \end{pmatrix} + \lambda_3 \begin{pmatrix} 1 \\ 1 \\ 2 \end{pmatrix}, \quad \lambda_3 \in \mathbb{R},$$

projiziert. Um das Bild der jeweiligen Einheitsvektoren zu bestimmen, bestimmen wir den Schnittpunkt der Geraden mit der Ebene E. Dazu setzen wir jeweils den allgemeinen Geradenpunkt in die Ebenengleichung ein. Wir erhalten:

$$\begin{aligned} (1+\lambda_1) - 2\lambda_1 + 2\lambda_1 - 4 = 0 \quad &\Rightarrow \quad \lambda_1 = 3 \\ \lambda_2 - 2(1+\lambda_2) + 2\lambda_2 - 4 = 0 \quad &\Rightarrow \quad \lambda_2 = 6 \\ \lambda_3 - 2\lambda_3 + (1+2\lambda_3) - 4 = 0 \quad &\Rightarrow \quad \lambda_3 = 3 \end{aligned}$$

Setzen wir nun die jeweiligen Parameter λ_1, λ_2 und λ_3 in die Geraden ein, erhalten wir die Bilder der Einheitsvektoren:

$$\overrightarrow{e_1}' = \begin{pmatrix} 1 \\ 0 \\ 0 \end{pmatrix} + 3 \cdot \begin{pmatrix} 1 \\ 1 \\ 2 \end{pmatrix} = \begin{pmatrix} 4 \\ 3 \\ 6 \end{pmatrix},$$

$$\overrightarrow{e_2}' = \begin{pmatrix} 0 \\ 1 \\ 0 \end{pmatrix} + 6 \cdot \begin{pmatrix} 1 \\ 1 \\ 2 \end{pmatrix} = \begin{pmatrix} 6 \\ 7 \\ 12 \end{pmatrix},$$

$$\overrightarrow{e_3}' = \begin{pmatrix} 0 \\ 0 \\ 1 \end{pmatrix} + 3 \cdot \begin{pmatrix} 1 \\ 1 \\ 2 \end{pmatrix} = \begin{pmatrix} 3 \\ 3 \\ 7 \end{pmatrix}$$

Damit können wir die Abbildungsmatrix ablesen:

$$M = \begin{pmatrix} 4 & 6 & 3 \\ 3 & 7 & 3 \\ 6 & 12 & 7 \end{pmatrix}$$

Lösung zu Aufgabe 210

Zu Teil a):
Wir definieren den Zustandsvektor

$$\vec{n} = \begin{pmatrix} N_E \\ N_K \\ N_F \end{pmatrix}$$

Mit den Variablen:

$$N_E : \text{Anzahl der Eier}$$
$$N_K : \text{Anzahl der Kaulquappen}$$
$$N_F : \text{Anzahl der Frösche}$$

Die Übergangsmatrix M kann dann aus dem Text abgelesen werden:

$$M = \begin{pmatrix} 0 & 0 & 100 \\ 0{,}25 & 0 & 0 \\ 0 & 0{,}05 & 0{,}8 \end{pmatrix}$$

Zu Teil b):
Da zu Beginn lediglich 100 Frösche existieren, ist der Zustandsvektor zum Zeitpunkt $t = 0$ durch

$$\vec{n}^{(0)} = \begin{pmatrix} 0 \\ 0 \\ 100 \end{pmatrix}$$

gegeben. Um die Population nach zwei Jahren zu bestimmen berechnen wir:

$$\vec{n}^{(2)} = M \cdot M \cdot \vec{n}^{(0)}$$

Wir erhalten:

$$\vec{n}^{(2)} = \begin{pmatrix} 0 & 5 & 80 \\ 0 & 0 & 25 \\ 0{,}0125 & 0{,}04 & 0{,}64 \end{pmatrix} \cdot \begin{pmatrix} 0 \\ 0 \\ 100 \end{pmatrix} = \begin{pmatrix} 8000 \\ 2500 \\ 64 \end{pmatrix}$$

Nach zwei Jahren gibt es also 8000 Eier, 2500 Kaulquappen und 64 Frösche. Die Anzahl der Frösche ist geschrumpft, da zu Beginn keinerlei Eier oder Kaulquappen existierten. Erst im dritten Jahr kann die Zahl der Frösche wieder wachsen, da sich hier erstmals Kaulquappen zu Fröschen weiterentwickelt haben.

Zu Teil c):
Die Dynamik der Froschpopulation ist so, dass, solange es noch Frösche gibt die Population nicht ausstirbt. Für beliebige Zeiten $t = n$ ist vor allem der rechte untere Eintrag der Matrix M^n interessant. Durch mehrmaliges multiplizieren der Matrix sehen wir, dass dieser nie null wird und sogar mit steigendem n zunimmt. Die Population stirbt also nie aus.

Umfangreiche Aufgaben

Lösung zu Aufgabe 211

Zu Teil a):
Gefragt ist nach der Ebene, die die Punkte A, B und C enthält. Es sei O der Nullpunkt.

Schritt 1:
Bestimme die Verbindungsvektoren $\overrightarrow{AB}$ und $\overrightarrow{AC}$.

$$\overrightarrow{AB} = \begin{pmatrix} 0 \\ 4 \\ 4 \end{pmatrix} - \begin{pmatrix} 0 \\ 4 \\ 0 \end{pmatrix} = \begin{pmatrix} 0 \\ 0 \\ 4 \end{pmatrix}$$
$$\overrightarrow{AC} = \begin{pmatrix} 0 \\ 0 \\ 4 \end{pmatrix} - \begin{pmatrix} 0 \\ 4 \\ 0 \end{pmatrix} = \begin{pmatrix} 0 \\ -4 \\ 4 \end{pmatrix}$$

Schritt 2:
Bestimme den Normalenvektor mittels des Kreuzprodukts.

$$\vec{n} = \begin{pmatrix} 0 \\ 0 \\ 4 \end{pmatrix} \times \begin{pmatrix} 0 \\ -4 \\ 4 \end{pmatrix} = \begin{pmatrix} -16 \\ 0 \\ 0 \end{pmatrix}$$

Schritt 3:
Bestimme die Koordinatenform der Ebene. Als erstes schreiben wir dazu den allgemeinen Ansatz einer Koordinatenform auf:

$$E\colon x_1 - c = 0$$

Durch Einsetzen eines Punktes erhalten wir $c = 0$ Damit erhalten wir die Ebene

$$E\colon x_1 = 0.$$

Zu Teil b):
Gesucht ist nach dem Auftreffpunkt des Balles.

Schritt 1:
Wir stellen die Gerade auf, die die Flugbahn des Balles beschreibt. Als Aufpunkt wählen wir den Punkt G. Als Richtungsvektor dient der Vektor $\vec{v}$. Wir erhalten die Gerade

$$h : \vec{x} = \begin{pmatrix} 3 \\ 3 \\ 2 \end{pmatrix} + \lambda \begin{pmatrix} -2 \\ -1 \\ 1 \end{pmatrix}.$$

Schritt 2:
Bestimme den Schnittpunkt der Geraden h und der Ebene E. Dazu setzen wir den allgemeinen Geradenpunkt in die Ebenengleichung ein:

$$3 - 2 \cdot \lambda = 0 \quad \Rightarrow \quad \lambda = \frac{3}{2}$$

Damit erhalten wir den Schnittpunkt $P\,(0 \mid 1{,}5 \mid 3{,}5)$. In diesem Punkt trifft der Ball auf die Wand.

Zu Teil c):
Gesucht ist nach dem Winkel α zwischen der Ebene E und der Geraden h. Für diesen gilt:

$$\sin(\alpha) = \frac{\left| \begin{pmatrix} 1 \\ 0 \\ 0 \end{pmatrix} \circ \begin{pmatrix} -2 \\ -1 \\ 1 \end{pmatrix} \right|}{1 \cdot \sqrt{(-2)^2 + (-1)^2 + 1^2}} = \frac{2}{\sqrt{6}} \quad \Rightarrow \quad \alpha = 54{,}74^\circ$$

Zu Teil d):
Alle Punkte der Geraden g liegen in der Ebene und für alle gilt $x_3 = 2$. Für den Auftreffpunkt gilt $x_3 = 3{,}5$. Er liegt also oberhalb des Markierung. Der Aufschlag war demnach gültig.

Zu Teil e):
Gefragt ist nach dem Abstand des Punktes P zur Geraden g.

Schritt 1:
Stelle eine Hilfsebene H auf. Als Normalenvektor benutzen wir den Richtungsvektor der Geraden. Als Aufpunkt dient der Punkt P.

$$x_2 - c = 0$$

Setzen wir den Aufpunkt ein, erhalten wir $c = 1{,}5$. Die Ebenengleichung lautet also

$$H\colon x_2 - 1{,}5 = 0.$$

Schritt 2:
Bestimme den Schnittpunkt der Geraden g mit der Hilfsebene H. Dies liefert den Lotfußpunkt.

$$0 + \lambda - 1{,}5 = 0 \quad \Rightarrow \quad \lambda = 1{,}5$$

Wir erhalten den Lotfußpunkt

$$L\,(0 \mid 1{,}5 \mid 2)\,.$$

Schritt 3:
Bestimme den Abstand von P zu L.

$$d(P,L) = \left| \begin{pmatrix} 0 \\ 1{,}5 \\ 3{,}5 \end{pmatrix} - \begin{pmatrix} 0 \\ 1{,}5 \\ 2 \end{pmatrix} \right| = 1{,}5 \text{ LE}$$

Zu Teil f):
Gesucht ist nach der Geraden, die sich ergibt, wenn g an der Ebene E gespiegelt wird. Dazu reicht es, zwei Punkte der Geraden g zu spiegeln und deren Verbindungsgerade zu bilden. Da der Punkt P auf der Geraden liegt, sich jedoch auch in der Ebene befindet, muss dieser nicht gespiegelt werden. Es genügt also lediglich den Punkt G zu spiegeln.

Schritt 1:
Stelle eine Hilfsgerade f auf. Als Aufpunkt dient der Punkt G. Als Richtungsvektor wählen wir den Normalenvektor der Ebene E. Wir erhalten:

$$f : \vec{x} = \begin{pmatrix} 3 \\ 3 \\ 2 \end{pmatrix} + \lambda \begin{pmatrix} 1 \\ 0 \\ 0 \end{pmatrix}, \quad \lambda \in \mathbb{R}.$$

Schritt 2:
Bestimme den Lotfußpunkt L_2 mittels des Schnittpunktes der Hilfsgerade mit der Ebene E:

$$3 + \lambda = 0 \quad \Rightarrow \quad \lambda = -3$$

Wir erhalten den Lotfußpunkt $L_2\,(0 \mid 3 \mid 2)$.

Schritt 3:
Spiegle G an L_2.

$$\overrightarrow{OG'} = \overrightarrow{OG} + 2\,\overrightarrow{GL_2} = \begin{pmatrix} 3 \\ 3 \\ 2 \end{pmatrix} + 2 \begin{pmatrix} -3 \\ 0 \\ 0 \end{pmatrix} = \begin{pmatrix} -3 \\ 3 \\ 2 \end{pmatrix}$$

Schritt 4:
Um die gespiegelte Gerade zu erhalten genügt es die Verbindungsgerade der Punkte P und G' zu bestimmen. Wir erhalten:

$$g' : \vec{x} = \begin{pmatrix} 0 \\ 1{,}5 \\ 3{,}5 \end{pmatrix} + \lambda \begin{pmatrix} 3 \\ -1{,}5 \\ 1{,}5 \end{pmatrix}, \quad \lambda \in \mathbb{R}.$$

Lösung zu Aufgabe 212

Zu Teil a):
Der Turm ist im Punkt $F\,(3 \mid 2 \mid 0)$ am Boden verankert.

Zu Teil b):
Um den Verlauf des Schattens zu bestimmen genügt es, den Schattenpunkt der Spitze zu bestimmen und dann die Verbindungsgerade des Schattenpunkts zum Fußpunkt des Turms zu bestimmen.

Schritt 1:
Bestimme die Gerade entlang derer der Schatten der Spitze geworfen wird. Als Aufpunkt dient der Punkt S. Als Richtungsvektor benutzen wir den Vektor $\overrightarrow{v}$. Wir erhalten:

$$g : \overrightarrow{x} = \begin{pmatrix} 3 \\ 2 \\ 5 \end{pmatrix} + \lambda \begin{pmatrix} 1 \\ -1 \\ -1 \end{pmatrix}, \quad \lambda \in \mathbb{R}.$$

Schritt 2:
Bestimme den Schnittpunkt der Geraden g mit der x_1x_2-Ebene. Diese hat die Ebenengleichung

$$B\colon x_3 = 0.$$

Setzen wir den allgemeinen Geradenpunkt ein, erhalten wir:

$$5 - \lambda = 0 \quad \Rightarrow \quad \lambda = 5$$

Durch Einsetzen erhalten wir den Schattenpunkt

$$P\,(8 \mid -3 \mid 0)\,.$$

Schritt 3:
Bestimme die Gerade s, die den Schattenwurf des Turms beschreibt.

$$s : \overrightarrow{x} = \overrightarrow{f} + \lambda\,\overrightarrow{FP} = \begin{pmatrix} 3 \\ 2 \\ 0 \end{pmatrix} + \lambda \begin{pmatrix} 5 \\ -5 \\ 0 \end{pmatrix}, \quad \lambda \in \mathbb{R}.$$

Zu Teil c):
Gefragt ist nach der Schnittgerade der Ebene E mit dem Boden B.

Schritt 1:
Bestimme die Koordinatenform der Ebene E. Dazu bestimmen wir mittels des Kreuzprodukts den Normalenvektor:

$$\vec{n} = \begin{pmatrix} 0 \\ -1 \\ 0 \end{pmatrix} \times \begin{pmatrix} 3 \\ 1 \\ 3 \end{pmatrix} = \begin{pmatrix} -3 \\ 0 \\ 3 \end{pmatrix}$$

Der Ansatz für die Ebenengleichung lautet

$$F : -3x_1 + 3x_3 - c = 0.$$

Durch Einsetzen erhalten wir $c = -15$. Setzen wir das ein und dividieren durch drei erhalten wir die Gleichung

$$F : -x_1 + x_3 + 5 = 0.$$

Schritt 2:
Bestimme die Schnittgerade der beiden Ebenen. Dazu wählen wir $x_2 = t$. Setzen wir das in die Ebenengleichungen der Ebenen E und B ein, folgt:

$$-x_1 + x_3 + 5 = 0 \quad \text{und} \quad x_3 = 0$$

Der allgemeine Lösungspunkt lautet

$$\vec{x} = \begin{pmatrix} 5 \\ t \\ 0 \end{pmatrix}.$$

Damit erhalten wir die Schnittgerade

$$g : \vec{x} = \begin{pmatrix} 5 \\ 0 \\ 0 \end{pmatrix} + t \begin{pmatrix} 0 \\ 1 \\ 0 \end{pmatrix}, \quad t \in \mathbb{R}.$$

Zu Teil d):
Gesucht ist nach dem Abstand des Punktes F zur Geraden g.

Schritt 1:
Stelle eine Hilfsebene H auf. Als Normalenvektor dient der Richtungsvektor der Geraden g. Als Aufpunkt muss der Punkt F benutzt werden. Der Ansatz für die Koordinatenform der Ebene lautet also

$$F: x_2 - c = 0.$$

Durch Einsetzen des Aufpunktes erhalten wir $c = 2$. Die Gleichung der Ebene lautet demnach

$$F: x_2 - 2 = 0.$$

Schritt 2:
Bestimme den Schnittpunkt der Geraden g und der Ebene H. Dazu setzen wir den allgemeinen Geradenpunkt in die Ebenengleichung ein:

$$t - 2 = 0 \quad \Rightarrow \quad t = 2$$

Durch Einsetzen erhalten wir den Lotfußpunkt $L\,(5 \mid 2 \mid 0)$.

Schritt 3:
Bestimme den Abstand des Punktes F zum Lotfußpunkt L:

$$d(L, F) = \left| \begin{pmatrix} 5 \\ 2 \\ 0 \end{pmatrix} - \begin{pmatrix} 3 \\ 2 \\ 0 \end{pmatrix} \right| = 2 \text{ LE}$$

Der Turm hat also einen Abstand von zwei Metern zur Kletterwand. Damit ist der vorgegebene Sicherheitsabstand nicht eingehalten worden.

Zu Teil e):
Gesucht ist nach dem Winkel α zwischen zwei Ebenen. Für diesen gilt:

$$\cos(\alpha) = \frac{\left| \begin{pmatrix} 0 \\ 0 \\ 1 \end{pmatrix} \circ \begin{pmatrix} -3 \\ 0 \\ 3 \end{pmatrix} \right|}{1 \cdot \sqrt{(-3)^2 + (0)^2 + 3^2}} = \frac{3}{\sqrt{18}} \quad \Rightarrow \quad \alpha = 45^\circ$$

Zu Teil f):
Schritt 1:
Stelle eine Hilfsgerade h auf. Als Richtungsvektor dient der Normalenvektor der Ebene E. Als Aufpunkt muss der Punkt S verwendet werden. Wir erhalten die Gerade

$$h : \vec{x} = \begin{pmatrix} 3 \\ 2 \\ 5 \end{pmatrix} + \nu \begin{pmatrix} -3 \\ 0 \\ 3 \end{pmatrix}, \quad \nu \in \mathbb{R}.$$

Schritt 2:
Bestimme den Lotfußpunkt L_2 durch den Schnittpunkt der Geraden h und der Ebene E. Dazu setzen wir den allgemeinen Geradenpunkt in die Ebenengleichung ein.

$$-(3 - 3\lambda) + (5 + 3\lambda) + 5 = 0 \quad \Rightarrow \quad \lambda = -\frac{7}{6}$$

Damit erhalten wir den Lotfußpunkt $L_2\,(6{,}5 \mid 2 \mid 1{,}5)$.

Schritt 3:
Spiegle den Punkt S am Punkt L.

$$\vec{s'} = \vec{s} + 2\,\overrightarrow{SL} = \begin{pmatrix} 10 \\ 2 \\ -2 \end{pmatrix}$$

Lösung zu Aufgabe 213

Zu Teil a):
Wir stellen zunächst die Ebene E auf, auf der die Punkte A, B und C liegen und führen dann die Punktprobe mit D durch.

Schritt 1:
Stelle die allgemeine Parameterform der Ebene auf:

$$E: \vec{x} = \vec{a} + \lambda \cdot \vec{u} + \mu \cdot \vec{v}, \quad \text{mit } \lambda, \mu \in \mathbb{R}.$$

Schritt 2:
Nutze eine der drei Punkte als Stützpunkt, z.B. A:

$$E: \vec{x} = \vec{a} + \lambda \cdot \vec{u} + \mu \cdot \vec{v} = \begin{pmatrix} 4 \\ 0 \\ -4 \end{pmatrix} + \lambda \cdot \vec{u} + \mu \cdot \vec{v}$$

Schritt 3:
Berechne die Verbindungsvektoren $\overrightarrow{AB}$ und $\overrightarrow{AC}$ und nutze diese als Spannvektoren:

$$\overrightarrow{AB} = \vec{b} - \vec{a} = \begin{pmatrix} -1 \\ 3 \\ 1 \end{pmatrix} - \begin{pmatrix} 4 \\ 0 \\ -4 \end{pmatrix} = \begin{pmatrix} -5 \\ 3 \\ 5 \end{pmatrix}$$

$$\overrightarrow{AC} = \vec{c} - \vec{a} = \begin{pmatrix} -4 \\ 0 \\ 4 \end{pmatrix} - \begin{pmatrix} 4 \\ 0 \\ -4 \end{pmatrix} = \begin{pmatrix} -8 \\ 0 \\ 8 \end{pmatrix}$$

Schritt 4:
Stelle die Ebene auf:

$$E: \vec{x} = \begin{pmatrix} 4 \\ 0 \\ -4 \end{pmatrix} + \lambda \begin{pmatrix} -5 \\ 3 \\ 5 \end{pmatrix} + \mu \begin{pmatrix} -8 \\ 0 \\ 8 \end{pmatrix}, \quad \text{mit } \lambda, \mu \in \mathbb{R}.$$

Schritt 5:
Führe die Punktprobe durch:

$$\begin{pmatrix} 1 \\ -3 \\ -1 \end{pmatrix} = \begin{pmatrix} 4 \\ 0 \\ -4 \end{pmatrix} + \lambda \begin{pmatrix} -5 \\ 3 \\ 5 \end{pmatrix} + \mu \begin{pmatrix} -8 \\ 0 \\ 8 \end{pmatrix}$$

Wir erhalten also das folgende LGS:

$$\begin{aligned} (1): \quad 1 &= 4-5\lambda-8\mu \\ (2): \quad -3 &= 0+3\lambda \\ (3): \quad -1 &= -4+5\lambda+8\mu \end{aligned}$$

Aus (2) kann man sofort $\lambda = -1$ ablesen. Wenn dies in (1) eingesetzt wird, erhalten wir $\mu = 1$. Wir setzen im letzten Schritt noch λ und μ in (3) ein:

$$-1 = -4 + 5 \cdot (-1) + 8 \cdot 1 \quad \Leftrightarrow \quad -1 = -1 \quad \checkmark$$

Zu Teil b):
Ein echtes Parallelogramm zeichnet sich durch zueinander parallele gegenüberliegende Seiten aus, wobei die Winkel in den Ecken nicht 90° betragen dürfen. Schritt 1:
Es genügt einen der vier Winkel zu testen. Dazu wird das Skalarprodukt gebildet:

$$\overrightarrow{AB} \circ \overrightarrow{AD} = \begin{pmatrix} -5 \\ 3 \\ 5 \end{pmatrix} \circ \begin{pmatrix} -3 \\ -3 \\ 3 \end{pmatrix} = 21 \neq 0$$

An der Ecke beim Punkt A ist der Winkel demnach kein rechter Winkel.

Schritt 2:
Berechne nun die Vektoren der Seiten:

$$\overrightarrow{AB} = \begin{pmatrix} -5 \\ 3 \\ 5 \end{pmatrix} \quad \overrightarrow{BC} = \begin{pmatrix} -3 \\ -3 \\ 3 \end{pmatrix} \quad \overrightarrow{CD} = \begin{pmatrix} 5 \\ -3 \\ -5 \end{pmatrix} \quad \overrightarrow{AD} = \begin{pmatrix} -3 \\ -3 \\ 3 \end{pmatrix}$$

Wir stellen nun fest, dass gegenüberliegende Seitenvektoren jeweils Vielfache voneinander, also parallel sind.

Zu Teil c):
Schritt 1:
Berechne den Mittelpunkt des Parallelogramms:

$$\vec{m} = \frac{1}{2}(\vec{a} + \vec{c}) = \begin{pmatrix} 0 \\ 0 \\ 0 \end{pmatrix}$$

Schritt 2:
Die Ebene, in der sich $ABCD$ befindet, haben wir bereits in Teil a) aufgestellt. Mit den Spannvektoren kann nun der Normalenvektor berechnet werden:

$$\vec{n} = \overrightarrow{AB} \times \overrightarrow{AC} = \begin{pmatrix} -5 \\ 3 \\ 5 \end{pmatrix} \times \begin{pmatrix} -8 \\ 0 \\ 8 \end{pmatrix} = \begin{pmatrix} 24 \\ 0 \\ 24 \end{pmatrix}$$

Dieser wird nun auf die Länge eins normiert, wodurch wir

$$\vec{n}_0 = \frac{1}{\sqrt{2}} \begin{pmatrix} 1 \\ 0 \\ 1 \end{pmatrix}$$

erhalten.

Schritt 3:
Nun kann die Spitze S der Pyramide ermittelt werden:

$$\vec{s} = \vec{m} + \sqrt{18} \cdot \vec{n_0} = \begin{pmatrix} 3 \\ 0 \\ 3 \end{pmatrix}$$

Zu Teil d):
Um S an der Grundfläche zu spiegeln, kann einfach der Vektor $\vec{n_0}$ in negativer Richtung, aber gleicher Länge, auf den Mittelpunkt addiert werden. So erhalten wir

$$\vec{s'} = \vec{m} - \sqrt{18} \cdot \vec{n_0} = \begin{pmatrix} -3 \\ 0 \\ -3 \end{pmatrix}.$$

Zu Teil e):
Achtung: Die folgende Abbildung ist gedreht dargestellt, um ein besseres Verständnis des Körpers zu vermitteln!

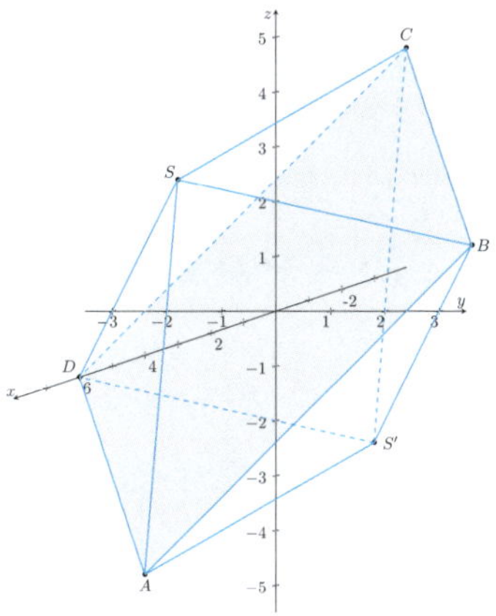

Zu Teil f):
Um die Höhe der Seite ABS zu berechnen, muss zunächst der Punkt P auf der Seite AB bestimmt werden, sodass die Höhe dort senkrecht steht.
Dies kann durch das Fällen eines Lots vom Mittelpunkt M auf die Seite AB erreicht werden.

Schritt 1:
Stelle die Gerade der Seite AB auf:

$$g : \vec{x} = \vec{a} + \lambda \cdot \overrightarrow{AB} = \begin{pmatrix} 4 \\ 0 \\ -4 \end{pmatrix} + \lambda \begin{pmatrix} -5 \\ 3 \\ 5 \end{pmatrix}, \quad \lambda \in \mathbb{R}.$$

Schritt 2:
Stelle eine Hilfsebene H auf, die senkrecht zu g steht und den Punkt M beinhaltet. Dazu wird der Richtungsvektor als Normalenvektor der Ebene benutzt:

$$H : -5x_1 + 3x_2 + 5x_3 - c = 0$$

M in H einsetzen liefert $c = 0$. Die Hilfsebene lautet also

$$H: -5x_1 + 3x_2 + 5x_3 = 0.$$

Schritt 3:
Schneide die Gerade mit der Hilfsebene, um den Punkt P zu erhalten:

$$-5(4 - 5\lambda) + 3(0 + 3\lambda) + 5(-4 + 5\lambda) = 0 \quad \Leftrightarrow \quad \lambda = \frac{40}{59} \approx 0{,}68$$

$$\vec{P} = \begin{pmatrix} 4 \\ 0 \\ -4 \end{pmatrix} + 0{,}68 \begin{pmatrix} -5 \\ 3 \\ 5 \end{pmatrix} = \begin{pmatrix} 0{,}6 \\ 2{,}04 \\ -0{,}6 \end{pmatrix}$$

Schritt 4:
Berechne die Höhe h:

$$h = |\overrightarrow{PS}| = \left| \begin{pmatrix} 2{,}4 \\ -2{,}04 \\ 3{,}6 \end{pmatrix} \right| \approx 4{,}78\,\mathrm{LE}$$

Zu Teil g):
Weg 1:

$$A_{ABS} = \frac{1}{2} \cdot g \cdot h = \frac{1}{2} \cdot |\overrightarrow{AB}| \cdot h \approx 18{,}36\,\mathrm{FE}$$

Weg 2:

$$A_{ABS} = |\overrightarrow{AB} \times \overrightarrow{AS}| \cdot \frac{1}{2} = \frac{1}{2} \left| \begin{pmatrix} 21 \\ 30 \\ 3 \end{pmatrix} \right| \approx 18{,}37\,\mathrm{FE}$$

Lösung zu Aufgabe 214

Zu Teil a):
Um den Abstand der beiden Gebäude zu ermitteln, bestimmen wir zuerst die Mittelpunkte und Radien der beiden Grundrisse. Für das Silo kann abgelesen werden:

$$M_S\,(3 \mid 3 \mid 0) \quad \text{und} \quad r_S = \sqrt{1} = 1$$

Für den Tank ist es hilfreich eine Skizze der Profilansicht anzufertigen:

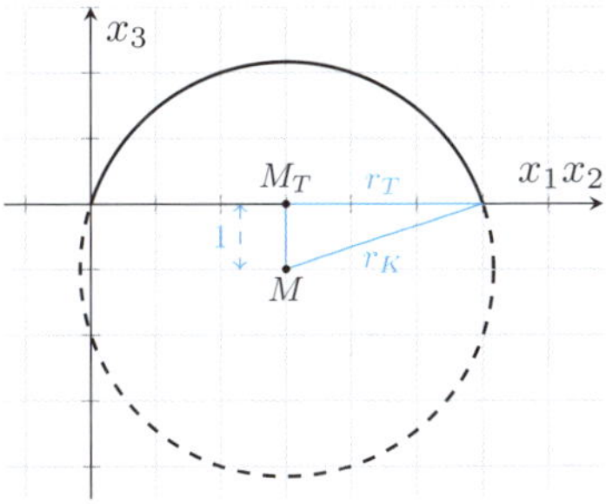

Der Mittelpunkt des Grundrisses des Tanks entspricht dem Mittelpunkt des Schnittkreises zwischen der x_1x_2-Ebene und der Kugel K. In diesem Fall muss der Schnittkreismittelpunkt nicht aufwändig berechnet werden, sondern kann abgelesen werden, da er die gleichen x_1 und x_2 Koordinaten besitzt wie der Kugelmittelpunkt. Zudem muss er in der x_1x_2-Ebene liegen. Daher gilt $x_3 = 0$. Wir erhalten

$$M_T\,(1 \mid -1 \mid 0)\,.$$

Der Radius kann mittels der Skizze bestimmt werden. Dazu benutzen wir den Satz des Pythagoras:

$$\begin{aligned} 1 + r_T^2 &= r_K^2 \\ 1 + r_T^2 &= 10 \qquad \qquad |-1,\ \sqrt{\ } \\ r_T &= 3 \end{aligned}$$

Nun bestimmen wir den Abstand der beiden Mittelpunkte:

$$d(M_S, M_T) = \left| \begin{pmatrix} 3 \\ 3 \\ 0 \end{pmatrix} - \begin{pmatrix} 1 \\ -1 \\ 0 \end{pmatrix} \right| = \sqrt{2^2 + 4^2} = \sqrt{20}$$

Damit kann nun der Abstand d der beiden Gebäude ermittelt werden. Es gilt

$$d = d(M_S, M_T) - r_S - r_T = \sqrt{20} - 1 - 3 \approx 0{,}47\,\text{LE}$$

Der Abstand beträgt etwa 0,94m. Der Mindestabstand wurde also nicht eingehalten.

Zu Teil b):
Wir bestimmen die Verbindungsvektoren entlang aller Kanten des Vierecks:

$$\overrightarrow{AB} = \vec{b} - \vec{a} = \begin{pmatrix} -6 \\ 6 \\ 1 \end{pmatrix} - \begin{pmatrix} -4 \\ 4 \\ 1 \end{pmatrix} = \begin{pmatrix} -2 \\ 2 \\ 0 \end{pmatrix}$$

$$\overrightarrow{AD} = \vec{d} - \vec{a} = \begin{pmatrix} -7 \\ 1 \\ 5 \end{pmatrix} - \begin{pmatrix} -4 \\ 4 \\ 1 \end{pmatrix} = \begin{pmatrix} -3 \\ -3 \\ 4 \end{pmatrix}$$

$$\overrightarrow{BC} = \vec{c} - \vec{b} = \begin{pmatrix} -9 \\ 3 \\ 5 \end{pmatrix} - \begin{pmatrix} -6 \\ 6 \\ 1 \end{pmatrix} = \begin{pmatrix} -3 \\ -3 \\ 4 \end{pmatrix}$$

$$\overrightarrow{DC} = \vec{c} - \vec{d} = \begin{pmatrix} -9 \\ 3 \\ 5 \end{pmatrix} - \begin{pmatrix} -7 \\ 1 \\ 5 \end{pmatrix} = \begin{pmatrix} -2 \\ 2 \\ 0 \end{pmatrix}$$

Wir sehen, dass die jeweils gegenüberliegenden Seiten parallel sind. Es bleibt nur noch zu prüfen, ob es sich um ein Rechteck handelt. Dazu prüfen wir, ob zwei aneinanderliegende Seiten senkrecht zueinander stehen.

$$\overrightarrow{AB} \circ \overrightarrow{AD} = \begin{pmatrix} -2 \\ 2 \\ 0 \end{pmatrix} \circ \begin{pmatrix} -3 \\ -3 \\ 4 \end{pmatrix} = 6 - 6 = 0$$

Die Seiten AB und AD stehen also senkrecht aufeinander. Daraus können wir schließen, dass es sich bei dem Viereck $ABCD$ um ein Rechteck handelt.
Der Flächeninhalt A kann mittels des Kreuzprodukts bestimmt werden:

$$A = \left|\overrightarrow{AB} \times \overrightarrow{AD}\right| = \left|\begin{pmatrix} -2 \\ 2 \\ 0 \end{pmatrix} \times \begin{pmatrix} -3 \\ -3 \\ 4 \end{pmatrix}\right| = \left|\begin{pmatrix} 8 \\ 8 \\ 12 \end{pmatrix}\right| = 4\sqrt{17}\,\text{FE}$$

Zu Teil c):
Zuerst bestimmen wir die Spitze der Antenne. Das Silo ist drei Längeneinheiten hoch. Der Mittelpunkt des Daches liegt also im Punkt $M'(3 \mid 3 \mid 3)$. Da die Antenne senkrecht auf das Dach steht und zudem eine halbe Längeneinheit lang ist, liegt die Spitze im Punkt $S(3 \mid 3 \mid 3{,}5)$.
Mittags ($t = 12$) wird die Einfallsrichtung des Sonnenlichts durch den Vektor $\vec{v}$ beschrieben:

$$\vec{v} = \begin{pmatrix} -6 + 0,5 \cdot 12 \\ 4 - 0,5 \cdot 12 \\ -2 \end{pmatrix} = \begin{pmatrix} 0 \\ -2 \\ -2 \end{pmatrix}$$

Schritt 1:
Stelle die Gerade g mit Aufpunkt S und Richtungsvektor $\vec{v}$ auf:

$$g : \vec{x} = \begin{pmatrix} 3 \\ 3 \\ 3{,}5 \end{pmatrix} + \lambda \begin{pmatrix} 0 \\ -2 \\ -2 \end{pmatrix}, \quad \lambda \in \mathbb{R}$$

Schritt 2:
Bestimme den Schnittpunkt der Geraden mit der Kugel K. Dazu setzen wir den allgemeinen Geradenpunkt in die Kugelgleichung ein und lösen die Gleichung:

$$\begin{aligned} 2^2 + (4 - 2\lambda)^2 + (4{,}5 - 2\lambda)^2 &= 10 \qquad \Big| - 10, \\ 8\lambda^2 - 34\lambda + 30{,}25 &= 0 \end{aligned}$$

Diese Gleichung kann mittels der Mitternachtsformel gelöst werden:

$$\lambda_{1,2} = \frac{34 \pm \sqrt{34^2 - 4 \cdot 8 \cdot 30{,}25}}{16} = \frac{17 \pm \sqrt{47}}{8}$$

Wir erhalten also zwei Schnittpunkte. Der erste Schnittpunkt (also der an dem das Sonnenlicht auf den Tank trifft) entspricht dem Parameter λ_2. Setzen wir diesen in die Geradengleichung ein, erhalten wir den Schattenpunkt

$$\mathrm{P}\left(3 \,\middle|\, \frac{-5 + \sqrt{47}}{4} \,\middle|\, \frac{-3 + \sqrt{47}}{4}\right)$$

Lösung zu Aufgabe 215

Zu Teil a):
Gesucht ist der Winkel zwischen den Strecken $\overrightarrow{BS}$ und $\overrightarrow{SA}$. Dazu bestimmen wir zuerst den Punkt A.

Schritt 1:
Stelle die Hilfsgerade g mit Aufpunkt S und dem Normalenvektor $\vec{n}_E$ der Ebene E als Richtungsvektor auf:

$$g : \vec{x} = \begin{pmatrix} 1 \\ 1 \\ -2 \end{pmatrix} + \lambda \begin{pmatrix} 2 \\ 2 \\ -8 \end{pmatrix}, \quad \lambda \in \mathbb{R}$$

Schritt 2:
Bestimme den Schnittpunkt der Geraden g mit der Ebene E. Dazu setzen wir den allgemeinen Geradenpunkt $\vec{x}$ in die Ebenengleichung ein:

$$2(1 + 2\lambda) + 2(1 + 2\lambda) - 8(-2 - 8\lambda) - 56 = 0 \quad \Leftrightarrow \quad \lambda = \frac{1}{2}$$

Um den Punkt A zu ermitteln, setzen wir den Parameter λ in die Geradengleichung ein und erhalten:

$$A\,(2 \mid 2 \mid -6)$$

Schritt 3:
Nun können wir mittels der allgemeinen Formel den Winkel zwischen den Strecken $\overrightarrow{BS}$ und $\overrightarrow{SA}$ bestimmen. Die Koordinaten des Punktes S können der Angabe entnommen werden:

$$S\,(1 \mid 1 \mid -2)$$

Damit können wir die Verbindungsvektoren bestimmen:

$$\overrightarrow{BS} = \vec{s} - \vec{b} = \begin{pmatrix} 1 \\ 1 \\ -2 \end{pmatrix} - \begin{pmatrix} 1 \\ 1 \\ 0 \end{pmatrix} = \begin{pmatrix} 0 \\ 0 \\ -2 \end{pmatrix}$$
$$\overrightarrow{SA} = \vec{a} - \vec{s} = \begin{pmatrix} 2 \\ 2 \\ -6 \end{pmatrix} - \begin{pmatrix} 1 \\ 1 \\ -2 \end{pmatrix} = \begin{pmatrix} 1 \\ 1 \\ -4 \end{pmatrix}$$

Für den Winkel α gilt damit:

$$\cos(\alpha) = \frac{\overrightarrow{BS} \circ \overrightarrow{SA}}{|\overrightarrow{BS}| \cdot |\overrightarrow{SA}|} = \frac{8}{\sqrt{72}} \quad \Leftrightarrow \quad \alpha = 19{,}47^\circ$$

Der Bohrkopf muss also um etwa 19,47° gedreht werden.

Zu Teil b):
Die Länge des Schachtes entspricht der kombinierten Länge der Strecken $\overrightarrow{BS}$ und $\overrightarrow{SA}$.

$$\left|\overrightarrow{BS}\right| = \left|\begin{pmatrix} 0 \\ 0 \\ -2 \end{pmatrix}\right| = 2$$
$$\left|\overrightarrow{SA}\right| = \left|\begin{pmatrix} 1 \\ 1 \\ -4 \end{pmatrix}\right| = \sqrt{18}$$

Für die Gesamtlänge L erhalten wir

$$L = 2 + \sqrt{18} \approx 6{,}24\,\text{LE}.$$

Der Schacht ist also etwa 624m lang.

Zu Teil c):
Aus der Angabe wissen wir, dass die beiden Ebenen E und F parallel zueinander liegen. Für die Normalenvektoren gilt also

$$\vec{n}_E = \vec{n}_F.$$

Wir müssen die Ebene E nun um 0,1 Längeneinheiten (also 10m) in Richtung des Vektors $\overrightarrow{SA}$ verschieben. Hier bietet es sich an den Punkt A zu verschieben und dann als Aufpunkt der Ebene F zu benutzen.

Schritt 1:
Bestimme den Einheitsvektor $\vec{n}$ der Strecke $\overrightarrow{SA}$:

$$\vec{n} = \frac{1}{|\overrightarrow{SA}|} \cdot \overrightarrow{SA} = \frac{1}{\sqrt{18}} \cdot \begin{pmatrix} 1 \\ 1 \\ -4 \end{pmatrix}$$

Schritt 2:
Verschiebe den Punkt A um 0,1 LE in Richtung des Vektors $\vec{n}$:

$$\vec{a}' = \vec{a} + 0{,}1\vec{n} = \begin{pmatrix} 2 \\ 2 \\ -6 \end{pmatrix} + \frac{0{,}1}{\sqrt{18}} \begin{pmatrix} 1 \\ 1 \\ -4 \end{pmatrix} = \begin{pmatrix} \frac{120+\sqrt{2}}{60} \\ \frac{120+\sqrt{2}}{60} \\ -6 - \frac{\sqrt{2}}{15} \end{pmatrix}$$

Schritt 3:
Nun kann die Ebenengleichung der Ebene F bestimmt werden. Wir kennen den Normalenvektor und können damit folgenden Ansatz aufstellen:

$$2x_1 + 2x_2 - 8x_3 - c = 0$$

Durch Einsetzen des Punktes A' kann der Parameter c ermittelt werden:

$$2\left(\frac{120+\sqrt{2}}{60}\right) + 2\left(\frac{120+\sqrt{2}}{60}\right) - 8\left(-6 - \frac{\sqrt{2}}{15}\right) - c = 0$$

$$\Leftrightarrow \quad 56 + \frac{3\sqrt{2}}{5} = c$$

Die Ebenengleichung lautet damit:

$$F: 2x_1 + 2x_2 - 8x_3 - 56 - \frac{3\sqrt{2}}{5} = 0$$

Zu Teil d):
Schritt 1:
Zuerst ermitteln wir so allgemein wie möglich, in welchem Punkt der Schacht auf die Lagerstätte, sprich die Ebene E trifft. Dazu stellen wir zuerst eine Hilfgerade h auf, die den zweiten Bohrschacht repräsentiert. Als Aufpunkt benutzen wir den Punkt B_t. Als Richtungsvektor dient der Vektor

$$\begin{pmatrix} 0 \\ 0 \\ -1 \end{pmatrix},$$

da wir aus der Angabe wissen, dass der Schacht senkrecht nach unten gebohrt werden soll. Damit erhalten wir:

$$h: \vec{x} = \begin{pmatrix} 2t \\ -t \\ 0 \end{pmatrix} + \lambda \begin{pmatrix} 0 \\ 0 \\ -1 \end{pmatrix}, \quad \lambda \in \mathbb{R}.$$

Nun bestimmen wir den Schnittpunkt der Geraden h mit der Ebene E. Dazu setzen wir den allgemeinen Geradenpunkt in die Ebenengleichung ein:

$$2(2t) + 2(-t) - 8(-\lambda) - 56 = 0 \quad \Leftrightarrow \quad \lambda = 7 - \frac{t}{4}$$

Dies kann in die Geradengleichung eingesetzt werden, um den Schnittpunkt zu ermitteln. Wir erhalten

$$A_t\,(2t \mid -t \mid -7 + 0{,}25t)\,.$$

Schritt 2:
Die Länge L_2 des zweiten Schachtes entspricht der Länge des Vektors $\overrightarrow{A_tB_t}$.

$$L_2 = \left|\overrightarrow{A_tB_t}\right| = \left|\vec{b_t} - \vec{a_t}\right| = \left|\begin{pmatrix} 2t \\ -t \\ 0 \end{pmatrix} - \begin{pmatrix} 2t \\ -t \\ -7 + 0{,}25t \end{pmatrix}\right| = |7 - 0{,}25t|$$

Als erstes können wir die möglichen t-Werte auf das Intervall $]-\infty; 28]$ einschränken, da der Punkt A_t sonst oberhalb der x_1x_2-Ebene liegt. Dadurch werden die Betragsstriche hinfällig. Laut Aufgabe soll der Schacht höchstens einen Kilometer, sprich 10 Längeneinheiten, lang sein:

$$L_2 = 7 - 0{,}25t < 10 \quad \Leftrightarrow \quad t > -12$$

Es kommen also nur Punkte B_t mit $t \in]-12, 28]$ in Frage.

Zu Teil e):
Laut Angabe soll der Abstand der Punkte A_t und A genau 500m, also 5 Längeneinheiten betragen. Daher berechnen wir zuerst die Länge des Vektors $\overrightarrow{AA_t}$.

$$\left|\overrightarrow{AA_t}\right| = |\vec{a_t} - \vec{a}| = \left|\begin{pmatrix} 2t \\ -t \\ -7 + 0{,}25t \end{pmatrix} - \begin{pmatrix} 2 \\ 2 \\ -6 \end{pmatrix}\right| = \left|\begin{pmatrix} 2t - 2 \\ -t - 2 \\ -1 + 0{,}25t \end{pmatrix}\right| = \frac{1}{4} \cdot \sqrt{81t^2 - 72t + 144}$$

Damit können wir nun das passende t bestimmen. Es muss gelten:

$$\begin{aligned} \frac{1}{4} \cdot \sqrt{81t^2 - 72t + 144} &= 5 && \mid \cdot 4, (\cdot)^2 \\ 81t^2 - 72t + 144 &= 400 && \mid -400 \\ 81t^2 - 72t - 256 &= 0 \end{aligned}$$

Diese Gleichung kann mittels der Mitternachtsformel gelöst werden:

$$t_{1,2} = \frac{72 \pm \sqrt{72^2 + 4 \cdot 81 \cdot 256}}{162}$$
$$\Leftrightarrow \quad t_1 = \frac{4 + 4\sqrt{17}}{9} \quad \text{und} \quad t_2 = \frac{4 - 4\sqrt{17}}{9}$$

Wir machen die Probe und sehen, dass beide Werte zulässige Lösungen sind. Außerdem liegen beide im Intervall $]-12, 28]$. Es gibt demnach zwei mögliche Bohrpunkte:

$$B_{t_1}\left(\frac{8 + 8\sqrt{17}}{9} \,\middle|\, -\frac{4 + 4\sqrt{17}}{9} \,\middle|\, 0\right) \quad \text{und} \quad B_{t_2}\left(\frac{8 - 8\sqrt{17}}{9} \,\middle|\, -\frac{4 - 4\sqrt{17}}{9} \,\middle|\, 0\right).$$

Lösung Stochastik

Grundbegriffe der Wahrscheinlichkeit

Lösung zu Aufgabe 216

Zu Teil a):
Die Aussage ist falsch. Die korrekte Aussage ist:

$$\Omega = \{1, 2, 3, 4, 5, 6\}$$

Zu Teil b):
Die Aussage ist falsch. Die korrekte Aussage ist:

$$P(A \cup B) = P(A) + P(B) - P(A \cap B)$$

Zu Teil c):
Die Aussage ist richtig.

Zu Teil d):
Die Aussage ist falsch. Das zweite Ereignis passt zu einem Zufallsexperiment, bei dem drei mal geworfen wird. Eine korrekte Aussage wäre:

$$\{(K, Z)\} \quad \text{und} \quad \{(K, K)\}$$

Zu Teil e):
Die Aussage ist falsch. Bei zwei Ereignissen A und B, die sich gegenseitig ausschließen, gilt:

$$P(A \cap B) = 0$$

Haben die beiden Ereignisse aber endliche Wahrscheinlichkeiten

$$P(A) > 0 \quad \text{und} \quad P(B) > 0,$$

ergibt sich ein offensichtlicher Widerspruch.

Lösung zu Aufgabe 217

Zu Teil a):
Wir wissen, dass für bedingte Wahrscheinlichkeiten gilt:

$$P_B(A) = \frac{P(A \cap B)}{P(B)}$$

Stellen wir diesen Ausdruck um, erhalten wir:

$$P(A \cap B) = P_B(A) \cdot P(B) = 0{,}03$$

Zu Teil b):
Für das Gegenereignis gilt stets:

$$P(\overline{B}) = 1 - P(B) = 0{,}7$$

Zu Teil c):
Mit Hilfe der Summenformel erhalten wir:

$$P(A \cup B) = P(A) + P(B) - P(A \cap B) = 0{,}87$$

Lösung zu Aufgabe 218

Zu Teil a):
Um einen Regenbogen zu sehen, muss es regnen und gleichzeitig die Sonne scheinen. Das Ereignis E entspricht also der Schnittmenge der Ereignisse R und S. Diese ist in der Grafik grün markiert.

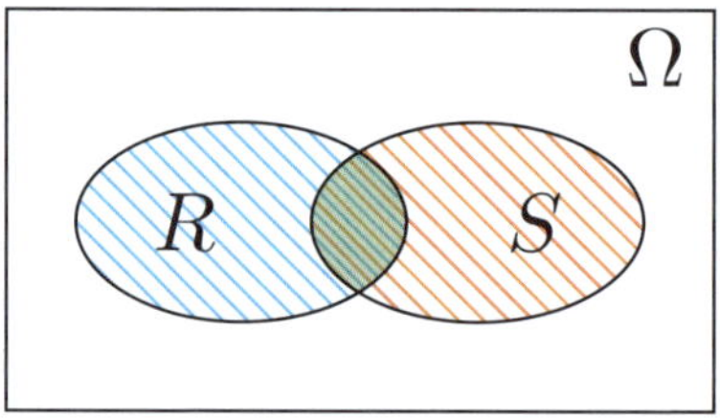

Zu Teil b):
Das gesuchte Ereignis ist im unten stehenden Mengendiagramm blau schraffiert.

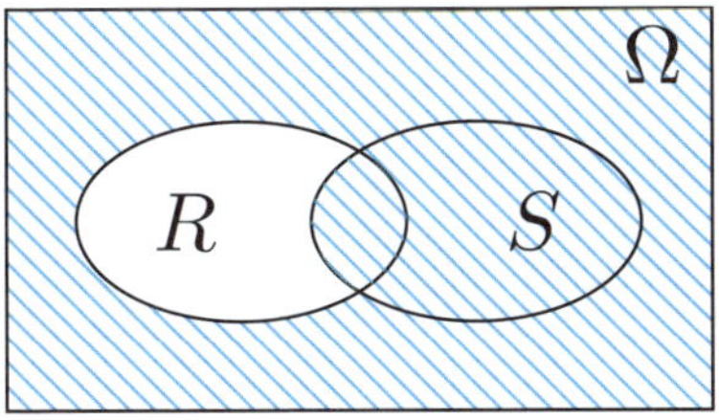

Zu Teil c):
Wir wissen, dass für zwei Ereignisse $\overline{R}$ und S stets gilt:

$$P(\overline{R} \cup S) = P(\overline{R}) + P(S) - P(\overline{R} \cap S)$$

Da ein Jahr 365 Tage hat, können wir der Angabe entnehmen:

$$\begin{aligned} P(R) &= \frac{142}{365} \\ P(S) &= \frac{136}{365} \\ P(R \cap S) &= \frac{5}{365} \end{aligned}$$

Das alleine ist noch nicht hilfreich. Aber wir wissen, dass weiterhin gilt:

$$\begin{aligned} P(\overline{R}) &= 1 - P(R) = \frac{223}{365} \\ P(\overline{R} \cap S) &= P(S) - P(R \cap S) = \frac{131}{365} \end{aligned}$$

Setzen wir das in die ursprüngliche Formel ein, so erhalten wir:

$$P(\overline{R} \cup S) = \frac{223}{365} + \frac{136}{365} - \frac{131}{365} = \frac{228}{365}$$

Laplace-Experimente

Lösung zu Aufgabe 219

Vorbemerkung:
Die Stichprobenmenge Ω unseres Experiments hat die Mächtigkeit 36. Jeder der beiden Würfel kann sechs unterschiedliche Augenzahlen zeigen. Insgesamt gibt es also $6 \cdot 6 = 36$ mögliche Ergebnisse:

$$\Omega = \{\{1{,}1\}; \{1{,}2\}; \{1{,}3\}; \{1{,}4\}; \{1{,}5\}; \{1{,}6\}; \{2{,}1\}; \{2{,}2\}; \{2{,}3\}; \{2{,}4\}; ...\}$$

Beachte, dass hierbei die Reihenfolge der Würfel wichtig ist. Würde man beispielsweise die beiden Ereignisse $\{1{,}2\}$ und $\{2{,}1\}$ nicht unterscheiden, würde das zu falschen Wahrscheinlichkeiten führen. Bildlich kann man sich vorstellen, dass die Würfel nacheinander geworfen werden.

Zu Teil a):
Das einzige günstige Ergebnis E ist:

$$E = \{6{,}6\}$$

Die Wahrscheinlichkeit ist also:

$$P(E) = \frac{|E|}{|\Omega|} = \frac{1}{36}$$

Zu Teil b):
Die einzigen möglichen Primzahlen sind 2,3 und 5. Die günstigen Ergebnisse sind also:

$$E = \{\{2{,}2\}; \{2{,}3\}; \{3{,}2\}; \{2{,}5\}; \{5{,}2\}; \{3{,}5\}; \{5{,}3\}; \{3{,}3\}; \{5, 5\}\}$$

Für die Wahrscheinlichkeit folgt damit:

$$P(E) = \frac{|E|}{|\Omega|} = \frac{9}{36} = \frac{1}{4}$$

Zu Teil c):
Die günstigen Ergebnisse sind:

$$E = \{\{3{,}4\}, \{4{,}3\}\}$$

Die Wahrscheinlichkeit ist also:

$$P(E) = \frac{|E|}{|\Omega|} = \frac{2}{36} = \frac{1}{18}$$

Zu Teil d):
Die günstigen Ergebnisse sind:

$$E = \{\{1{,}4\}, \{4{,}1\}, \{2{,}2\}\}$$

Die Wahrscheinlichkeit ist also:

$$P(E) = \frac{|E|}{|\Omega|} = \frac{3}{36} = \frac{1}{12}$$

Lösung zu Aufgabe 220

Zu Teil a):
Wie wir der Angabe entnehmen können, erfasst die Tabelle lediglich Kinder die bis jetzt kein Haustier haben, also genau die Gruppe an Kindern, die wir suchen. Es gibt also insgesamt 21 Kinder ohne Haustier.

Zu Teil b):
Die Wahrscheinlichkeit, dass sich ein zufällig ausgewähltes Kind eine Katze wünscht liegt bei

$$P(K) = \frac{7+2}{21} = \frac{3}{7}.$$

Zu Teil c):
Unter den befragten Kindern sind 12 Mädchen. Die Wahrscheinlichkeit, dass ein zufällig ausgewähltes Kind ein Mädchen ist, ist also:

$$P(M) = \frac{12}{21}$$

Zu Teil d):
Der Anteil an Mädchen, die sich einen Hund wünschen ist

$$P_M(H) = \frac{4}{12} = \frac{1}{3}.$$

Der Anteil an Jungen, die sich einen Hund wünschen liegt bei

$$P_J(H) = \frac{3}{9} = \frac{1}{3}.$$

Die Aussage ist also falsch.

Zu Teil e):
Ein mögliches Ereignis ist:

A: „Ein zufällig ausgewähltes Kind wünscht sich eine Katze und ist ein Mädchen.“

Lösung zu Aufgabe 221

Vorbemerkung:
Die Stichprobenmenge Ω unseres Experiments hat die Mächtigkeit 36. Jeder der beiden Würfel kann sechs unterschiedliche Augenzahlen zeigen. Insgesamt gibt es also $6 \cdot 6 = 36$ mögliche Ergebnisse:

$$\Omega = \{\{1{,}1\}; \{1{,}2\}; \{1{,}3\}; \{1{,}4\}; \{1{,}5\}; \{1{,}6\}; \{2{,}1\}; \{2{,}2\}; \{2{,}3\}; \{2{,}4\}; ...\}$$

Beachte, dass hierbei die Reihenfolge der Würfel wichtig ist. Würde man beispielsweise die beiden Ereignisse $\{1{,}2\}$ und $\{2{,}1\}$ nicht separieren, würde das zu falschen Wahrscheinlichkeiten führen. Bildlich kann man sich vorstellen, dass die Würfel nacheinander geworfen werden.

Zu Teil a):
Es gibt keine günstigen Ergebnisse. Die Wahrscheinlichkeit ist also:

$$P(E) = \frac{|E|}{|\Omega|} = \frac{0}{36} = 0$$

Zu Teil b):
Die günstigen Ergebnisse sind:

$$E = \{\{1{,}6\}, \{6{,}1\}, \{5{,}2\}, \{2{,}5\}, \{4{,}3\}, \{3{,}4\}\}$$

Die Wahrscheinlichkeit ist also:

$$P(E) = \frac{|E|}{|\Omega|} = \frac{6}{36} = \frac{1}{6}$$

Zu Teil c):
Wenn mindestens einer der Würfel eine Fünf zeigt, ist es egal was der Andere zeigt. Die günstigen Ergebnisse sind also:

$$E = \{\{1{,}5\}, \{2{,}5\}, \{3{,}5\}, \{4{,}5\}, \{5{,}5\}, \{6{,}5\}, \{5{,}1\}, \{5{,}2\}, \{5{,}3\}, \{5{,}4\}, \{5{,}6\}\}$$

Die Wahrscheinlichkeit ist damit:

$$P(E) = \frac{|E|}{|\Omega|} = \frac{11}{36}$$

Zu Teil d):
Ein Produkt zweier Zahlen ist nur ungerade, wenn beide Faktoren ungerade sind. Die einzigen ungeraden Zahlen in unserem Zielbereich sind 1, 3 und 5. Die günstigen Ergebnisse sind damit:

$$E = \{\{1{,}1\}, \{1{,}3\}, \{1{,}5\}, \{3{,}1\}, \{3{,}3\}, \{3{,}5\}, \{5{,}1\}, \{5{,}3\}, \{5{,}5\}\}$$

Die Wahrscheinlichkeit ist also:

$$P(E) = \frac{|E|}{|\Omega|} = \frac{9}{36} = \frac{1}{4}$$

Lösung zu Aufgabe 222

Zu Teil a):
In der Studie wurden insgesamt 1000 Personen bezüglich ihres Fahrverhaltens untersucht.

Zu Teil b):
Die Wahrscheinlichkeit, dass eine zufällig ausgewählte Person sowohl unter 23 als auch ein Raser ist, liegt bei

$$P(\leq 23 \cap R) = \frac{136}{1000} = 0{,}136.$$

Zu Teil c):
Gefragt ist nach der bedingten Wahrscheinlichkeit

$$P_{>23}(R) = \frac{P(> 23 \cap R)}{P(> 23)} = \frac{0{,}216}{0{,}710} \approx 0{,}304.$$

Zu Teil d):
Die Wahrscheinlichkeit, dass eine zufällig ausgewählte Person kein Raser ist, liegt bei

$$P(\overline{R}) = \frac{154 + 494}{1000} = 0{,}648.$$

Zu Teil e):
Der Anteil an Rasern bei den unter 23 Jährigen ist

$$P_{\leq 23}(R) = \frac{136}{136 + 154} \approx 0{,}469.$$

Der Anteil an Rasern bei den über 23 Jährigen liegt bei

$$P_{>23}(R) = \frac{216}{216 + 494} \approx 0{,}304.$$

Die Aussage ist somit korrekt.

Zu Teil f):
Ein mögliches Ereigniss ist:

A: „Eine zufällig ausgewählte Person ist kein Raser und ist zudem jünger als 23 Jahre.“

Lösung zu Aufgabe 223

Vorbemerkung:
Die Stichprobenmenge Ω unseres Experiments hat die Mächtigkeit 36. Jeder der beiden Würfel kann sechs unterschiedliche Augenzahlen zeigen. Insgesamt gibt es also $6 \cdot 6 = 36$ mögliche Ergebnisse:

$$\Omega = \{\{1{,}1\}; \{1{,}2\}; \{1{,}3\}; \{1{,}4\}; \{1{,}5\}; \{1{,}6\}; \{2{,}1\}; \{2{,}2\}; \{2{,}3\}; \{2{,}4\}; ...\}$$

Beachte, dass hierbei die Reihenfolge der Würfel wichtig ist. Würde man beispielsweise die beiden Ereignisse $\{1{,}2\}$ und $\{2{,}1\}$ nicht unterscheiden, würde das zu falschen Wahrscheinlichkeiten führen. Bildlich kann man sich vorstellen, dass die Würfel nacheinander geworfen werden.

Zu Teil a):
Das Produkt zweier Zahlen ist gerade, wenn mindestens einer der beiden Faktoren gerade ist. Das heißt, das Produkt zweier Zahlen ist nur ungerade, wenn beide Faktoren ungerade sind. Hier bietet es sich an mit dem Gegenereignis $\overline{E}$ zu arbeiten. Die günstigen Ergebnisse hierfür sind:

$$\overline{E} = \{\{1{,}1\}, \{1{,}3\}, \{1{,}5\}, \{3{,}1\}, \{3{,}3\}, \{3{,}5\}, \{5{,}1\}, \{5{,}3\}, \{5{,}5\}\}$$

Die Wahrscheinlichkeit ist also:

$$P(\overline{E}) = \frac{|\overline{E}|}{|\Omega|} = \frac{9}{36} = \frac{1}{4}$$

Für die Wahrscheinlichkeit des ursprünglichen Ereignisses gilt damit:

$$P(E) = 1 - P(\overline{E}) = \frac{3}{4}$$

Zu Teil b):
Die günstigen Ergebnisse sind:

$$E = \{\{6{,}2\}, \{2{,}6\}, \{5{,}1\}, \{1{,}5\}\}$$

Die Wahrscheinlichkeit ist also:

$$P(E) = \frac{|E|}{|\Omega|} = \frac{4}{36} = \frac{1}{9}$$

Zu Teil c):
Wenn einer der Würfel eine Eins zeigt, darf der Andere keine Eins zeigen. Die günstigen Ergebnisse sind daher:

$$E = \{\{1{,}2\}, \{1{,}3\}, \{1{,}4\}, \{1{,}5\}, \{1{,}6\}, \{2{,}1\}, \{3{,}1\}, \{4{,}1\}, \{5{,}1\}, \{6{,}1\}\}$$

Die Wahrscheinlichkeit ist also:

$$P(E) = \frac{|E|}{|\Omega|} = \frac{10}{36} = \frac{5}{18}$$

Zu Teil d):
Auch hier bietet es sich wieder an, mit dem Gegenereignis $\overline{E}$ zu arbeiten. Die günstigen Ergebnisse dafür sind:

$$\overline{E} = \{\{1{,}5\}, \{5{,}1\}, \{2{,}4\}, \{4{,}2\}, \{3{,}3\}\}$$

Die Wahrscheinlichkeit des Gegenereignisses ist also:

$$P(\overline{E}) = \frac{|\overline{E}|}{|\Omega|} = \frac{5}{36}$$

Für die Wahrscheinlichkeit des ursprünglichen Ereignisses gilt damit:

$$P(E) = 1 - P(\overline{E}) = \frac{31}{36}$$

Lösung zu Aufgabe 224

Zu Teil a):
Insgesamt gibt es 140 erwerbstätige Personen in Mittelhausen. Die Wahrscheinlichkeit, dass eine zufällig ausgewählte Person älter als 50 Jahre ist liegt bei

$$P(>50) = \frac{4+24+42}{140} = 0{,}5.$$

Zu Teil b):
Gesucht ist nach der bedingten Wahrscheinlichkeit

$$P_{<50}(T) = \frac{P(<50 \cap T)}{P(<50)} \approx \frac{0{,}257}{0{,}5} \approx 0{,}514.$$

Zu Teil c):
Die Wahrscheinlichkeit, dass eine zufällig ausgewählte Person nicht zu den Topverdienern gehöhrt liegt bei

$$P(\bar{T}) = \frac{16+18+4+24}{140} \approx 0{,}443.$$

Zu Teil d):
Der Anteil an Topverdienern bei den unter 50 Jährigen liegt bei:

$$P_{<50}(T) \approx 0{,}514$$

Der Anteil der Topverdienern bei den über 50 Jährigen liegt bei

$$P_{>50}(T) = \frac{42}{4+24+42} = 0{,}6.$$

Die Aussage ist also korrekt.

Zu Teil f):
Da alle der erfassten Personen in Mittelhausen leben, ist ein mögliches Ereignis:

A: „Eine zufällig ausgewählte Person lebt in Mittelhausen.“

Baumdiagramme

Lösung zu Aufgabe 225

Wir definieren die folgenden Ereignisse:

W: „Baut Weizen an“

E: „Kann ernten“

Der Angabe können wir entnehmen:

$$P(W) = 0{,}3$$
$$P_W(E) = 0{,}6$$
$$P_{\overline{W}}(E) = 0{,}4$$

Diese Angaben sind im Diagramm blau dargestellt. Damit kann das Baumdiagramm vervollständigt werden:

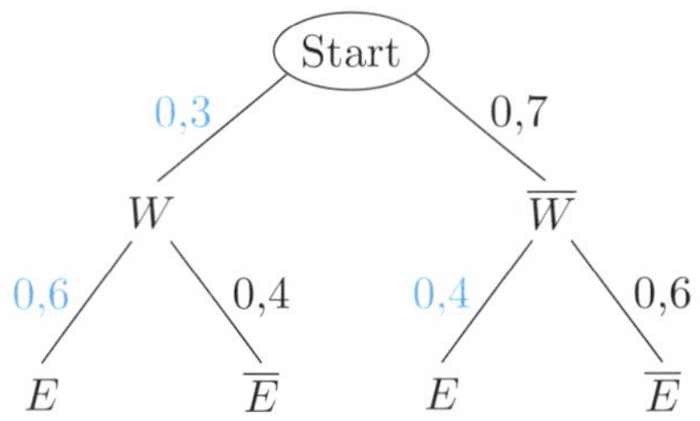

Nun ist noch der Prozentsatz, den er in diesem Jahr nicht ernten kann, zu berechnen. Gesucht ist demnach $P(\overline{E})$. Wir berechnen:

$$P(\overline{E}) = 0{,}3 \cdot 0{,}4 + 0{,}7 \cdot 0{,}6 = 0{,}54$$

Der Bauer kann in diesem Jahr also 54% seines üblichen Ertrages nicht ernten.

Lösung zu Aufgabe 226

Zu Teil a):
Da man die Kugeln wieder zurücklegt, verändern sich die Wahrscheinlichkeiten auf den Stufen nicht. Insgesamt gibt es zehn Kugeln. Das Baumdiagramm kann wie folgt gezeichnet werden:

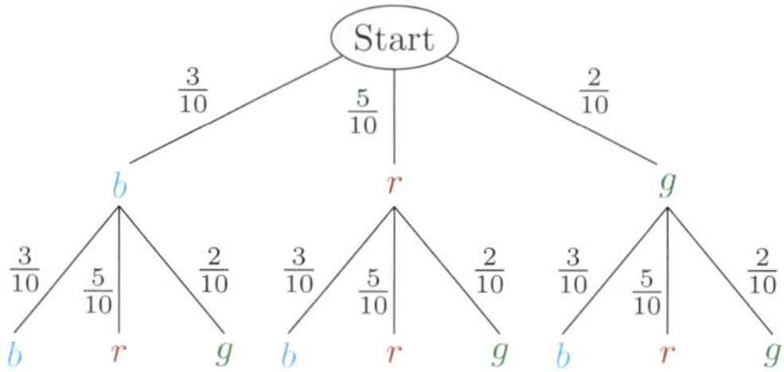

Wir definieren die folgenden Ereignisse:

G: „Zwei gleichfarbige Kugeln ziehen"

B: „Erst eine blaue, dann keine blaue Kugel ziehen"

Zu Teil b):
Wir berechnen:

$$P(G) = \frac{3}{10} \cdot \frac{3}{10} + \frac{5}{10} \cdot \frac{5}{10} + \frac{2}{10} \cdot \frac{2}{10} = 0{,}38$$

Die Wahrscheinlichkeit zwei gleichfarbige Kugeln zu ziehen beträgt 38%.

Zu Teil c):
Wir berechnen:

$$P(B) = \frac{3}{10} \cdot \frac{7}{10} = 0{,}21$$

Die Wahrscheinlichkeit zuerst eine blaue und dann keine blaue Kugel zu ziehen beträgt 21%.

Zu Teil d):
Da die Kugeln nun nicht wieder zurückgelegt werden, nimmt die Gesamtanzahl der Kugeln in der zweiten Stufe um eins ab. Die Anzahl der Kugeln pro Farbe verändert sich je nachdem, welche Kugel zuerst gezogen wurde. Das Baumdiagramm kann wie folgt gezeichnet werden:

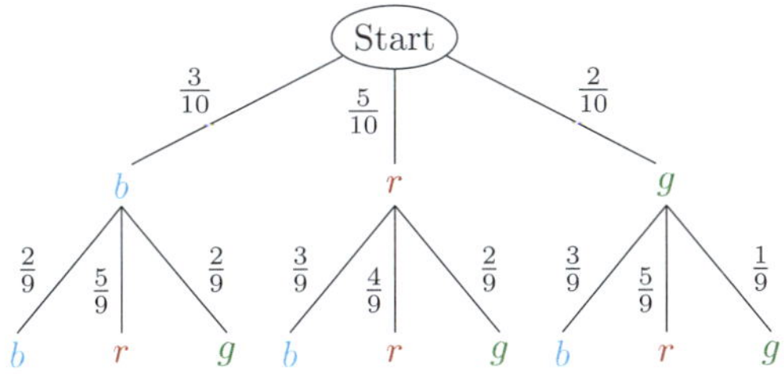

Zu Teil e):
Wir berechnen

$$P(G) = \frac{3}{10} \cdot \frac{2}{9} + \frac{5}{10} \cdot \frac{4}{9} + \frac{2}{10} \cdot \frac{1}{9} \approx 0{,}31 \qquad \text{und} \qquad P(B) = \frac{3}{10} \cdot \frac{7}{9} \approx 0{,}23.$$

Lösung zu Aufgabe 227

Zu Teil a):
Wir definieren die folgenden Ereignisse:

M: „Mag Popmusik“

W: „Ist weiblich“

Der Angabe können wir entnehmen:

$$\begin{aligned} P(M) &= 0{,}6 \\ P(M \cap W) &= 0{,}45 \\ P_{\overline{M}}(W) &= 0{,}3 \end{aligned}$$

Die angegebenen Wahrscheinlichkeiten sind im Diagramm blau dargestellt.
Damit kann das Baumdiagramm vervollständigt werden:

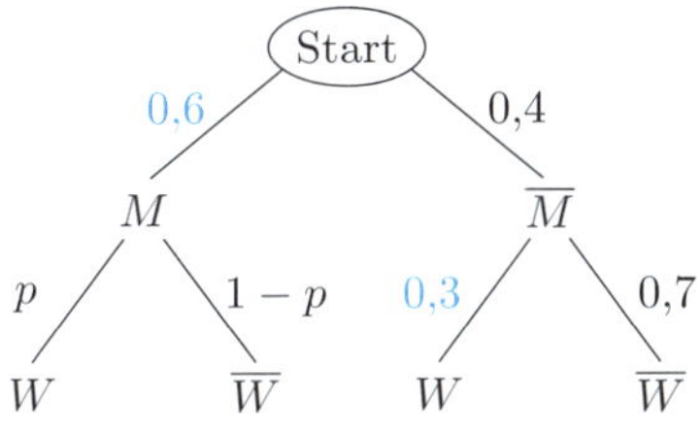

Nun ist noch p zu berechnen:

$$\begin{aligned} P(M \cap W) &= 0{,}6 \cdot p \\ 0{,}45 &= 0{,}6p \\ p &= 0{,}75 \end{aligned}$$

Die Wahrscheinlichkeit, dass ein Popmusikfan weiblich ist, lässt sich nun leicht bestimmen:

$$P_M(W) = p = 0{,}75$$

Der rechte Ast lässt sich noch mit der Wahrscheinlichkeit $1 - p = 0{,}25$ ergänzen. Ein Popmusikfan ist zu 75% weiblich.

Zu Teil b):
Hier ist zunächst die Wahrscheinlichkeit $P(\overline{W})$ zu berechnen:

$$\begin{aligned} P(\overline{W}) &= P(M \cap \overline{W}) + P(\overline{M} \cap \overline{W}) \\ &= 0{,}6 \cdot 0{,}25 + 0{,}4 \cdot 0{,}7 \\ &= 0{,}43 \end{aligned}$$

Es nehmen also 43% Männer an der Studie teil. Da 200 Personen interviewt werden, ergibt das $200 \cdot 0{,}43 = 86$ Männer.

Lösung zu Aufgabe 228

Zu Teil a):
Da man die Kugeln wieder zurücklegt, verändern sich die Wahrscheinlichkeiten auf den Stufen nicht. Insgesamt gibt es acht Kugeln. Das Baumdiagramm kann wie folgt gezeichnet werden:

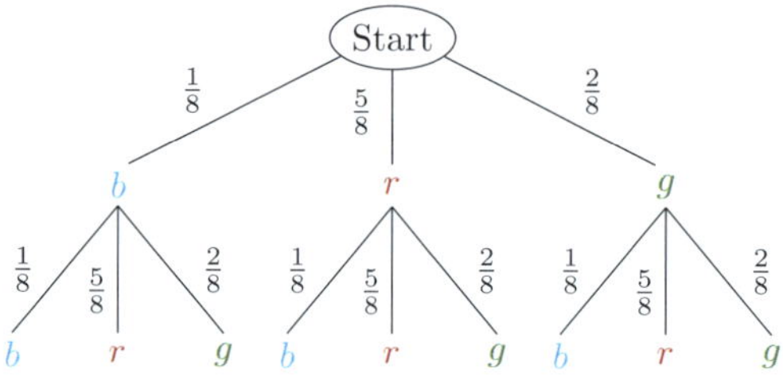

Wir definieren die folgenden Ereignisse:

V: „Zwei Kugeln verschiedener Farben ziehen“

B: „Im zweiten Zug eine blaue Kugel ziehen“

Zu Teil b):
Wir berechnen:

$$P(V) = \frac{1}{8} \cdot \frac{(2+5)}{8} + \frac{5}{8} \cdot \frac{(1+2)}{8} + \frac{2}{8} \cdot \frac{(1+5)}{8} \approx 0{,}53$$

Die Wahrscheinlichkeit, zwei Kugeln verschiedener Farben zu ziehen, beträgt ca. 53%.

Zu Teil c):
Wir berechnen:

$$P(B) = \frac{1}{8} \cdot \frac{1}{8} + \frac{5}{8} \cdot \frac{1}{8} + \frac{2}{8} \cdot \frac{1}{8} = 0{,}125$$

Die Wahrscheinlichkeit, im zweiten Zug eine blaue Kugel zu ziehen, beträgt 12,5%.

Zu Teil d):
Da die Kugeln nun nicht wieder zurückgelegt werden, nimmt die Gesamtanzahl der Kugeln in der zweiten Stufe um eins ab. Die Anzahl der Kugeln pro Farbe verändert sich je nachdem, welche Kugel zuerst gezogen wurde. Beachte dabei, dass es nur eine blaue Kugel gibt! Das Baumdiagramm kann wie folgt gezeichnet werden:

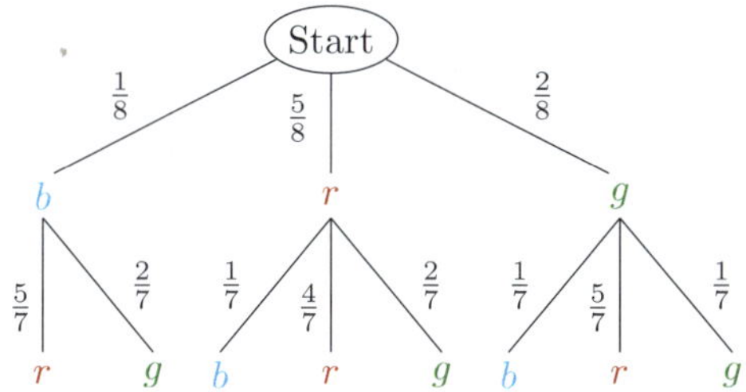

Zu Teil e):
Wir berechnen

$$P(V) = \frac{1}{8} \cdot \frac{(2+5)}{7} + \frac{5}{8} \cdot \frac{(1+2)}{7} + \frac{2}{8} \cdot \frac{(1+5)}{7} \approx 0{,}607.$$

Für das Ereigniss B können wir genauso verfahren:

$$P(B) = \frac{1}{8} \cdot 0 + \frac{5}{8} \cdot \frac{1}{7} + \frac{2}{8} \cdot \frac{1}{7} = 0{,}125$$

Zu Teil f):
Wir definieren das Ereignis

G: „Drei gleichfarbige Kugeln ziehen“

und berechnen:

$$P(G) = 0 + \frac{5}{8} \cdot \frac{4}{7} \cdot \frac{3}{6} + 0 \approx 0{,}1786.$$

Die Wahrscheinlichkeit, drei gleichfarbige Kugeln zu ziehen, beträgt ca 17,86%, da es nur von der Farbe Rot mindestens drei Kugeln gibt.

Lösung zu Aufgabe 229

Zu Teil a):

$$P(A) = P(\text{WWW}) + P(\text{ZZZ}) = 0{,}166 + 0{,}091 = 0{,}257$$

Zu Teil b):
Rechnen mit der Gegenwahrscheinlichkeit:

$$P(B) = 1 - P(\overline{B}) = 1 - P(WWW) = 1 - 0{,}166 = 0{,}834$$

Zu Teil c):
Mindestens zwei mal Zahl beschreibt alle Ergebnisse, in denen wenigstens zweimal Zahl vertreten ist, also:

$$\begin{aligned} P(C) &= P(\text{WZZ}) + P(\text{ZWZ}) + P(\text{ZZW}) + P(\text{ZZZ}) = \\ &= 3 \cdot P(\text{Zwei mal } Z) + P(\text{ZZZ}) = 0{,}424 \end{aligned}$$

Zu Teil d):
Es handelt sich um die ODER-Verknüpfung der Ereignisse A und C:

$$D = A \cup C$$

Wir wissen, dass gilt:

$$P(A \cup C) = P(A) + P(C) - P(A \cap C)$$

Die Schnittmenge $A \cap C$ beschreibt nichts anderes als drei mal Zahl, also

$$P(A \cap C) = P(ZZZ) = 0{,}091.$$

Damit ergibt sich für unsere Vereinigungsmenge

$$P(D) = P(A \cup C) = 0{,}257 + 0{,}424 - 0{,}091 = 0{,}59.$$

Zu Teil e):
Umformuliert bedeutet die Aussage für E nichts anderes als genau zwei mal Wappen:

$$P(E) = P(WZW) + P(WWZ) + P(ZWW) = 3 \cdot 0{,}136 = 0{,}408$$

Zu Teil f):
Da es unmöglich ist bei drei Würfen mindestens dreimal Wappen zu erhalten - wenn beide Symbole auftreten sollen - wissen wir, dass die Wahrscheinlichkeit für Ereignis F gleich Null ist.

$$P(F) = 0$$

Lösung zu Aufgabe 230

Zu Teil a):
Da bereits ein mal von der Freundin aus der ersten Urne gezogen und in die zweite Urne gelegt wurde, gibt es zusätzlich zu der schwarzen und den grünen Kugeln entweder eine rote (mit Wahrscheinlichkeit 1:3) oder eine blaue Kugel (mit Wahrscheinlichkeit 2:3) in der zweiten Urne.
Das Baumdiagramm kann wie folgt gezeichnet werden:

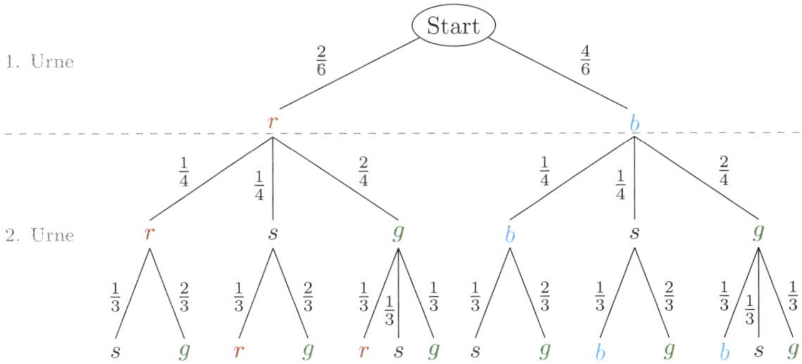

Wir definieren die folgenden Ereignisse:

U: „Im zweiten Zug eine Kugel ziehen, die bereits in der ersten Urne lag"

V: „Zwei Kugeln verschiedener Farbe ziehen"

2R: „Zwei rote Kugeln in erster Urne nach deinen zwei Zügen"

Zu Teil b):
Wir berechnen:

$$P(U) = \frac{2}{6} \cdot \left(\frac{1}{4} \cdot \frac{1}{3} + \frac{2}{4} \cdot \frac{1}{3}\right) + \frac{4}{6} \cdot \left(\frac{1}{4} \cdot \frac{1}{3} + \frac{2}{4} \cdot \frac{1}{3}\right) = 0{,}25$$

Die Wahrscheinlichkeit, im zweiten Zug eine Kugel zu ziehen, die bereits in der ersten Urne lag, beträgt 25%.

Zu Teil c):
Wir berechnen die Wahrscheinlichkeit über das Gegenereignis:

$$\begin{aligned} P(V) &= 1 - P(\overline{V}) \\ &= 1 - \left[\frac{2}{6} \cdot \left(\frac{2}{4} \cdot \frac{1}{3}\right) + \frac{4}{6} \cdot \left(\frac{2}{4} \cdot \frac{1}{3}\right)\right] \\ &\approx 0{,}83 \end{aligned}$$

Die Wahrscheinlichkeit, zwei Kugeln verschiedener Farben zu ziehen, beträgt ca. 83%.

Zu Teil d):
Die Wahrscheinlichkeit, dass sich zwei rote Kugeln in der ersten Urne befinden, setzt sich zusammen aus dem Fall, dass die Freundin keine rote Kugel gezogen hat, und dem Fall, dass sie eine rote Kugel gezogen und in die zweite Urne gelegt hat, woraus du sie wieder gezogen hast. Wir berechnen also wie folgt:

$$\begin{aligned} P(2R) &= \frac{4}{6} + \frac{2}{6} \cdot \left[\frac{1}{4} + \left(\frac{1}{4} \cdot \frac{1}{3} + \frac{2}{4} \cdot \frac{1}{3}\right)\right] \\ &= \frac{4}{6} + \frac{2}{6} \cdot \frac{1}{2} = \frac{5}{6} \approx 0{,}83 \end{aligned}$$

Mit einer Wahrscheinlichkeit von 83% sind nach deinen zwei Zügen zwei rote Kugeln in der ersten Urne.

Lösung zu Aufgabe 231

Zu Teil a):
Wir definieren die folgenden Ereignisse:

Z: „Handy ist von der Marke Z4“

A: „Akkulaufzeit ist gut“

Der Angabe können wir entnehmen:

$$\begin{aligned} P(A) &= 0{,}395 \\ P_Z(A) &= 0{,}85 \\ P_{\overline{Z}}(A) &= 0{,}35 \end{aligned}$$

Die beiden bedingten Wahrscheinlichkeiten sind im Diagramm blau dargestellt. Damit kann das Baumdiagramm vervollständigt werden:

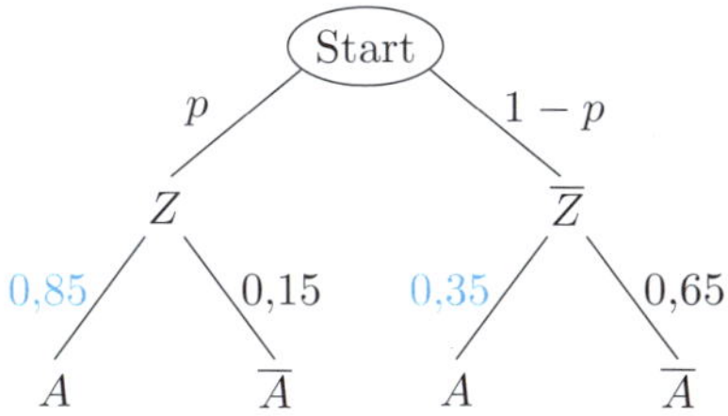

Nun ist noch p zu berechnen:

$$\begin{aligned} P(A) &= P(A \cap Z) + P(A \cap \overline{Z}) \\ 0{,}395 &= p \cdot 0{,}85 + (1-p) \cdot 0{,}35 \\ 0{,}045 &= 0{,}5p \\ p &= 0{,}09 \end{aligned}$$

9% der getesteten Handys sind also von der Marke Z4.

Zu Teil b):
Hier ist eine bedingte Wahrscheinlichkeit zu berechnen:

$$P_A(Z) = \frac{P(Z \cap A)}{P(A)} = \frac{0{,}09 \cdot 0{,}85}{0{,}395} \approx 0{,}1937$$

Zu 19,37% ist ein Handy mit guter Akkulaufzeit von der Marke Z4.

Vierfeldertafeln und Bedingte Wahrscheinlichkeiten

Lösung zu Aufgabe 232

Zu Teil a):
Die möglichen Ereignisse sind:

J: „Der befragte Schüler ist eine Junge“ und

M: „Der befragte Schüler mag Mathe“

Damit erhalten wir folgende Vierfeldertafel:

	J	$\overline{J}$	
M	2	2	4
$\overline{M}$	2	11	13
	4	13	17

Bei den blau markierten Einträgen, handelt es sich um diejenigen, die wir der Angabe entnehmen konnten.

Zu Teil b):
11 Mädchen mögen kein Mathe.

Zu Teil c):
Gefragt ist nach der bedingten Wahrscheinlichkeit $P_{\overline{M}}(J)$. Benutzen wir die Formel für die bedingte Wahrscheinlichkeit, erhalten wir

$$P_{\overline{M}}(J) = \frac{P(J \cap \overline{M})}{P(\overline{M})} = \frac{\frac{2}{17}}{\frac{13}{17}} \approx 0{,}15.$$

Lösung zu Aufgabe 233

Zu Teil a):
Die möglichen Ereignisse sind:

A: „Der Proband stammt aus Asien oder Afrika" und

L: „Der Proband hat eine Laktoseintoleranz "

Damit erhalten wir folgende Vierfeldertafel:

	A	$\overline{A}$	
L	26	4	30
$\overline{L}$	1	19	20
	27	23	50

Bei den blau markierten Einträgen, handelt es sich um diejenigen, die wir der Angabe entnehmen konnten.

Zu Teil b):
Gefragt ist nach der Wahrscheinlichkeit $P(A \cap L)$. Wir berechnen:

$$P(A \cap L) = \frac{26}{50} = 0{,}52$$

Zu Teil c):
Gefragt ist nach stochastischer Unabhängigkeit der Ereignisse A und L. Wir müssen also prüfen, ob $P(A) \cdot P(L) = P(A \cap L)$ gilt. Wir haben:

$$P(A) = \frac{27}{50} = 0{,}54$$
$$P(L) = \frac{30}{50} = 0{,}60$$
$$P(A \cap L) = \frac{26}{50} = 0{,}52$$

Damit gilt:

$$P(A \cap L) = 0{,}52 \neq 0{,}54 \cdot 0{,}6 = P(A) \cdot P(L)$$

Die Ereignisse sind also stochastisch abhängig.

Lösung zu Aufgabe 234

Wir haben folgende Ereignisse:

D: „Dunkle Schokolade“

N: „Nüsse“

Wir wissen, dass 12,5% aller weißen Pralinen Nüsse enthalten. Zudem wissen wir, dass es 40 weiße Pralinen gibt: Es gilt also:

$$|\overline{D} \cap N| = 0{,}125 \cdot 40 = 5$$

Damit erhalten wir folgende Vierfeldertafel:

	D	$\overline{D}$	
N	55	5	60
$\overline{N}$	105	35	140
	160	40	200

Bei den blau markierten Einträgen, handelt es sich um diejenigen, die wir der Angabe entnehmen konnten.

Lösung zu Aufgabe 235

Wir definieren folgende Ereignisse:

A: „Augensumme größer oder gleich acht“

B: „Eine Vier beim ersten Wurf“

Zuerst identifizieren wir alle Ereignisse, die in der Menge $A \cap B$ enthalten sind:

$$A \cap B = \{(4,4),(4,5),(4,6)\} \quad \Rightarrow \quad P(A \cap B) = \frac{3}{36}$$

Zudem gilt $P(B) = \frac{1}{6}$. Benutzen wir nun die allgemeine Formel für bedingte Wahrscheilichkeiten, erhalten wir

$$P_B(A) = \frac{P(A \cap B)}{P(B)} = \frac{\frac{3}{36}}{\frac{1}{6}} = 0{,}5.$$

Alternativ: Die beiden Würfe sind stochastisch unabhängig. Daher kann man den ersten Wurf der vier als gegeben annehmen und zählen, welche zweiten Würfe eine Gesamtaugensumme von mindestens acht ergeben würden. Diese sind offenbar 4,5,6, was mit einer Wahrscheinlichkeit von $\frac{3}{6} = 0{,}5$ eintritt.

Lösung zu Aufgabe 236

Zu Teil a):
Die möglichen Ereignisse sind:

1.K: „Ein Teilnehmer der Umfrage ist 1. Klasse Fahrer“ und

Z: „Ein Teilnehmer der Umfrage ist mit dem Service zufrieden“

In der Angabe haben wir folgende bedingte Wahrscheinlichkeiten gegeben:

$$P_{\overline{1.K}}(Z) = \frac{5}{6}$$
$$P_{1.K}(Z) = 0{,}7$$

Aus den bedingten Wahrscheinlichkeiten kann man nun die Schnittwahrscheinlichkeiten berechnen:

$$P(1.K \cap Z) = P(1.K) \cdot P_{1.K}(Z) = 0{,}1 \cdot 0{,}7 = 0{,}07$$
$$P(2.K \cap Z) = P(\overline{1.K}) \cdot P_{\overline{1.K}}(Z) = 0{,}9 \cdot \frac{5}{6} = 0{,}75$$

Damit erhalten wir folgende Vierfeldertafel:

	$1.K$	$\overline{1.K}$	
Z	0,07	0,75	0,82
$\overline{Z}$	0,03	0,15	0,18
	0,1	0,9	1

Bei den blau markierten Einträgen, handelt es sich um diejenigen, die wir der Angabe entnehmen oder daraus berechnen konnten.

Zu Teil b):
Die Aussage des Geschäftsführers ist falsch. Tatsächlich hat das Unternehmen einen Zufriedenheitswert von 82% erreicht.

Zu Teil c):
Gefragt ist nach der bedingten Wahrscheinlichkeit $P_{1.K}(\overline{Z})$. Wir berechnen:

$$P_{1.K}(\overline{Z}) = \frac{P(\overline{Z} \cap 1.K)}{P(1.K)} = \frac{0{,}03}{0{,}1} = 0{,}3$$

Zu Teil d):
Wir können den Gesamtzufriedenheitswert leicht berechnen:

$$P(Z) = P(1.K \cap Z) + P(\overline{1.K} \cap Z) = 0{,}3 \cdot 0{,}7 + 0{,}7 \cdot \frac{5}{6} \approx 0{,}79$$

Das heißt der Gesamtzufriedenheitswert fällt. Zwar bleiben in den einzelnen Klassen die Zufriedenheitswerte gleich, jedoch fahren drei mal so viele Menschen mit der tendenziell unbefriedigerenden ersten Klasse.

Lösung zu Aufgabe 237

Zu Teil a):
Die möglichen Ereignisse sind:

F: „Der Fisch stammt aus Fukushima“ und

C: „Der Fisch ist mit Cäsium-Isotopen belastet“

Damit erhalten wir folgende Vierfeldertafel:

	F	$\overline{F}$	
C	60	190	250
$\overline{C}$	180	570	750
	240	760	1000

Bei den blau markierten Einträgen, handelt es sich um diejenigen, die wir der Angabe entnehmen konnten.

Zu Teil b):
Gefragt ist nach der Wahrscheinlichkeit $P(\overline{F} \cap C)$:

$$P(\overline{F} \cap C) = \frac{190}{1000} = 0{,}19$$

Zu Teil c):
Gefragt ist nach der bedingten Wahrscheinlichkeit $P_C(F)$.

Wir können berechnen:

$$P_C(F) = \frac{P(C \cap F)}{P(C)} = \frac{0{,}06}{0{,}25} = 0{,}24$$

Zu Teil d):
Gefragt ist nach stochastischer Unabhängigkeit der Ereignisse C und F. Wir müssen also prüfen, ob $P(F) \cdot P(C) = P(F \cap C)$ gilt. Wir haben:

$$P(F) = 0{,}24$$
$$P(C) = 0{,}25$$
$$P(F \cap C) = 0{,}06$$

Damit gilt:

$$P(F \cap C) = 0{,}06 = 0{,}24 \cdot 0{,}25 = P(F) \cdot P(C)$$

Die Ereignisse sind also stochastisch unabhängig.

Lösung zu Aufgabe 238

Zu Teil a):
Laut Angabe sind zwei von drei der mangelhaften Dämme als unbedenklich eingestuft worden. Das entspricht der bedingten Wahrscheinlichkeit

$$P_M(U) = \frac{2}{3}.$$

Gleichzeitig wissen wir, dass stets gilt:

$$P_M(U) = \frac{P(M \cap U)}{P(M)}$$

Stellen wir das um, so erhalten wir:

$$P(M \cap U) = P_M(U) \cdot P(M) = \frac{1}{30}$$

Zu Teil b):
Wir benutzen die Summenformel:

$$P(M \cup U) = P(M) + P(U) - P(M \cap U)$$

Es muss nur noch eingesetzt werden und wir erhalten:

$$P(M \cup U) = \frac{11}{12}$$

Lösung zu Aufgabe 239

Zu Teil a):
Die möglichen Ereignisse sind:

M: „Der Mann tanzt seine Figur fehlerfrei“ und

F: „Die Frau tanzt ihre Figur fehlerfrei“

Damit erhalten wir folgende Vierfeldertafel:

	M	$\overline{M}$	
F	0,4	0,3	0,7
$\overline{F}$	0,05	0,25	0,3
	0,45	0,55	1

Bei den blau markierten Einträgen, handelt es sich um diejenigen, die wir der Angabe entnehmen konnten.

Zu Teil b):
Gefragt ist nach der Wahrscheinlichkeit $P(\overline{M} \cap \overline{F})$. Wir lesen ab:

$$P(\overline{M} \cap \overline{F}) = 0{,}25$$

Zu Teil c):
Gefragt ist nach der bedingten Wahrscheinlichkeit $P_{\overline{F}}(M)$. Wir können berechnen:

$$P_{\overline{F}}(M) = \frac{P(M \cap \overline{F})}{P(\overline{F})} = \frac{0{,}05}{0{,}3} \approx 0{,}17$$

Zu Teil d):
Gefragt ist nach der stochastischen Unabhängigkeit der Ereignisse M und F.

Wir müssen also prüfen, ob $P(M) \cdot P(F) = P(M \cap F)$ gilt. Wir lesen ab:

$$\begin{aligned} P(M) &= 0{,}45 \\ P(F) &= 0{,}70 \\ P(M \cap F) &= 0{,}4 \end{aligned}$$

Damit gilt:

$$P(M \cap F) = 0{,}4 \neq 0{,}45 \cdot 0{,}7 = P(M) \cdot P(F)$$

Die Ereignisse sind also stochastisch abhängig.

Lösung zu Aufgabe 240

Zu Teil a):
Die möglichen Ereignisse sind:

F: „Die Person ist eine Frau“ und

T: „Die Person befürwortet Donald Trump als Präsident“

Wir wissen, dass das Bevölkerungsverhältniss V von Männern zu Frauen durch

$$V = \frac{\text{Anzahl Männer}}{\text{Anzahl Frauen}} = 0{,}97$$

gegeben ist. Damit gilt aber auch für die Wahrscheinlichkeiten p_F und p_M, dass eine zufällig ausgewählte Person eine Frau (p_F) bzw. ein Mann (p_M) ist:

$$\frac{p_M}{p_F} = 0{,}97$$

Gleichzeitig muss aus Konsistenzgründen stets $p_M + p_F = 1$ gelten. Lösen wir diese Gleichungen, so erhalten wir:

$$\begin{aligned} p_F &\approx 0{,}51 \\ p_M &\approx 0{,}49 \end{aligned}$$

In der Angabe haben wir folgende bedingte Wahrscheinlichkeiten gegeben:

$$\begin{aligned} P_{\overline{F}}(T) &= 0{,}48 \\ P_F(T) &= 0{,}35 \end{aligned}$$

Aus den bedingten Wahrscheinlichkeiten kann man nun die Schnittwahrscheinlichkeiten berechnen:

$$P(T \cap F) = P(F) \cdot P_F(T) = 0{,}51 \cdot 0{,}35 \approx 0{,}18$$
$$P(T \cap \overline{F}) = P(\overline{F}) \cdot P_{\overline{F}}(T) = 0{,}49 \cdot 0{,}48 \approx 0{,}24$$

Damit erhalten wir folgende Vierfeldertafel:

	F	$\overline{F}$	
T	0,18	0,24	0,42
$\overline{T}$	0,33	0,25	0,58
	0,51	0,49	1

Bei den blau markierten Einträgen, handelt es sich um diejenigen, die wir der Angabe entnehmen oder daraus berechnen konnten.

Zu Teil b):
Gefragt ist nach der Wahrscheinlichkeit $P(F \cap T)$. Diese haben wir bereits in a) berechnet:

$$P(F \cap T) = 0{,}18$$

Zu Teil c):
Gefragt ist nach der bedingten Wahrscheinlichkeit $P_T(\overline{F})$.
Wir können berechnen:

$$P_T(\overline{F}) = \frac{P(T \cap \overline{F})}{P(T)} = \frac{0{,}24}{0{,}42} \approx 0{,}57$$

Zu Teil d):
Gefragt ist nach stochastischer Unabhängigkeit der Ereignisse M und F. Wir müssen also prüfen, ob $P(F) \cdot P(T) = P(F \cap T)$ gilt. Wir haben:

$$P(T) = 0{,}42$$
$$P(F) = 0{,}51$$
$$P(F \cap T) = 0{,}18$$

Damit gilt:

$$P(F \cap T) = 0{,}18 \neq 0{,}42 \cdot 0{,}51 = P(T) \cdot P(F)$$

Die Ereignisse sind also stochastisch abhängig.

Lösung zu Aufgabe 241

Zu Teil a):
Den gesuchten Wert können wir der Angabe entnehmen:

$$P(K) = \frac{1}{4} = 0{,}25$$

Zu Teil b):
Laut Angabe klassifiziert der neue Schnelltest 90% der tatsächlich Erkrankten als krank. Das entspricht der bedingten Wahrscheinlichkeit

$$P_K(T) = 0{,}9.$$

Gleichzeitig wissen wir:

$$P_K(T) = \frac{P(K \cap T)}{P(K)}$$

Stellen wir das um, so erhalten wir:

$$P(K \cap T) = P_K(T) \cdot P(K) = 0{,}225$$

Zudem wissen wir, dass stets gilt:

$$P(K) = P(K \cap T) + P(K \cap \overline{T})$$

Stellen wir das um, so erhalten wir:

$$P(K \cap \overline{T}) = P(K) - P(K \cap T) = 0{,}025$$

Zu Teil c):
Laut Angabe gilt:

$$P(K \cup T) = 0{,}35$$

Wir benutzen die Summenformel:

$$P(K \cup T) = P(K) + P(T) - P(K \cap T)$$

Stellen wir das um, so erhalten wir:

$$P(T) = P(K \cup T) + P(K \cap T) - P(K) = 0{,}325$$

Kombinatorik

Lösung zu Aufgabe 242

Zu Teil a):
Wir definieren das Ereignis

A: „Der Passant errät beide Hütchen".

Da es egal ist, in welcher Reihenfolge der Passant die zwei Hütchen wählt, handelt es sich hier um „Ziehen ohne Zurücklegen ohne Beachtung der Reihenfolge". Es gibt also

$$N = \binom{5}{2} = 10$$

Möglichkeiten die beiden Hütchen zu erraten. Lediglich bei einer dieser Möglichkeiten tritt das Ereignis A ein. Damit können wir die Wahrscheinlichkeit berechnen:

$$P(A) = \frac{1}{N} = \frac{1}{10}$$

Zu Teil b):
Der Zuschauer kann beim Abheben jeder Karte zwischen vier unterschiedlichen Stapeln entscheiden. Es handelt sich hier um „Ziehen mit Zurücklegen mit Beachtung der Reihenfolge". Es gibt also

$$N = 4^7 = 16384$$

Möglichkeiten unterschiedliche Kartenfolgen auf den Tisch zu legen.

Zu Teil c):
Die Reihenfolge der Messer spielt eine Rolle. Es handelt sich hier um „Ziehen ohne Zurücklegen mit Beachtung der Reihenfolge". Es gibt also

$$N = 6! = 720$$

Möglichkeiten die Messer anzuordnen.

Lösung zu Aufgabe 243

Zu Teil a):
Die Anordnung der Passagiere im Bus spielt eine Rolle. Es handelt sich hier also um „Ziehen ohne Zurücklegen mit Beachtung der Reihenfolge“. Das heißt, es gibt

$$N = 40 \cdot 39 \cdot 38 \cdot \ldots \cdot 6 \cdot 5 = \frac{40!}{4!}$$

Möglichkeiten die Passagiere im Bus zu verteilen.

Zu Teil b):
Jeder Reisende kann sich entweder auf die linke oder auf die rechte Seite setzen. Es handelt sich hier also um „Ziehen mit Zurücklegen mit Beachtung der Reihenfolge“. Es gibt

$$N = 2^{10} = 1024$$

Möglichkeiten, die 10 Passagiere auf die rechte bzw. linke Seite zu verteilen.

Zu Teil c):
Es ist irrelevant, in welcher Reihenfolge die 15 Plätze ausgewählt werden. Es handelt sich hier also um „Ziehen ohne Zurücklegen ohne Beachtung der Reihenfolge“. Demnach gibt es

$$N = \binom{30}{15} = 155.117.520$$

Möglichkeiten, Plätze auszusuchen, auf denen Gepäck transportiert werden soll.

Lösung zu Aufgabe 244

Zu Teil a):
Es handelt sich hier um „Ziehen mit Zurücklegen und mit Beachtung der Reihenfolge“. Es gibt also

$$N = 6^3 = 216$$

Möglichkeiten, eine dreistellige Zahl aus den gewürfelten Augenzahlen zu bilden.

Zu Teil b):
Wir suchen nach der Wahrscheinlichkeit für das Ereignis

A: „Brigitte zieht drei rote und zwei grüne Gummibärchen".

Hierbei handelt es sich um die Hypergeometrische Verteilung. Brigitte zieht insgesamt fünf mal:

$$P(A) = \frac{\binom{8}{3} \cdot \binom{7}{2}}{\binom{15}{5}} = \frac{56}{143}$$

Der erste Faktor im Zähler gibt die Anzahl an Möglichkeiten, drei der acht roten Gummibärchen auszuwählen, an. Der zweite Faktor im Zähler gibt die Anzahl an Möglichkeiten, zwei der sieben grünen Gummibärchen auszuwählen, an. Das Produkt gibt also die Anzahl der Möglichkeiten an, fünf Gummibärchen mit der gewünschten Zusammensetzung auszuwählen.
Teilen wie diese Anzahl durch die Anzahl an Möglichkeiten, fünf beliebige Gummibärchen auszuwählen, erhalten wir die Wahrscheinlichkeit für das Ereignis A.

Zu Teil c):
Hier handelt es sich um „Ziehen ohne Zurücklegen mit Beachtung der Reihenfolge". Damit ergeben sich

$$N = 3! = 6$$

Möglichkeiten die drei Mädchen „anzuordnen".

Lösung zu Aufgabe 245

Zu Teil a):
Jeder Schüler kann einer der fünf Gruppen zugewiesen werden. Es handelt sich hier also um „Ziehen mit Zurücklegen mit Beachtung der Reihenfolge". Es gibt demnach

$$N = 5^3 = 125$$

Möglichkeiten die Schüler auf die Gruppen zu verteilen.

Zu Teil b):
Wird beispielsweise Miriam einer Gruppe zugewiesen, können die anderen beiden Mädchen nicht mehr dieser Gruppe zugewiesen werden. Hier handelt es sich also um „Ziehen ohne Zurücklegen mit Beachtung der Reihenfolge“. Damit ergeben sich

$$N = 5 \cdot 4 \cdot 3 = 60$$

Möglichkeiten die drei Mädchen aufzuteilen.

Zu Teil c):
Es ist egal, in welcher Reihenfolge die Schüler einer Gruppe zugewiesen werden. Hier handelt es sich also um „Ziehen ohne Zurücklegen ohne Beachtung der Reihenfolge“. Damit ergeben sich

$$N = \binom{25}{5} = 53.130$$

Möglichkeiten eine Fünfergruppe zu bilden.

Zu Teil d):
Es ist egal, in welcher Reihenfolge die Schüler ausgewählt werden. Hier handelt es sich also um „Ziehen ohne Zurücklegen ohne Beachtung der Reihenfolge“. Damit ergeben sich

$$N = \binom{25}{3} = 2.300$$

Möglichkeiten drei Schüler zum Aufräumen auszuwählen.

Bonus:
Insgesamt gibt es 25! Möglichkeiten die Schüler auf die 5 Gruppen aufzuteilen.
Allerdings ist die Reihenfolge innerhalb einer Gruppe irrelevant. Wir müssen daher durch die Anzahl an Möglichkeiten, Schüler innerhalb der einzelnen Gruppen „umzusortieren“ dividieren.
Zudem ist es egal, wie wir die Gruppen benennen. Wir müssen also zusätzlich durch die Anzahl an Möglichkeiten, die Gruppen durchzunummerieren dividieren. Es gibt also

$$N = \frac{25!}{(5!)^5 \cdot 5!} \approx 5{,}19 \cdot 10^{12}$$

verschiedene Möglichkeiten.

Lösung zu Aufgabe 246

Man kann einen vier Steine hohen Turm entweder mit einem roten und drei blauen Steinen oder zwei roten und zwei blauen Steinen bauen.

Die Anzahl der Möglichkeiten, den Turm aus einem roten und drei blauen Steinen zu bauen entspricht der Aufgabe, einen roten Stein an eine der vier möglichen Stellen zu legen und drei blaue Steine an die restlichen drei Positionen zu legen. Hierbei wird die Reihenfolge nicht beachtet, weil die blauen Steine nicht unterscheidbar sind, es wird nicht zurückgelegt.

$$\binom{4}{1} \cdot \binom{3}{3} = 4$$

Die Anzahl der Möglichkeiten, den Turm aus zwei roten und zwei blauen Steinen zu bauen, entspricht der Aufgabe zwei rote Steine an vier der möglichen Positionen zu legen. Hierbei wird die Reihenfolge nicht beachtet, weil die blauen und roten Steine nicht unterscheidbar sind, es wird nicht zurückgelegt.

$$\binom{4}{2} \cdot \binom{2}{2} = 6$$

Insgesamt ergeben sich also $4 + 6 = 10$ verschiedene Möglichkeiten den Turm zu bauen.

Lösung zu Aufgabe 247

Zu Teil a):
Hier handelt es sich um „Ziehen ohne Zurücklegen, mit Beachtung der Reihenfolge“. Damit ergeben sich

$$N = 9! = 362.880$$

Möglichkeiten die 9 Kinder auf 9 Stühle zu verteilen.

Zu Teil b):
Da es egal ist, in welcher Reihenfolge die zwei Fänger ausgewählt werden, handelt es sich hier um „Ziehen ohne Zurücklegen ohne Beachtung der Reihenfolge“.
Es gibt also

$$N = \binom{9}{2} = 36$$

Möglichkeiten zwei der neun Kinder als Fänger auszuwählen.

Zu Teil c):
Es ist egal, wie viele Kinder in jedem Raum sind. Das bedeutet jedes Kind hat die Wahl zischen fünf Räumen. Damit ergeben sich

$$N = 5^9 = 1.953.125$$

Möglichkeiten die neun Kinder auf fünf Räume aufzuteilen.

Zu Teil d):
Wir suchen nach der Wahrscheinlichkeit für das Ereignis

A: „Im ersten Team sind 3 Mädchen und 2 Jungen".

Hierbei handelt es sich um die Hypergeometrische Verteilung. Wenn eines der Teams ausgewählt ist, wird automatisch auch das zweite Team festgelegt, da nur noch fünf weitere Kinder zur Verfügung stehen.

$$P(A) = \frac{\binom{3}{3} \cdot \binom{7}{2}}{\binom{10}{5}} = \frac{1}{12}$$

Der erste Faktor im Zähler gibt die Anzahl der Möglichkeiten, drei von drei Mädchen auszuwählen, an. Der zweite Faktor im Zähler gibt die Anzahl der Möglichkeiten, zwei von sieben Jungen auszwählen, an. Das Produkt gibt also die Anzahl der Möglichkeiten an, Teams mit der gewünschten Zusammensetzung auszuwählen.
Teilen wir diese Anzahl durch die Anzahl an Möglichkeiten, ein beliebiges Fünferteam aufzustellen, erhalten wir die Wahrscheinlichkeit für das Ereignis A.

Lösung zu Aufgabe 248

Zu Teil a):
Bibi hat zehn Fingernägel, das heißt sie benötigt zehn verschiedene Farben. Da es egal ist, in welcher Reihenfolge sie die Farben auswählt, handelt es sich hier um „Ziehen ohne Zurücklegen ohne Beachtung der Reihenfolge". Es gibt also

$$N = \binom{12}{10} = 66$$

Möglichkeiten, zehn ihrer 12 Nagellackfläschchen auszuwählen.

Zu Teil b):
Hier handelt es sich um „Ziehen ohne Zurücklegen mit Beachtung der Reihenfolge". Damit ergeben sich

$$N = 12! = 479.001.600$$

Möglichkeiten, die 12 Nagellackfläschchen aufzureihen.

Zu Teil c):
Es gibt 12! Möglichkeiten, die 12 Nagellackfläschchen auf ihre zwei Beauty Cases zu verteilen.
Allerdings spielt die Reihenfolge innerhalb eines Beauty Cases keine Rolle. Daher müssen wir noch durch die Anzahl an Möglichkeiten, die Nagellackfläschchen innerhalb eines Beauty Cases zu verteilen, dividieren. Wir erhalten

$$N = \frac{12!}{8! \cdot 4!} = \binom{12}{8} 495$$

Möglichkeiten, die 12 Nagellackfläschchen auf ihre zwei Beautycases zu verteilen.

Zufallsvariablen

Lösung zu Aufgabe 249

Zu Teil a):
Die Zufallsvariable ist wie folgt verteilt:

X (in €)	0	1	3
P(X)	$\frac{2}{3}$	$\frac{1}{6}$	$\frac{1}{6}$

Wir berechnen den Erwartungswert:

$$\mathbb{E}[X] = 0 \cdot \frac{2}{3} + 1 \cdot \frac{1}{6} + 3 \cdot \frac{1}{6} = \frac{2}{3}$$

Nun war noch nach der Standardabweichung gefragt. Dazu benötigt man zuerst die Varianz:

$$\begin{aligned} \mathrm{V}(X) &= \left(0 - \frac{2}{3}\right)^2 \cdot \frac{2}{3} + \left(1 - \frac{2}{3}\right)^2 \cdot \frac{1}{6} + \left(3 - \frac{2}{3}\right)^2 \cdot \frac{1}{6} \\ &= \frac{4}{9} \cdot \frac{2}{3} + \frac{1}{9} \cdot \frac{1}{6} + \frac{49}{9} \cdot \frac{1}{6} \\ &= \frac{11}{9} \end{aligned}$$

Nun können wir die Wurzel ziehen:

$$\sigma(X) = \sqrt{\mathrm{V}(x)} = \frac{\sqrt{11}}{3}$$

Der Erwartungswert beträgt also ca. 0,66€ und die Standardabweichung 1,11€.

Zu Teil b):
Das Spiel ist nicht fair, da der Einsatz einen Euro beträgt, was nicht der erwarteten Auszahlung entspricht. Das Glücksrad ist zu Gunsten des Händlers ausgelegt.

Zu Teil c):
Wir testen den neuen Deal, indem wir den neuen Erwartungswert berechnen:

$$\mathbb{E}[X] = 0 \cdot \frac{2}{3} + 1 \cdot \frac{1}{6} + 5 \cdot \frac{1}{6} = 1$$

Der neue Erwartungswert beträgt nun einen Euro. Da sich jedoch auch der Einsatz auf zwei Euro erhöht hat, ist der Deal sogar noch schlechter. Du solltest also nicht darauf eingehen.

Lösung zu Aufgabe 250

Da man von einer Binomialverteilung ausgeht, kann man die Formeln

$$\mathbb{E}(X) = n \cdot p \quad \text{und} \quad \sigma(X) = \sqrt{n \cdot p \cdot (1-p)}$$

benutzen. Wir erhalten:

Zu Teil a): $\mathbb{E}(X) = 20 \cdot 0{,}1 = 2$ und $\sigma = \sqrt{20 \cdot 0{,}1 \cdot 0{,}9} \approx 1{,}34$

Zu Teil b): $\mathbb{E}(X) = 500 \cdot 0{,}35 = 175$ und $\sigma = \sqrt{500 \cdot 0{,}35 \cdot 0,65} \approx 10{,}67$

Zu Teil c): $\mathbb{E}(X) = 38 \cdot 0{,}125 = 4{,}75$ und $\sigma = \sqrt{38 \cdot 0{,}125 \cdot 0{,}875} \approx 2{,}04$

Lösung zu Aufgabe 251

Da der Einsatz einen Euro beträgt und die Klasse durchschnittlich 20 Cent Gewinn pro Drehung machen möchte, sollte das Rad im Schnitt 0,8 Euro an Gewinn auszahlen. Das heißt der Erwartungswert beträgt 0,8 Euro.
Wir stellen einen allgemeiner Ansatz für den Erwartungswert auf und setzen ein:

$$\begin{aligned}
\mathbb{E}[X] &= \frac{1}{5} \cdot 3 + p \cdot 1 + q \cdot 0 \\
0{,}8 &= 0{,}6 + p + 0 \qquad \big| -0{,}6 \\
0{,}2 &= p
\end{aligned}$$

Die Wahrscheinlichkeit p, mit der ein Euro ausgezahlt wird, muss also 0,2 betragen. Die Wahrscheinlichkeit q, mit der nichts ausgezahlt wird, muss demnach $1-2\cdot 0{,}2 = 0{,}6$ betragen.

Damit macht der „1-Euro"-Sektor 20% und der „0-Euro"-Sektor 60% des Rades aus.

Lösung zu Aufgabe 252

Zu Teil a):
Zuerst bestimmen wir aus der Grafik den Erwartungswert der Zufallsvariable:

$$\mathbb{E}[X] = 0 \cdot 0{,}25 + 1 \cdot 0{,}5 + 2 \cdot 0{,}25 = 1$$

Zu Teil b):
Nehmen wir nun an, dass X binomialverteilt ist. Da der Erwartungswert dann mit der Formel

$$\mathbb{E}[X] = n \cdot p$$

allgemein berechnet werden kann und $n = 2$ gegeben ist, kann man sofort die entsprechende Wahrscheinlichkeit p bestimmen:

$$1 = n \cdot p \quad \Rightarrow \quad p = 0{,}5$$

Nun kann man die Wahrscheinlichkeiten für die einzelnen Ergebnisse
($k = 0, 1$ oder 2) mit der Formel der Binomialverteilung berechnen:

$$P(X = 0) = \binom{2}{0} \cdot 0{,}5^0 \cdot 0{,}5^2 = 0{,}25$$
$$P(X = 1) = \binom{2}{1} \cdot 0{,}5^1 \cdot 0{,}5^1 = 0{,}5$$
$$P(X = 2) = \binom{2}{2} \cdot 0{,}5^2 \cdot 0{,}5^0 = 0{,}25$$

Wir stellen fest, dass die berechneten Wahrscheinlichkeiten mit denen aus dem Diagramm übereinstimmen. Daher ist X binomialverteilt.

Lösung zu Aufgabe 253

Zu Teil a):
Hier ist $\Omega = \{1, 2, 3, 4, 5, 6\}$. Wir benutzen also unsere Formel für den Erwartungswert

$$\mathbb{E}(X) = \sum_{k \in \Omega} k \cdot P(X = k).$$

Einsetzen der Werte ergibt

$$\mathbb{E}(X) = \frac{1}{6} \cdot 1 + \frac{1}{6} \cdot 2 + \frac{1}{6} \cdot 3 + \frac{1}{6} \cdot 4 + \frac{1}{6} \cdot 5 + \frac{1}{6} \cdot 6 = 3{,}5.$$

Zu Teil b):
Die Wahrscheinlichkeit für Kopf oder Zahl liegt jeweils bei 50%. Bei Kopf gewinnt man 5 € und bei Zahl verliert man 6 €. Wir erhalten:

$$\mathbb{E}(X) = 5\,€ \cdot \frac{1}{2} - 6\,€ \cdot \frac{1}{2} = -\frac{1}{2}\,€.$$

Pro Wurf rechnen wir also mit einem Verlust von 50 Cent.

Zu Teil c):
Es handelt sich hier um eine Bernoulli-Kette. Der Erwartungswert einer Bernoullikette beträgt $\mathbb{E}(X) = n \cdot p$. Hier ist $n = 20$ und p die Wahrscheinlichkeit, bei einem einzelnen Wurf eine Drei zu Würfeln beträgt $p = \frac{1}{6}$. Damit folgt für den Erwartungswert:

$$\mathbb{E}(X) = 20 \cdot \frac{1}{6} \approx 3{,}33$$

Zu Teil d):
Da sich nur vier schwarze Kugeln in der Urne befinden, ist es nicht möglich bei sechs Zügen nur null oder eine weiße Kugel zu ziehen. Wie viele weiße Kugeln wir im Schnitt ziehen, lässt sich mittels des Erwartungswertes bestimmen:

$$\mathbb{E}(X) = 2 \cdot \frac{1}{33} + 3 \cdot \frac{8}{33} + 4 \cdot \frac{15}{33} + 5 \cdot \frac{8}{33} + 6 \cdot \frac{1}{33} = 4$$

Wir erwarten also im Schnitt vier weiße Kugeln zu ziehen.

Lösung zu Aufgabe 254

Zu Teil a):
Gefragt ist nach dem Erwartungswert der durch Schäden verursachten Kosten innerhalb der zwei Jahre. Dieser ist:

$$\mathbb{E}[\text{Kosten}] = 180 \cdot 0{,}4 + 40 \cdot 0{,}65 + 47 \cdot 0{,}009 + 115 \cdot 0{,}2 = 121{,}42$$

Die Zusatzversicherung ist also deutlich zu teuer, es wäre billiger die erwarteten Schäden auf eigene Kosten reparieren zu lassen.
Streng genommen handelt es sich hier nicht um den Erwartungswert einer Zufallsvariablen, sondern um die Summe mehrerer Erwartungswerte.

Zu Teil b):
Es ist nicht ausgeschlossen, dass einzelne Schäden mehrfach auftreten. Das haben wir allerdings vernachlässigt, da die Wahrscheinlichkeit nicht so hoch ist.

Lösung zu Aufgabe 255

Zu Teil a):
Der Spieler gewinnt nur, falls er dreimal hintereinander Gewinn zieht. Es handelt sich um Ziehen ohne Zurücklegen, da der Spieler am Ende des Spiels seine drei Gewinnerlose vorzeigen muss.
Daher sind die Wahrscheinlichkeiten, beim ersten, zweiten und dritten Zug ein Gewinnerlos zu ziehen, durch

$$p_1 = \frac{5}{10}, \quad p_2 = \frac{4}{9} \quad \text{und} \quad p_3 = \frac{3}{8}$$

gegeben. Um die Gewinnwahrscheinlichkeit auszurechnen, genügt es, diese Wahrscheinlichkeiten zu multiplizieren:

$$P(\text{Gewinn}) = \frac{5}{10} \cdot \frac{4}{9} \cdot \frac{3}{8} = \frac{1}{12}$$

Zu Teil b):
Wir definieren die Zufallsgröße X, die den Gewinn des Spielers pro Spiel beschreibt. Das Spiel ist dann fair, wenn der erwartete Gewinn des Spielers 2 € beträgt. Nur in diesem Fall erhält der Spieler, im Mittel, seinen Einsatz von 2 € zurück und macht keinen Verlust, ebenso wie der Anbieter des Spiels.
Um den Erwartungswert auszurechnen, braucht man nur den Fall betrachten, dass der Spieler drei mal ein Gewinnlos zieht, denn nur hier hat er einen Gewinn. Für den Erwartungswert gilt dann:

$$\mathbb{E}(X) = a \cdot P(\text{Gewinn})$$

Hierbei beschreibt a den notwendigen Gewinn.

$$2 = a \cdot \frac{1}{12} \quad \Rightarrow \quad a = 24$$

Der Gewinn müsste also 24 € betragen, damit das Spiel fair ist.

Lösung zu Aufgabe 256

Zu Teil a):

X in €	1	1,50	2	2,50	3
P(X)	$\frac{30}{90}$	$\frac{36}{90}$	$\frac{6}{90}$	$\frac{12}{90}$	$\frac{6}{90}$

$$\mathbb{E}(X) = \frac{30}{90} \cdot 1€ + \frac{36}{90} \cdot 1{,}50€ + \frac{6}{90} \cdot 2€ + \frac{12}{90} \cdot 2{,}50€ + \frac{6}{90} \cdot 3€ = 1{,}60€$$

Zu Teil b):
Wir bestimmen mit Hilfe der allgemeinen Formel die Varianz:

$$\begin{aligned} \mathrm{V}(X) &= \frac{1}{90}((-0{,}60€)^2 \cdot 30 + (-0{,}10€)^2 \cdot 36 + (0{,}90€)^2 \cdot 12 \\ &+ (0{,}40€)^2 \cdot 6 + (1{,}40€)^2 \cdot 6) \\ &\approx 0{,}37€^2 \end{aligned}$$

Durch das Ziehen der Wurzel können wir nun die Standardabweichung bestimmen.

$$\sigma = \sqrt{\mathrm{V}(X)} \approx 0{,}61€$$

Lösung zu Aufgabe 257

Zu Teil a):
Wenn das vierte Auto das erste mit Parkassistenzsystem sein soll, dann dürfen die ersten drei Autos keines besitzen. Sei nun das Ereignis A wie folgt definiert:

A: „Das vierte Auto ist das erste mit Parkassistenzsystem."

Jetzt berechnen wir:

$$P(A) = 0{,}6^3 \cdot 0{,}4 = 0{,}0864$$

Zu 8,64% ist das vierte ausgewählte Auto das erste mit Parkassistenzsystem.

Zu Teil b):
Wir bemerken als Erstes, dass X binomialverteilt ist, da es für X nur zwei mögliche Ausgänge gibt: Mit oder ohne Spurhaltesystem. Nun kann der Erwartungswert von X leicht berechnet werden:

$$\mathbb{E}[X] = n \cdot p = 100 \cdot 0{,}05 = 5$$

Jetzt wird noch die Standardabweichung benötigt. Dazu berechnen wir zunächst die Varianz mit der allgemeinen Formel:

$$\mathrm{V}(X) = n \cdot p \cdot (1 - p)$$

Wir erhalten

$$\mathrm{V}(X) = 100 \cdot 0{,}05 \cdot 0{,}95 = 4{,}75.$$

Um die Standardabweichung zu erhalten, ziehen wir die Wurzel:

$$\sigma(X) = \sqrt{\mathrm{V}(x)} = \sqrt{4{,}75} \approx 2{,}18$$

Gefragt war nach der Wahrscheinlichkeit, dass X einen Wert annimmt, der höchstens um eine Standardabweichung vom Erwartungswert abweicht. Der Wert von X muss also im Intervall

$$I = [(5 - 2{,}18)\,;\,(5 + 2{,}18)]$$

liegen. Da X allerdings nur natürliche Zahlen annehmen kann, berechnen wir die Wahrscheinlichkeit zu folgendem Ereignis:

B: „X hat mindestens den Wert 3 und höchstens den Wert 7.“

Mithilfe des Tafelwerks berechnen wir:

$$\begin{aligned} P(B) &= P(3 \leq X \leq 7) \\ &= P(X \leq 7) - P(X \leq 2) \\ &= 0{,}8720 - 0{,}1183 \\ &= 0{,}7537 \end{aligned}$$

Die Wahrscheinlichkeit, dass X einen Wert annimmt, der höchstens um eine Standardabweichung vom Erwartungswert abweicht, beträgt 75,37%.

Binomialverteilung

Lösung zu Aufgabe 258

Die Zufallsvariable X ist die Zahl der Ausschussteile. Die Zufallsvariable ist binomialverteilt mit $p = 0{,}02$ und $n = 100$.

Gesucht ist $P(3 \leq X \leq 7)$, wir können also mit Hilfe der entsprechenden Werte aus dem Tafelwerk berechnen:

$$P(3 \leq X \leq 7) = P(X \leq 7) - P(X \leq 2) \approx 0{,}3224$$

Die Wahrscheinlichkeit mindestens drei aber höchstens sieben Ausschussstücke zu finden liegt also bei 32,24%.

Lösung zu Aufgabe 259

Bei $k = 0$
geg: $n = 100$; $p = 0{,}2$; $k = 0$

Einsetzen in die Formel für die Binomialverteilung liefert:

$$P(X = 0) = \binom{100}{0} \cdot 0{,}2^0 \cdot (1 - 0{,}2)^{100-0} = 0{,}8^{100} \approx 2{,}037 \cdot 10^{-10}$$

Die Wahrscheinlichkeit, dass keine einzige Bohrmaschine ein Ausschussstück ist, beträgt $2{,}037 \cdot 10^{-8}$ %.

Bei $k = 20$
geg: $n = 100$; $p = 0{,}2$; $k = 20$

Einsetzen in die Formel für die Binomialverteilung liefert:

$$P(X = 20) = \binom{100}{20} \cdot 0{,}2^{20} \cdot (1 - 0{,}2)^{100-20} = 0{,}0993$$

Die Wahrscheinlichkeit, dass genau 20 Bohrmaschinen mangelhaft sind, beträgt 9,93%.

Lösung zu Aufgabe 260

Die Zufallsvariable X ist die Anzahl der gewonnenen Spiele. X ist binomialverteilt mit $p = 0{,}25$.

Zu Teil a):
Wir suchen $P(X \geq 1)$, bei 15 Spielen. Wir formulieren das Ereignis über die Gegenwahrscheinlichkeit:

$$P(X \geq 1) = 1 - P(X = 0) = 1 - (1 - p)^{15} = 1 - 0{,}75^{15} = 0{,}9866$$

Die Wahrscheinlichkeit, bei 15 Spielen mindestens einmal zu gewinnen, liegt bei 98,66%.

Zu Teil b):
Wir berechnen mit der Bernoulli-Formel:

$$P(X = 10) = \binom{30}{10} \cdot 0{,}25^{10} \cdot 0{,}75^{20} \approx 0{,}091$$

Die Wahrscheinlichkeit, genau 10 Spiele zu gewinnen, liegt bei 9,1%.

Lösung zu Aufgabe 261

Zu Teil a):
Die Freundin hat mithilfe der Binomialverteilung die Wahrscheinlichkeit berechnet, dass keines der Päckchen beim Zoll hängen bleibt. Wir überprüfen ihre Berechnungen:

$$P(X = 0) = \binom{54}{0} \cdot 0{,}05^{0} \cdot (1 - 0{,}05)^{54} \approx 6{,}27\%$$

Die Aussage der Freundin ist also korrekt, jedoch nicht allzu dramatisch, wie wir in Teil b) sehen werden.

Zu Teil b):
Gefragt ist nach dem Erwartungswert der Binomialverteilung. Dieser lässt sich allgemein mit der Formel

$$\mathbb{E}[X] = n \cdot p$$

berechnen. Die Wahrscheinlichkeit, dass ein Päckchen bei ihm ankommt ist $p = 0{,}95$. Wir setzen also $n = 54$ und $p = 0{,}95$ ein:

$$\mathbb{E}[X] = 54 \cdot 0{,}95 = 51{,}3$$

Das bedeutet, dass Tim nur ungefähr 51 seiner insgesamt 54 Päckchen bei sich zu Hause erwarten kann, da die restlichen drei beim Zoll hängen bleiben werden. Die Aussage der Freundin klang sehr erschreckend, ist aber nicht verwunderlich, wenn der Erwartungwert betrachtet wird.
Auch sagt uns dieser, dass sehr wahrscheinlich die meisten Päckchen bei Tim ankommen werden.

Lösung zu Aufgabe 262

Hierbei handelt es sich um ein Bernoulli-Experiment mit den Parametern $n = 100$ und $p = 0{,}1$. Die meisten der gesuchten Wahrscheinlichkeiten können einfach aus dem Tafelwerk abgelesen werden.

Zu Teil a):

$$P(X \geq 2) = 1 - P(X \leq 1) = 1 - F(100; 0{,}1; 1) = 0{,}9997$$

Zu Teil b):

$$P(X = 7) = B(100; 0{,}1; 7) = 0{,}0889$$

Zu Teil c):
5% der Exemplare sind genau fünf. Damit können wir ablesen:

$$P(X \leq 5) = F(100; 0{,}1; 5) = 0{,}0576$$

Zu Teil d):

$$\begin{aligned} P(8 < X < 14) &= P(X \leq 13) - P(X \leq 8) \\ &= F(100; 0{,}1; 13) - F(100; 0{,}1; 8) \\ &= 0{,}8761 - 0{,}3209 \\ &= 0{,}5552 \end{aligned}$$

Lösung zu Aufgabe 263

Wir bezeichnen mit X die Anzahl der gezogenen weißen Kugeln, und mit A die Menge aller günstigen Ereignisse:

$$P(A) = \frac{|A|}{|\Omega|}$$

Es gibt $\binom{13}{6}$ Möglichkeiten, sechs weiße Kugeln zu auszuwählen. Für jede dieser Möglichkeiten gibt es wiederum $\binom{16}{4}$ Möglichkeiten, vier rote Kugeln auszuwählen. Damit folgt

$$|A| = \binom{13}{6} \cdot \binom{16}{4}.$$

Es gibt insgesamt $\binom{29}{10}$ Möglichkeiten, um zehn beliebige Kugeln auszuwählen. Somit ergibt sich

$$P(X = 6) = \frac{\binom{13}{6} \cdot \binom{16}{4}}{\binom{29}{10}} \approx 15{,}6\%.$$

Lösung zu Aufgabe 264

Hierbei handelt es sich um ein Bernoulli-Experiment mit den Parametern $n = 50$ und $p = 0{,}6$. Die meisten Werte können einfach aus dem Tafelwerk abgelesen werden.

Zu Teil a):

$$P(X = 22) = B(50; 0{,}6; 22) = 0{,}0084$$

Zu Teil b):

$$P(X > 39) = 1 - P(X \leq 39) = 1 - F(50; 0{,}6; 39) = 0{,}0022$$

Zu Teil c):
Dass er höchstens acht mal nicht trifft, bedeutet, dass er mindestens $50 - 8 = 42$ mal trifft. Also:

$$P(X \geq 42) = 1 - P(X \leq 41) = 1 - F(50; 0{,}6; 41) = 0{,}0002$$

Zu Teil d):

$$\begin{aligned} P(25 \leq X < 36) &= P(X \leq 35) - P(X \leq 24) \\ &= F(50;0{,}6;35) - F(50;0{,}6;24) \\ &= 0{,}946 - 0{,}0573 \\ &= 0{,}8887 \end{aligned}$$

Zu Teil e):
Hier ist lediglich nach der Wahrscheinlichkeit für Treffer bei vier der 50 Schüsse gefragt. Die Ausgänge der anderen 46 sind egal, in einem Baumdiagramm würden beide Äste mitgenommen werden. Deren „Wahrscheinlichkeit" in jeder Ebene des Baumdiagramms beträgt eins.

$$P = 1^{46} \cdot (0{,}6)^4 = 0{,}1296$$

Zu Teil f):
Nein, der Spieler könnte beispielsweise einen Lerneffekt haben oder ermüden. Es ist nicht realistisch, anzunehmen, dass er bei jedem Schuss die gleiche Trefferwahrscheinlichkeit hat.

Lösung zu Aufgabe 265

Mithilfe des Erwartungwertes kann die Zuordnung schnell bestimmt werden. Der Erwartungswert lässt sich allgemein mit der Formel

$$\mathbb{E}[X] = n \cdot p$$

berechnen. In unserer Aufgabe ist $n = 30$. Wir erhalten folgende Erwartungwerte:

$$\begin{aligned} \mathbb{E}_1[X] &= n \cdot p_1 = 18 \\ \mathbb{E}_2[X] &= n \cdot p_2 = 6 \\ \mathbb{E}_3[X] &= n \cdot p_3 = 12 \\ \mathbb{E}_4[X] &= n \cdot p_4 = 27 \end{aligned}$$

Da der höchste Balken immer in der Nähe des Erwartungswertes liegt (Achtung: Der höchste Balken muss nicht dem Erwartungswert entsprechen), kann die folgende Zuordnung bestimmt werden:

$$\text{blau} \to p_2 \qquad \text{grün} \to p_1 \qquad \text{rot} \to p_4$$

Die Wahrscheinlichkeit p_3 kann also nicht zugeordnet werden.

Lösung zu Aufgabe 266

Zu Teil a):
Da die Fehlerquote bei jedem Glas gleich groß ist und es auch keinen Unterschied macht, welche Gläser man betrachtet, kann man die folgende Gleichung aufstellen und lösen:

$$\begin{aligned} p \cdot 1 \cdot 1 \cdot p \cdot 1 &= 0{,}04 \qquad \left|\sqrt{\cdot}\right. \\ p &= 0{,}2 \end{aligned}$$

Beachte, dass bei den restlichen drei Gläsern nicht festgelegt wurde, ob sie einen Fehler aufweisen oder nicht. Die Fehlerwahrscheinlichkeit der Maschine liegt also bei $p = 0{,}2$.

Zu Teil b):
Die Stichprobenmenge beträgt nun $n = 20$. Außerdem sind 60% der Stichprobenmenge 12 Gläser. Gefragt ist nun nach mindesten 12 fehlerfreien n Gläsern, also höchstens $20 - 12 = 8$ mangelhaften Exemplaren:

$$P(X \leq 8) = F(20; 0{,}2; 8) = 0{,}99$$

Zu Teil c):
Wir definieren das Ereignis

V: „Jedes vierte Glas ist fehlerhaft“.

Dann erhalten wir:

$$\begin{aligned} P(V) &= 1 \cdot 1 \cdot 1 \cdot 0{,}2 \cdot 1 \cdot 1 \cdot 1 \cdot 0{,}2 \cdots 1 \cdot 0{,}2 \\ &= 0{,}2^5 \\ &= 0{,}00032 \end{aligned}$$

Zu Teil d):

$$P(X = 10) = B(20; 0{,}2; 10) = 0{,}0020$$

Zu Teil e):

$$\begin{aligned} P(5 \leq X < 10) &= P(X \leq 9) - P(X \leq 4) \\ &= F(20; 0{,}2; 9) - F(20; 0{,}2; 4) \\ &= 0{,}9974 - 0{,}6296 \\ &= 0{,}3678 \end{aligned}$$

Lösung zu Aufgabe 267

Die fehlenden Wahrscheinlichkeiten lassen sich leicht berechnen.

- Da die Stichprobengröße $n = 4$ ist, folgt sofort
$$P(X \leq 4) = 1.$$
- Wir stellen die folgenden Umformungen auf und können mit den gegebenen Werten berechnen:
$$\begin{aligned} & P(X \leq 3) = P(X \leq 1) + P(X = 2) + P(X = 3) \\ \Leftrightarrow \quad & P(X = 2) = P(X \leq 3) - P(X \leq 1) - P(X = 3) \\ & = 0{,}3456 \end{aligned}$$
$$\begin{aligned} & P(X \leq 4) = P(X \leq 3) + P(X = 4) \\ \Leftrightarrow \quad & P(X = 4) = P(X \leq 4) - P(X \leq 3) \\ & = 0{,}0256 \end{aligned}$$

Daraus ergeben sich die folgenden vollständigen Diagramme:

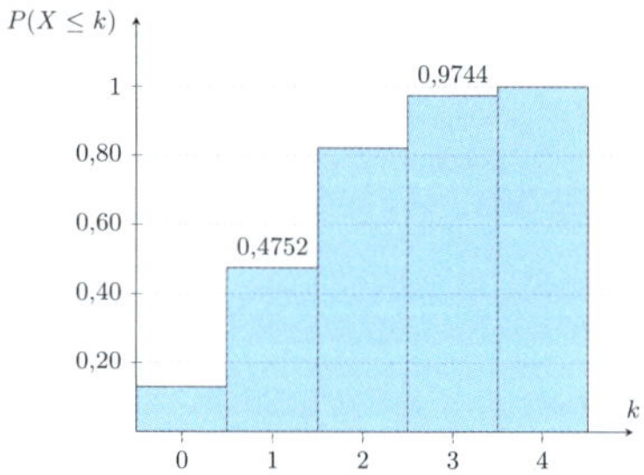

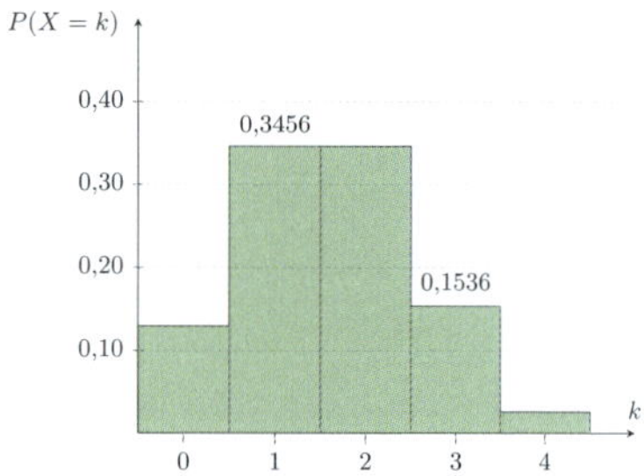

Lösung zu Aufgabe 268

Zu Teil a):
Für jede der n Personen können genau zwei Ergebnisse unterschieden werden:

G: „Die Person hat gewählt“

$\overline{G}$: „Die Person hat nicht gewählt“

Da angenommen werden kann, dass die Entscheidung zur Wahlbeteiligung einer Person unabhängig von der Entscheidung der anderen Personen getroffen wird, bleibt die Wahrscheinlichkeit unverändert.

Zu Teil b):
Ein mögliches Ereignis ist:

E: „Von insgesamt 50 zufällig ausgewählten, wahlberechtigten Personen haben sich höchstens 25 an der Wahl beteiligt.“

Zu Teil c):

$$P(X_{100} \geq 50) = 1 - P(X_{100} \leq 49) = 1 - \sum_{k=0}^{49} \binom{100}{k} \cdot 0{,}449^k \cdot 0{,}551^{100-k} \approx 0{,}1774$$

Zu Teil d):
Erwartungswert $\mu = 1000 \cdot 0,449 = 449$;
$P(439 \leq X_{1000} \leq 459) = P(X_{1000} \leq 459) - P(X_{1000} \leq 438) \approx 0{,}4956$

Die Wahrscheinlichkeit $P(|X_{1000} - \mu| \leq 10)$ entspricht der Wahrscheinlichkeit, dass bei 1000 zufällig ausgewählten Personen die Anzahl derer, die gewählt haben, um höchstens zehn vom Erwartungswert abweicht.

Lösung zu Aufgabe 269

Zu Teil a):
Hannah kann nur Funghi- oder Margheritapizzen essen. Die Wahrscheinlichkeit, dass Funghistücke geliefert werden beträgt

$$P(F) = 100\% - 21\% - 38\% - 8\% = 33\%.$$

Die Wahrscheinlichkeit $P(M)$, dass Margheritastücke geliefert werden beträgt

$$P(M) = 38\%.$$

Die Wahrscheinlichkeit $P(H)$, dass Hannah sich eine Pizza holen kann beträgt also

$$P(H) = 33\% + 38\% = 71\%.$$

Wir berechnen nun, mit Hilfe der Binomialverteilung, die Wahrscheinlichkeit, dass sie an genau drei von fünf Tagen eine Pizza essen kann:

$$P(X = 3) = \binom{5}{3} \cdot 0{,}71^3 \cdot 0{,}29^2 \approx 0{,}301$$

Zu Teil b):
Ein mögliches Ereignis A ist:

A: „In der gesamten Woche wird keine Pizza Margerita geliefert."

Zu Teil c):
Wir berechnen zunächst die Wahrscheinlichkeit, dass keine Pizza Funghi geliefert wird:

$$P(\overline{F}) = 1 - P(F) = 67\%$$

Nun wollen wir die Wahrscheinlichkeit berechnen, dass es mindestens drei mal, aber höchstens vier mal in der Woche keine Pizza Funghi gibt:

$$\begin{aligned} P(3 \leq X \leq 4) &= P(X = 3) + P(X = 4) \\ &= \binom{5}{3} \cdot 0{,}67^3 \cdot 0{,}33^2 + \binom{5}{4} \cdot 0{,}67^4 \cdot 0{,}33^1 \\ &\approx 0{,}328 + 0{,}332 = 0{,}66 \end{aligned}$$

Er kann also in 66% der Fälle mindestens drei mal, aber höchstens vier mal die Woche Pizza essen.

Zu Teil d):
Wir berechnen den Erwartungswert der Binomialverteilung mit den Parametern $n = 5$ und $p = 0{,}21$. Der Erwartungswert lässt sich allgemein mit der Formel

$$\mathbb{E}[X] = n \cdot p$$

berechnen. Wir erhalten hier also:

$$\mathbb{E}[X] = 5 \cdot 0{,}21 = 1{,}05$$

An ca. einem Tag in der Woche wird also eine Pizza Prosciutto geliefert.

3M-Aufgaben

Lösung zu Aufgabe 270

Hier handelt es sich um eine klassische 3M-Aufgabe.

Schritt 1:
Stelle den Sachverhalt in einer Gleichung dar:

$$P_n(X \geq 1) \geq 0{,}9$$

Der Index n deutet hierbei an, dass wir die Stichprobenlänge (Anzahl der Würfe) nicht kennen. Diese ist gesucht.

Schritt 2:
Gehe zum Gegenereignis über:

$$1 - P_n(X = 0) \geq 0{,}9$$

Schritt 3:
Berechne die Wahrscheinlichkeit $P_n(X = 0)$. Die Wahrscheinlichkeit, keine Eins zu Würfeln, ist bei jedem Wurf $p = 0{,}95$. Also:

$$P_n(X = 0) = (0{,}95)^n$$

Schritt 4:
Setze das Ergebnis in die Ungleichung ein und löse diese auf:

$$\begin{aligned} 1 - (0{,}95)^n &\geq 0{,}9 && \big| -1, \ \cdot(-1) \\ (0{,}95)^n &\leq 0{,}1 && \big| \ln \\ n \cdot \ln(0{,}95) &\leq \ln(0{,}1) \end{aligned}$$

Teilen wir nun durch ln(0,95) dreht sich das Ungleichheitszeichen um:

$$n \geq \frac{\ln(0{,}1)}{\ln(0{,}95)} \approx 44{,}89$$

Man muss also mindestens 45 mal werfen.

Lösung zu Aufgabe 271

Hier handelt es sich um eine klassische 3M-Aufgabe.

Schritt 1:
Stelle den Sachverhalt in einer Gleichung dar:

$$P(X \geq 1) \geq 0{,}8$$

Der Index n deutet hierbei an, dass wir die Stichprobenlänge (Anzahl der Lose) nicht kennen. Diese ist gesucht.

Schritt 2:
Gehe zum Gegenereigniss über:

$$1 - P(X = 0) \geq 0{,}8$$

Schritt 3:
Berechne die Wahrscheinlichkeit $P(X = 0)$. Die Wahrscheinlichkeit, nicht zu gewinnen, ist bei jedem Los $p = 0{,}9$. Also:

$$P(X = 0) = (0{,}9)^n$$

Schritt 4:
Setze das Ergebnis in die Ungleichung ein und löse diese auf:

$$\begin{aligned} 1 - (0{,}9)^n &\geq 0{,}8 \qquad && \big|-1,\ \cdot(-1) \\ (0{,}9)^n &\leq 0{,}2 && \big|\ln \\ n \cdot \ln(0{,}9) &\leq \ln(0{,}2) \end{aligned}$$

Teilen wir nun durch $\ln(0{,}9)$ dreht sich das Ungleichheitszeichen um:

$$n \geq \frac{\ln(0{,}2)}{\ln(0{,}9)} \approx 15{,}28$$

Man muss also mindestens 16 Lose kaufen.

Lösung zu Aufgabe 272

Zu Teil a):
Um 60% der Fragen richtig zu beantworten muss Ben mindestens $0{,}6 \cdot 20 = 12$ Fragen richtig beantworten. Hier wird also nach der kumulierten Wahrscheinlichkeit $P(X > 12)$ gefragt. Wir schreiben um:

$$P(X > 12) = 1 - P(X \leq 12)$$

Die Wahrscheinlichkeit $P(X \leq 12)$ kann im Tafelwerk abgelesen werden:

$$P(X \leq 12) = F\left(20; \frac{1}{3}; 12\right) = 0{,}9963$$

Wir erhalten also

$$P(X > 12) = 1 - 0{,}9963 = 0{,}0037.$$

Er errät also mit einer Wahrscheinlichkeit von lediglich 0,37% mehr als 12 der insgesamt 20 Aufgaben richtig.

Zu Teil b):
Hier handelt es sich um eine klassische 3M-Aufgabe.

Schritt 1:
Stelle den Sachverhalt in einer Gleichung dar:

$$P_n(X \geq 1) \geq 0{,}8$$

Der Index n deutet hierbei an, dass wir die Stichprobenlänge (Anzahl der geratenen Aufgaben) nicht kennen. Diese ist gesucht.

Schritt 2:
Gehe zum Gegenereignis über:

$$1 - P_n(X = 0) \geq 0{,}8$$

Schritt 3:
Berechne die Wahrscheinlichkeit $P_n(X = 0)$. Die Wahrscheinlichkeit, die Aufgabe falsch zu beantworten, ist bei jedem Versuch $p = \frac{2}{3}$. Also:

$$P_n(X = 0) = \left(\frac{2}{3}\right)^n$$

Schritt 4:
Setze das Ergebnis in die Ungleichung ein und löse diese auf:

$$\begin{aligned} 1-\left(\frac{2}{3}\right)^n &\geq 0{,}8 && \mid -1,\ \cdot(-1) \\ \left(\frac{2}{3}\right)^n &\leq 0{,}2 && \mid \ln \\ n\cdot\ln\left(\frac{2}{3}\right) &\leq \ln(0{,}2) \end{aligned}$$

Teilen wir nun durch $\ln\left(\frac{2}{3}\right)$ dreht sich das Ungleichheitszeichen um:

$$n \geq \frac{\ln(0{,}2)}{\ln\left(\frac{2}{3}\right)} \approx 3{,}97$$

Er muss also mindestens vier mal raten.

Lösung zu Aufgabe 273

Hier handelt es sich um eine klassische 3M-Aufgabe.

Schritt 1:
Stelle den Sachverhalt in einer Gleichung dar:

$$P(X \geq 1) \leq 0{,}5$$

Der Index n deutet hierbei an, dass wir die Stichprobenlänge (Anzahl der Fahrten ohne Ticket) nicht kennen. Diese ist gesucht.

Schritt 2:
Gehe zum Gegenereignis über:

$$1 - P(X = 0) \leq 0{,}5$$

Schritt 3:
Berechne die Wahrscheinlichkeit $P(X = 0)$. Die Wahrscheinlichkeit, nicht erwischt zu werden, ist bei jeder Fahrt $p = 0{,}95$. Also:

$$P(X = 0) = (0{,}95)^n$$

Schritt 4:
Setze das Ergebnis in die Ungleichung ein und löse diese auf:

$$\begin{aligned} 1-(0{,}95)^n &\leq 0{,}5 && \big|-1,\ \cdot(-1) \\ (0{,}95)^n &\geq 0{,}5 && \big|\ln \\ n\cdot\ln(0{,}95) &\geq \ln(0{,}5) \end{aligned}$$

Teilen wir nun durch ln(0,95) dreht sich das Ungleichheitszeichen um:

$$n \leq \frac{\ln(0{,}5)}{\ln(0{,}95)} \approx 13{,}51$$

Sie darf also höchstens 13 mal ohne Ticket fahren.

Lösung zu Aufgabe 274

Zu Teil a):
Hier handelt es sich um eine klassische 3M-Aufgabe.

Schritt 1:
Stelle den Sachverhalt in einer Gleichung dar:

$$P_n(X \geq 1) \geq 0{,}6$$

Der Index n deutet hierbei an, dass wir die Stichprobenlänge (Anzahl der gespielten Runden) nicht kennen. Diese ist gesucht.

Schritt 2:
Gehe zum Gegenereigniss über:

$$1 - P_n(X = 0) \geq 0{,}6$$

Schritt 3:
Berechne die Wahrscheinlichkeit $P_n(X = 0)$. Die Wahrscheinlichkeit, keine Karten zu erhalten, liegt in jeder Runde bei $p = 0{,}95$. Also:

$$P_n(X = 0) = (0{,}95)^n$$

Schritt 4:
Setze das Ergebnis in die Ungleichung ein und löse diese auf:

$$\begin{aligned} 1-(0{,}95)^n &\geq 0{,}6 \qquad && \big|-1,\ \cdot(-1) \\ (0{,}95)^n &\leq 0{,}4 && \big|\ln \\ n\cdot\ln(0{,}95) &\leq \ln(0{,}4) \end{aligned}$$

Teilen wir nun durch ln(0,95) dreht sich das Ungleichheitszeichen um:

$$n \geq \frac{\ln(0{,}4)}{\ln(0{,}95)} \approx 17{,}86$$

Man muss also mindestens 18 Runden spielen.

Zu Teil b):
Hier handelt es sich nicht mehr um eine „klassische“ 3M-Aufgabe. Das Prinzip bleibt jedoch das Gleiche.

Schritt 1:
Stelle den Sachverhalt in einer Gleichung dar:

$$P_n(X>1) \geq 0{,}05$$

Der Index n deutet hierbei an, dass wir die Stichprobenlänge (Anzahl der gespielten Runden) nicht kennen. Diese ist gesucht.

Schritt 2:
Gehe zum Gegenereignis über:

$$\begin{aligned} 1-P_n(X\leq 1) &\geq 0{,}05 \\ P_n(X\leq 1) &\leq 0{,}95 \end{aligned}$$

Schritt 3:
Lies den entsprechenden Wert im Tafelwerk ab. Dazu schauen wir in die Spalte mit $p=0{,}05$. Achte zudem drauf die Spalte mit der kumulativen Wahrscheinlichkeit zu benutzen. Das Tafelwerk ergibt

$$n \geq 8.$$

Man muss also mindesten acht mal spielen.

Lösung zu Aufgabe 275

Zu Teil a):
Hier handelt es sich um eine klassische 3M-Aufgabe.

Schritt 1:
Stelle den Sachverhalt in einer Gleichung dar:

$$P_n(X \geq 1) \geq 0{,}01$$

Der Index n deutet hierbei an, dass wir die Stichprobenlänge (Anzahl der Flugreisen) nicht kennen. Diese ist gesucht.

Schritt 2:
Gehe zum Gegenereignis über:

$$1 - P_n(X = 0) \geq 0{,}01$$

Schritt 3:
Berechne die Wahrscheinlichkeit $P_n(X = 0)$. Die Wahrscheinlichkeit, dass nichts Unerwartetes geschieht, liegt bei jedem Flug bei $p = 0{,}999$. Also:

$$P_n(X = 0) = (0{,}999)^n$$

Schritt 4:
Setze das Ergebnis in die Ungleichung ein und löse diese auf:

$$\begin{aligned} 1 - (0{,}999)^n &\geq 0{,}01 && \big| -1, \ \cdot(-1) \\ (0{,}999)^n &\leq 0{,}99 && \big| \ln \\ n \cdot \ln(0{,}999) &\leq \ln(0{,}99) \end{aligned}$$

Teilen wir nun durch $\ln(0{,}999)$ dreht sich das Ungleichheitszeichen um:

$$n \geq \frac{\ln(0{,}99)}{\ln(0{,}999)} \approx 10{,}05$$

Man muss also mindestens 11 mal fliegen.

Zu Teil b):
Hier handelt es sich um ein klassische 3M-Aufgabe.

Schritt 1:
Stelle den Sachverhalt in einer Gleichung dar:

$$P_n(X \geq 1) \leq 0{,}01$$

Der Index n deutet hierbei an, dass wir die Stichprobenlänge (Anzahl der Flugreisen) nicht kennen. Diese ist gesucht.

Schritt 2:
Gehe zum Gegenereignis über:

$$\begin{aligned} 1 - P_n(X = 0) &\leq 0{,}01 \\ P_n(X = 0) &\geq 0{,}99 \end{aligned}$$

Schritt 3:
Berechne die Wahrscheinlichkeit $P_n(X = 0)$. Die Wahrscheinlichkeit, dass nichts Unerwartetes geschieht, liegt bei jedem Flug bei $p = 0{,}999$. Also:

$$P_n(X = 0) = (0{,}999)^n$$

Schritt 4:
Setze das Ergebnis in die Ungleichung ein und löse diese auf:

$$\begin{aligned} 1 - (0{,}999)^n &\leq 0{,}01 && \Big| -1, \ \cdot(-1) \\ (0{,}999)^n &\geq 0{,}99 && \Big| \ln \\ n \cdot \ln(0{,}999) &\geq \ln(0{,}99) \end{aligned}$$

Teilen wir nun durch ln(0,999) dreht sich das Ungleichheitszeichen um:

$$n \leq \frac{\ln(0{,}99)}{\ln(0{,}999)} \approx 10{,}05$$

Man darf also höchstens 10 mal fliegen.

Tatsächlich beschreibt diese Fragestellung den selben Sachverhalt wir Teilaufgabe a). Wir sehen hier wie eng 3M Aufgaben mit „mindestens“ und „höchstens“ verwandt sind. Beim ersten Fall fungiert der ermittelte Wert als untere Grenze und ist damit auch die obere Grenze für den zweiten Fall. Die einzige Unterscheidung liegt also in der Art zu Runden.

Hypothesentests

Lösung zu Aufgabe 276

Zu Teil a):
Gesucht ist die Entscheidungsregel k.

Schritt 1:
Bestimme die Nullhypothese:

$$H_0\colon p \geq 0{,}7$$

Es handelt sich also um einen linksseitigen Hypothesentest.

Schritt 2:
Bestimme die Stichprobenlänge n und das Signifikanzniveau α:

$$n = 200 \quad \text{und} \quad \alpha = 0{,}05$$

Schritt 3:
Stelle den Annahmebereich A, sowie den Ablehnungsbereich $\overline{A}$ allgemein auf:

$$A = \{k+1, ..., 200\} \quad \text{und} \quad \overline{A} = \{0, ..., k\}$$

Schritt 4:
Die Wahrscheinlichkeit, zufällig im Ablehnungsbereich zu landen, muss kleiner sein als das gegebene Signifikanzniveau:

$$P(X \leq k) \leq 0{,}05$$

Der entsprechende Wert kann im Tafelwerk abgelesen werden. Wir erhalten:

$$k = 128$$

Achte hier darauf, $n = 200$ und $p = 0{,}7$ zu benutzen und in der Spalte der kumulierten Wahrscheinlichkeit abzulesen.

Schritt 5:
Gib den Annahme, sowie den Ablehnungsbereich an:

$$A = \{129, ..., 200\} \quad \text{und} \quad \overline{A} = \{0, ..., 128\}$$

Zu Teil b):
Ein Fehler zweiter Art bedeutet eine falsche Hypothese irrtümlicherweise anzunehmen. Gesucht ist hier die Wahrscheinlichkeit im Annahmebereich zu landen, also die Wahrscheinlichkeit für einen Fehler zweiter Art:

$$P(X \geq 129) = 1 - P(X \leq 128) = 1 - F(200; 0{,}6; 128) = 0{,}10942$$

Beachte hierbei, die neue Wahrscheinlichkeit $p = 0{,}6$ und nicht die alte zu benutzen. Die Wahrscheinlichkeit für einen Fehler zweiter Art beträgt also

$$P(X \geq 129) = 0{,}10942.$$

Lösung zu Aufgabe 277

Zu Teil a):
Gesucht ist die Entscheidungsregel k.

Schritt 1:
Bestimme die Nullhypothese:

$$H_0\colon p \geq 0{,}7$$

Es handelt sich also um einen linksseitigen Hypothesentest.

Schritt 2:
Bestimme die Stichprobenlänge n und das Signifikanzniveau α:

$$n = 100 \quad \text{und} \quad \alpha = 0{,}1$$

Schritt 3:
Stelle den Annahmebereich A, sowie den Ablehnungsbereich $\overline{A}$ allgemein auf:

$$A = \{k+1, ..., 100\} \quad \text{und} \quad \overline{A} = \{0, ..., k\}$$

Schritt 4:
Die Wahrscheinlichkeit, zufällig im Ablehnungsbereich zu landen, muss kleiner sein als das gegebene Signifikanzniveau:

$$P(X \leq k) \leq 0{,}1$$

Der entsprechende Wert kann im Tafelwerk abgelesen werden. Wir erhalten:

$$k = 63$$

Achte hier darauf, $n = 100$ und $p = 0{,}7$ zu benutzen und in der Spalte der kumulierten Wahrscheinlichkeit abzulesen.

Schritt 5:
Gib den Annahme-, sowie den Ablehnungsbereich an:

$$A = \{64, ..., 100\} \quad \text{und} \quad \overline{A} = \{0, ..., 63\}$$

Zu Teil b):
Gesucht ist also die Wahrscheinlichkeit, mit $p = 0,8$ im Annahmebereich zu landen:

$$P(X \geq 64) = 1 - P(X \leq 63) = 1 - F(100; 0{,}8; 63) = 0{,}99994$$

Beachte hierbei, die neue Wahrscheinlichkeit $p = 0{,}8$ und nicht die alte zu benutzen. Die Wahrscheinlichkeit für ein Testergebnis, welches die Nullhypothese bestätigt ist also

$$P(X \geq 64) = 0{,}99994.$$

Zu Teil c):
Ein Fehler zweiter Art bedeutet eine falsche Hypothese irrtümlicherweise anzunehmen. Gesucht ist also die Wahrscheinlichkeit, mit $p = 0,5$ im Annahmebereich zu landen:

$$P(X \geq 64) = 1 - P(X \leq 63) = 1 - F(100; 0{,}5; 63) = 0{,}00332$$

Beachte hierbei, die neue Wahrscheinlichkeit $p = 0{,}5$ und nicht die alte zu benutzen. Die Wahrscheinlichkeit für einen Fehler zweiter Art beträgt also

$$P(X \geq 64) = 0{,}00332.$$

Lösung zu Aufgabe 278

Gesucht ist nach dem Annahme und Ablehnungsbereich eines zweiseitigen Hypothesentests.

Schritt 1:
Bestimme die Nullhypothese, sowie Stichprobenlänge und Signifikanzniveau. Die Nullhypothese lautet

$$H_0\colon p = 0{,}15.$$

Die Stichprobenmenge beträgt $n = 100$.
Getestet werden soll zum Signifikanzniveau $\alpha = 0{,}1$.

Schritt 2:

Schreibe den Annahme-, sowie die Ablehnungsbereiche allgemein auf:

$$A = \{k_1 + 1, ..., k_2\}, \quad \overline{A_1} = \{0, ..., k_1\} \quad \text{und} \quad \overline{A_2} = \{k_2 + 1, ..., n\}$$

Schritt 3:
Da es sich um einen zweiseitigen Hypothesentest handelt, muss für die Ablehnungsbereiche

$$P(X \leq k_1) \leq \frac{\alpha}{2} \quad \text{und} \quad P(X > k_2) \leq \frac{\alpha}{2}$$

gelten. Um das Tafelwerk benutzen zu können, muss man bei der zweiten Wahrscheinlichkeit zum Gegenereignis übergehen. Damit folgt:

$$P(X \leq k_1) \leq 0{,}05 \quad \text{und} \quad P(X \leq k_2) \geq 1 - \frac{0{,}1}{2} = 0{,}95$$

Schritt 4:
Lies die entsprechenden Werte für k_1 und k_2 im Tafelwerk ab. Benutze dazu $n = 100$ und $p = 0{,}15$. Man erhält:

$$k_1 = 8 \quad \text{und} \quad k_2 = 21$$

Schritt 5:
Gib den Annahme-, sowie die Ablehnungsbereiche an.

$$A = \{9, ..., 21\}, \quad \overline{A_1} = \{0, ..., 8\} \quad \text{und} \quad \overline{A_2} = \{22, ..., 100\}$$

Lösung zu Aufgabe 279

Zu Teil a):
Gesucht ist die Entscheidungsregel k.

Schritt 1:
Bestimme die Nullhypothese:

$$H_0\colon p < 0{,}1$$

Es handelt sich also um einen rechtsseitigen Hypothesentest.

Schritt 2:
Bestimme die Stichprobenlänge n und das Signifikanzniveau α:

$$n = 100 \quad \text{und} \quad \alpha = 0{,}05$$

Schritt 3:

Stelle den Annahmebereich A, sowie den Ablehnungsbereich $\overline{A}$ allgemein auf:

$$A = \{1, ..., k\} \quad \text{und} \quad \overline{A} = \{k+1, ..., 100\}$$

Schritt 4:
Die Wahrscheinlichkeit, zufällig im Ablehnungsbereich zu landen, muss kleiner sein als das gegebene Signifikanzniveau:

$$P(X \geq k+1) \leq 0{,}05$$

Dieser Wert kann nicht im Tafelwerk abgelesen werden. Gehe daher zum Gegenereignis über:

$$\begin{aligned} 1 - P(X \leq k) &\leq 0{,}05 \\ P(X \leq k) &\geq 0{,}95 \end{aligned}$$

Der entsprechende Wert kann im Tafelwerk abgelesen werden. Wir erhalten:

$$k = 15$$

Achte hier darauf, $n = 100$ und $p = 0{,}1$ zu benutzen und in der Spalte der kumulierten Wahrscheinlichkeit abzulesen.

Schritt 5:
Gib den Annahme-, sowie den Ablehnungsbereich an:

$$A = \{1, ..., 15\} \quad \text{und} \quad \overline{A} = \{16, ..., 100\}$$

Zu Teil b):
Die Nullhypothese wird stets so gewählt, dass der Fehler erster Art dem Ereignis entspricht, das „unerwünschter" ist.
Der Fehler erster Art in diesem Fall wäre, dass tatsächlich weniger als 10% der Lieferungen wurmstichig sind, dies aber irrtümlicherweise abgelehnt wird. Der Schreiner würde also zum teureren lokalen Anbieter wechseln, ohne das dies notwendig ist.
Bei der Wahl der Nullhypothese standen also monetäre Aspekte im Vordergrund.

Lösung zu Aufgabe 280

Zu Teil a):
Gesucht ist die Entscheidungsregel k.

Schritt 1:

Bestimme die Nullhypothese:

$$H_0\colon p \leq 0{,}1$$

Es handelt sich also um einen rechtsseitigen Hypothesentest.

Schritt 2:
Bestimme die Stichprobenlänge n und das Signifikanzniveau α:

$$n = 10 \quad \text{und} \quad \alpha = 0{,}05$$

Betrachtet werden die vergangenen zehn Sommermonate. Damit ergibt sich die Stichprobenlänge zu $n = 10$.

Schritt 3:
Stelle den Annahmebereich A, sowie den Ablehnungsbereich $\overline{A}$ allgemein auf:

$$A = \{1, ..., k\} \quad \text{und} \quad \overline{A} = \{k + 1, ..., 10\}$$

Schritt 4:
Die Wahrscheinlichkeit, zufällig im Ablehnungsbereich zu landen, muss kleiner sein als das gegebene Signifikanzniveau:

$$P(X \geq k + 1) \leq 0{,}05$$

Dieser Wert kann nicht im Tafelwerk abgelesen werden. Daher gehen wir zum Gegenereignis über:

$$\begin{aligned} 1 - P(X \leq k) &\leq 0{,}05 \\ P(X \leq k) &\geq 0{,}95 \end{aligned}$$

Der entsprechende Wert kann nun im Tafelwerk abgelesen werden. Wir erhalten:

$$k = 3$$

Achte hier darauf, $n = 10$ und $p = 0{,}1$ zu benutzen und in der Spalte der kumulierten Wahrscheinlichkeit abzulesen.

Schritt 5:
Gib den Annahme, sowie den Ablehnungsbereich an:

$$A = \{1, ..., 3\} \quad \text{und} \quad \overline{A} = \{4, ..., 10\}$$

Zu Teil b):
Gesucht ist die Wahrscheinlichkeit, eine falsche Hypothese irrtümlicherweise anzunehmen, also zufällig im Annahmebereich zu landen. Hierbei handelt es sich um einen Fehler zweiter Art. Wir suchen also die Wahrscheinlichkeit

$$P(X \leq 3) = 0{,}01059.$$

Beachte hierbei die neue Trefferwahrscheinlichkeit $p = 0{,}7$ und nicht die Alte zu benutzen.

Lösung zu Aufgabe 281

Gesucht ist nach dem Annahme- und Ablehnungsbereich eines zweiseitigen Hypothesentests.

Schritt 1:
Bestimme die Nullhypothese, sowie Stichprobenlänge und Signifikanzniveau. Die Nullhypothese lautet

$$H_0\colon p = \frac{12}{20} = 0{,}6.$$

Die Stichprobenmenge beträgt $n = 20$.
Getestet werden soll zum Signifikanzniveau $\alpha = 0{,}1$.

Schritt 2:
Schreibe den Annahme-, sowie die Ablehnungsbereiche allgemein auf:

$$A = \{k_1 + 1, ..., k_2\}, \quad \overline{A_1} = \{0, ..., k_1\} \quad \text{und} \quad \overline{A_2} = \{k_2 + 1, ..., n\}$$

Schritt 3:
Da es sich um einen zweiseitigen Hypothesentest handelt, muss für die Ablehnungsbereiche

$$P(X \leq k_1) \leq \frac{\alpha}{2} \quad \text{und} \quad P(X > k_2) \leq \frac{\alpha}{2}$$

gelten. Um das Tafelwerk benutzen zu können, muss man bei der zweiten Wahrscheinlichkeit zum Gegenereignis übergehen. Damit folgt:

$$P(X \leq k_1) \leq 0{,}05 \quad \text{und} \quad P(X \leq k_2) \geq 1 - \frac{0{,}1}{2} = 0{,}95$$

Schritt 4:
Lies die entsprechenden Werte für k_1 und k_2 im Tafelwerk ab. Benutze dazu $n = 20$ und $p - 0{,}6$. Man erhält:

$$k_1 = 7 \quad \text{und} \quad k_2 = 16$$

Schritt 5:
Gib den Annahme-, sowie die Ablehnungsbereiche an.

$$A = \{8, ..., 16\}, \quad \overline{A_1} = \{0, ..., 7\} \quad \text{und} \quad \overline{A_2} = \{17, ..., 20\}$$

Lösung zu Aufgabe 282

Zu Teil a):
Die Nullhypothese wird stets so gewählt, dass der Fehler erster Art dem Ereignis entspricht, das „unerwünschter“ ist.

1. Der Fehler erster Art im Falle der ersten Hypothese bedeutet, dass das Medikament tatsächlich weniger als 10% Nebenwirkungen hat, die Studie dies jedoch irrtümlicherweise ablehnt. Das würde zu beachtlichen finanziellen Einbußen führen, da das Unternehmen Geld in die Entwicklung gesteckt hat, was sich nun nicht auszahlt, da das Medikament scheinbar nicht marktreif ist.

2. Der Fehler erster Art im Falle der zweiten Hypothese bedeutet, dass das Medikament tatsächlich mehr als 10% Nebenwirkungen hat, die Studie dies jedoch irrtümlicherweise ablehnt. Das würde zu einem beträchtlichen Image-Schaden führen, da das Unternehmen ein noch nicht marktreifes Medikament auf den Markt bringt, das potentiell sogar Menschen langfristig schädigt.

Die erste Hypothese stammt also vom Chef der Finanzabteilung, während die zweite der Chefin der PR-Abteilung zugeordnet werden kann.

Zu Teil b):
Gesucht ist die Entscheidungsregel k.

Schritt 1:
Bestimme die Nullhypothese:

$$H_0\colon p \geq 0{,}1$$

Es handelt sich also um einen linksseitigen Hypothesentest.

Schritt 2:
Bestimme die Stichprobenlänge n und das Signifikanzniveau α:

$$n = 200 \quad \text{und} \quad \alpha = 0{,}05$$

Schritt 3:
Stelle den Annahmebereich A, sowie den Ablehnungsbereich $\overline{A}$ allgemein auf:

$$A = \{k+1, ..., 200\} \quad \text{und} \quad \overline{A} = \{0, ..., k\}$$

Schritt 4:
Die Wahrscheinlichkeit, zufällig im Ablehnungsbereich zu landen, muss kleiner sein als das gegebene Signifikanzniveau:

$$P(X \leq k) \leq 0{,}05$$

Der entsprechende Wert kann im Tafelwerk abgelesen werden. Wir erhalten:

$$k = 12$$

Achte hier darauf, $n = 200$ und $p = 0{,}1$ zu benutzen und in der Spalte der kumulierten Wahrscheinlichkeit abzulesen.

Schritt 5:
Gib den Annahme-, sowie den Ablehnungsbereich an:

$$A = \{13, ..., 200\} \quad \text{und} \quad \overline{A} = \{0, ..., 12\}$$

Lösung zu Aufgabe 283

Zu Teil a):
Gesucht ist die Entscheidungsregel k.

Schritt 1:
Bestimme die Nullhypothese:

$$H_0\colon p \geq 0{,}6$$

Es handelt sich also um einen linksseitigen Hypothesentest.

Schritt 2:
Bestimme die Stichprobenlänge n und das Signifikanzniveau α:

$$n = 50 \quad \text{und} \quad \alpha = 0{,}1$$

Schritt 3:
Stelle den Annahmebereich A, sowie den Ablehnungsbereich $\overline{A}$ allgemein auf:

$$A = \{k+1, ..., 50\} \quad \text{und} \quad \overline{A} = \{0, ..., k\}$$

Schritt 4:
Die Wahrscheinlichkeit, zufällig im Ablehnungsbereich zu landen, muss kleiner sein als das gegebene Signifikanzniveau:

$$P(X \leq k) \leq 0{,}1$$

Der entsprechende Wert kann im Tafelwerk abgelesen werden. Wir erhalten:

$$k = 25$$

Achte hier darauf, $n = 50$ und $p = 0{,}6$ zu benutzen und in der Spalte der kumulierten Wahrscheinlichkeit abzulesen.

Schritt 5:
Gib den Annahme-, sowie den Ablehnungsbereich an:

$$A = \{26, ..., 50\} \quad \text{und} \quad \overline{A} = \{0, ..., 25\}$$

Zu Teil b):
Die Nullhypothese wird stets so gewählt, dass der Fehler erster Art dem Ereignis entspricht, das „unerwünschter“ ist.
Der Fehler erster Art in diesem Fall wäre, dass tatsächlich mehr als 60% der Kinder Harry Potter mögen, dies aber irrtümlicherweise abgelehnt wird. Die Bibliothek würde die Bücher also irrtümlicherweise nicht anschaffen, was zu Lasten der Kinder geht. Bei der Wahl der Nullhypothese stand also die Zufriedenheit der Kinder im Vordergrund.

Zu Teil c):
Ein Fehler zweiter Art bedeutet eine falsche Hypothese irrtümlicherweise anzunehmen. Gesucht ist also die Wahrscheinlichkeit im Annahmebereich zu landen.

$$P(X \geq 26) = 1 - P(X \leq 25) = 1 - F(50; 0{,}5; 25) = 0{,}44386$$

Beachte hierbei, die neue Wahrscheinlichkeit $p = 0{,}5$ und nicht die alte zu benutzen.
Die Wahrscheinlichkeit für einen Fehler zweiter Art beträgt also

$$P(X \geq 26) = 0{,}44386.$$

Lösung zu Aufgabe 284

Zu Teil a):
Gesucht ist nach dem Annahme- und Ablehnungsbereich eines zweiseitigen Hypothesentests. Anhand dessen kann entschieden werden, ob mit dem durchgeführten Zufallsexperiment auf eine nicht ideale Münze geschlossen werden kann.

Schritt 1:
Bestimme die Nullhypothese, sowie Stichprobenlänge und Signifikanzniveau. Die Nullhypothese lautet

$$H_0\colon p = 0{,}5.$$

Die Stichprobenmenge beträgt $n = 50$. Getestet werden soll zum Signifikanzniveau $\alpha = 0{,}5$.

Schritt 2:
Schreibe den Annahme-, sowie die Ablehnungsbereiche allgemein auf:

$$A = \{k_1 + 1, ..., k_2\}, \quad \overline{A_1} = \{0, ..., k_1\} \quad \text{und} \quad \overline{A_2} = \{k_2 + 1, ..., n\}$$

Schritt 3:
Da es sich um einen zweiseitigen Hypothesentest handelt, muss für die Ablehnungsbereiche

$$P(X \leq k_1) \leq \frac{\alpha}{2} \quad \text{und} \quad P(X > k_2) \leq \frac{\alpha}{2}$$

gelten. Um das Tafelwerk benutzen zu können, muss man bei der zweiten Wahrscheinlichkeit zum Gegenereignis übergehen. Damit folgt:

$$P(X \leq k_1) \leq 0{,}025 \quad \text{und} \quad P(X \leq k_2) \geq 1 - \frac{0{,}05}{2} = 0{,}975$$

Schritt 4:
Lies die entsprechenden Werte für k_1 und k_2 im Tafelwerk ab. Benutze dazu $n = 50$ und $p = 0{,}5$. Man erhält

$$k_1 = 17 \quad \text{und} \quad k_2 = 32.$$

Schritt 5:
Gib den Annahme-, sowie die Ablehnungsbereiche an:

$$A = \{18, ..., 32\}, \quad \overline{A_1} = \{0, ..., 17\} \quad \text{und} \quad \overline{A_2} = \{33, ..., 50\}$$

Schritt 6:
Bei unserem Zufallsexperiment hat die Münze 30-mal Kopf gezeigt. Das Ergebnis befindet sich damit noch im Annahmebereich, und die Nullhypothese kann nicht verworfen werden. Wir können damit nicht auf auf eine nicht-ideale Münze schließen.

Zu Teil b):
Gesucht ist die Wahrscheinlichkeit, im Annahmebereich von H_0 zu landen (Fehler 2. Art). Achte darauf, hierbei $n = 50$ und $p = 0{,}5$ zu benutzen:

$$P(18 \leq X \leq 32) = P(X \leq 32) - P(X \leq 17) = 0{,}98358 - 0{,}01642 = 0{,}96716$$

Man begeht also mit einer sehr hohen Wahrscheinlichkeit einen Fehler zweiter Art.

Moivre-Laplace

Lösung zu Aufgabe 285

Gesucht ist die Entscheidungsregel k.

Schritt 1:
Bestimme die Nullhypothese:

$$H_0\colon p \leq 0{,}1$$

Es handelt sich also um einen rechtsseitigen Hypothesentest.

Schritt 2:
Bestimme die Stichprobenlänge n und das Signifikanzniveau α:

$$n = 200 \quad \text{und} \quad \alpha = 0{,}05$$

Schritt 3:
Berechne die Standardabweichung und prüfe, ob die Laplace-Bedingung erfüllt ist:

$$\sigma = \sqrt{n \cdot p \cdot (1-p)} = \sqrt{200 \cdot 0{,}1 \cdot 0{,}9} \approx 4{,}24 > 3$$

Die Laplace-Bedingung ist also erfüllt.

Schritt 4:
Da es sich um einen rechtsseitigen Hypothesentest handelt, ist der Annahmebereich durch

$$A = \{0, ..., \mu + z_\alpha \cdot \sigma\}$$

gegeben. Für den Erwartungswert gilt $\mu = n \cdot p = 20$. Da wir zum Signifikanzniveau $a = 0{,}05$ testen, gilt $z_\alpha = 1{,}64$. Wir erhalten also:

$$A = \{0, ..., 27\} \quad \Rightarrow \quad \overline{A} = \{28, ..., 200\}$$

Lösung zu Aufgabe 286

Wir benutzen die Näherungsformel nach de-Moivre-Laplace.

Zu Teil a):

$$\begin{aligned} P(85 \leq X \leq 110) &\approx \Phi\left(\frac{110-\mu+0{,}5}{\sigma}\right) - \Phi\left(\frac{84-\mu-0{,}5}{\sigma}\right) \\ &= \Phi\,(0{,}7) - \Phi(-1{,}1) \\ &= 0{,}62 \end{aligned}$$

Zu Teil b):

$$\begin{aligned} P(X > 100) &= 1 - P(X \leq 100) \\ &\approx 1 - \Phi\left(\frac{100-\mu+0{,}5}{\sigma}\right) \\ &\approx 1 - \Phi(0{,}03) \\ &= 0{,}49 \end{aligned}$$

Zu Teil c):

$$P(X < 70) = P(X \leq 69) \approx \Phi\left(\frac{69-\mu+0{,}5}{\sigma}\right) \approx \Phi(-2{,}03) = 0{,}02$$

Umfangreiche Aufgaben

Lösung zu Aufgabe 287

Die Wahrscheinlichkeit für eine der beiden Zahlen ergibt sich aus dem Verhältnis des Winkels des Sektors der jeweiligen Zahl im Verhältnis zu 360°.

$$P(\text{Zahl } 1) = \frac{120°}{360°} = \frac{1}{3}$$
$$P(\text{Zahl } 2) = \frac{240°}{360°} = \frac{2}{3}$$

Zu Teil a):
Wir drehen das Glücksrad genau 3 mal.

A: Da wir die Wahrscheinlichkeit für zwei mal die Eins suchen, rechnen wir:

$$P(A) = \frac{2}{3} \cdot \frac{1}{3} \cdot \frac{1}{3} \cdot 3 = \frac{2}{9}$$

B: Die positiven Ereignisse für drei mal die selbe Zahl sind:

$$B = \{\{1,1,1\};\{2,2,2\}\}$$

Also müssen wir nur die Wahrscheinlichkeiten für das jeweilige Ereignis addieren.

$$P(\{1,1,1\}) = \left(\frac{1}{3}\right)^3 = \frac{1}{27}$$
$$P(\{2,2,2\}) = \left(\frac{2}{3}\right)^3 = \frac{8}{27}$$

Damit gilt

$$P(B) = \frac{1}{27} + \frac{8}{27} = \frac{1}{3}.$$

C: Die Summe der Zahlen ergibt für folgende Ereignisse fünf:

$$C = \{\{1,2,2\}\{2,1,2\}\{2,2,1\}\}$$

Die Wahrscheinlichkeit der Teilereignisse von C ist jeweils gleich, weshalb gilt:

$$P(C) = \frac{1}{3} \cdot \frac{2}{3} \cdot \frac{2}{3} \cdot 3 = \frac{4}{9}$$

Zu Teil b):
Der Mittelwert entspricht genau dem Erwartungswert für die Anzahl der Dreher, bei denen man eine Summe von mindestens vier erhält.
Wir müssen mindestens zwei und maximal vier mal drehen, um auf eine Summe von vier zu kommen. Im Folgenden werden die Wahrscheinlichkeiten angegeben nach zwei, drei bzw. vier mal Drehen mindestens eine Summe von vier zu erhalten:

$$\text{2 Dreher: } P(2) = \overbrace{\frac{2}{3}\cdot\frac{2}{3}}^{\{2,2\}} = \frac{4}{9}$$

$$\text{3 Dreher: } P(3) = \overbrace{\frac{1}{3}\cdot\frac{1}{3}\cdot\frac{2}{3}}^{\{1,1,2\}} + \overbrace{\frac{1}{3}\cdot\frac{2}{3}\cdot\frac{1}{3}}^{\{1,2,1\}} + \overbrace{\frac{2}{3}\cdot\frac{1}{3}\cdot\frac{1}{3}}^{\{2,1,1\}} + \overbrace{\frac{1}{3}\cdot\frac{2}{3}\cdot\frac{2}{3}}^{\{1,2,2\}} + \overbrace{\frac{2}{3}\cdot\frac{1}{3}\cdot\frac{2}{3}}^{\{2,1,2\}} = \frac{14}{27}$$

$$\text{4 Dreher: } P(4) = \overbrace{\frac{1}{3}\cdot\frac{1}{3}\cdot\frac{1}{3}\cdot\frac{1}{3}}^{\{1,1,1,1\}} + \overbrace{\frac{1}{3}\cdot\frac{1}{3}\cdot\frac{1}{3}\cdot\frac{2}{3}}^{\{1,1,1,2\}} = \frac{1}{27}$$

Damit kann nun der Erwartungswert für die Anzahl an Drehern berechnet werden:

$$\mathbb{E}(X) = \frac{4}{9}\cdot 2 + \frac{14}{27}\cdot 3 + \frac{1}{27}\cdot 4 = 2{,}59$$

Zu Teil c):
Hierbei handelt es sich um eine klassische 3-M Aufgabe:

Schritt 1:
Stelle den Sachverhalt in einer Gleichung dar:

$$P_n(X \geq 1) \geq 0{,}99$$

Schritt 2:
Gehe zum Gegenereignis über. Die Wahrscheinlichkeit für mindestens einen Treffer ist die Gegenwahrscheinlichkeit für gar keinen Treffer:

$$P_n(X = 0) \leq 1 - 0{,}99$$

Schritt 3:
Bestimme die Wahrscheinlichkeit $P_n(X = 0)$:

$$P_n(X = 0) = \left(\frac{2}{3}\right)^n$$

Schritt 4:
Setze das Ergebnis in die Ungleichung ein und löse auf.

$$\left(\frac{2}{3}\right)^n \leq 0{,}01 \quad \Rightarrow \quad n \geq \frac{\ln(0{,}01)}{\ln\left(\frac{2}{3}\right)} \approx 11{,}35$$

Wir müssen also mindestens 12 mal drehen.

Zu Teil d):

X in €	1	2
$P(X)$	$\frac{4}{9}$	$\frac{1}{9}$

Beachte hierbei, dass die Zufallsvariable die Einheit Euro trägt. Nun können wir den Erwartungswert ablesen:

$$\mathbb{E}(X) = \frac{4}{9} \cdot 1 \text{ €} + \frac{1}{9} \cdot 2 \text{ €} = \frac{2}{3} \text{ €}$$

Der Gewinn ist der Umsatz minus den Einsatz:

$$\text{Gewinn} = \frac{2}{3} \text{ €} - 1 \text{ €} = -\frac{1}{3} \text{ €}$$

Bei den derzeitigen Konditionen verliert man also im Mittel 33 Cent pro Spiel. Das Spiel ist also nicht fair. Um ein faires Spiel zu garantieren, müssen die Sektoren neu eingeteilt werden.

$$\begin{aligned} P(\text{Zahl } 2) &= p \\ P(\text{Zahl } 1) &= 1 - p \end{aligned}$$

Der neue Erwartungswert soll einen Euro betragen, also muss gelten:

$$\mathbb{E}(X) = p^2 + 2(1-p)^2 = 1$$

Einsetzen in die Mitternachtsformel ergibt

$$p_1 = \frac{1}{3} \quad \text{und} \quad p_2 = 1$$

Für diese Wahrscheinlichkeiten eine Zwei zu drehen ist das Spiel fair. Der Fall $p_2 = 1$ ist allerdings pathologisch, da hier nur gewonnen wird.

Lösung zu Aufgabe 288

Zu Teil a):
Die Wahrscheinlichkeit für sechs Richtige ergibt sich aus:

$$P = \frac{\text{Anzahl positiver Ereignisse}}{\text{Anzahl möglicher Ereignisse}}$$

Da beim Lotto nicht „zurückgelegt wird" und die Reihenfolge nicht beachtet wird, kann die Anzahl mit der Ereignisse mit dem Binomialkoeffizienten berechnet werden. Die Anzahl der richtigen Ereignisse ergibt sich damit aus :

$$\binom{6}{6} = 1$$

Alternativ kann auch argumentiert werden, dass lediglich eine einzige richtige Kombination von sechs Zahlen existiert (wenn die Reihenfolge nicht beachtet wird). Die Anzahl der möglichen Ereignisse ist:

$$\binom{49}{6} = 13.983.816$$

Somit kommen wir auf eine Wahrscheinlichkeit von

$$P(\text{Sechser im Lotto}) = \frac{\binom{6}{6}}{\binom{49}{6}} = \frac{1}{13.983.816} \approx 0{,}000000072.$$

Die Wahrscheinlichkeit, wenn man 20 mal tippt errechnet sich aus

$$20 \cdot \frac{1}{13.983.816} \approx 1{,}44 \cdot 10^{-6}.$$

Zu Teil b):
Mindestens fünf richtige bedeutet so viel wie fünf Richtige plus sechs Richtige. Die Wahrscheinlichkeit für fünf Richtige ergibt sich aus

$$P(5 \text{ Richtige}) = \frac{\binom{6}{5} \cdot \binom{43}{1}}{\binom{49}{6}}.$$

Somit ergibt sich die Wahrscheinlichkeit für mindestens fünf Richtige aus

$$P(\text{mind. } 5 \text{ Richtige}) = \frac{\binom{6}{5} \cdot \binom{43}{1}}{\binom{49}{6}} + \frac{1}{13.983.816} \approx 1{,}852 \cdot 10^{-5}.$$

Zu Teil c):
Die Wahrscheinlichkeit für mindestens vier Richtige ergibt sich wieder als die Wahrscheinlichkeit für vier, fünf oder sechs Richtige:

$$P(\text{mind. 4 Richtige}) = \frac{\binom{6}{4}\cdot\binom{43}{2} + \binom{6}{5}\cdot\binom{43}{1}}{\binom{49}{6}} + \frac{1}{13.983.816} \approx 0{,}000984$$

Da wir wissen wollen wie hoch die Wahrscheinlichkeit mindestens ist, wenn man ein Jahr lang jeden Tag tippt, rechnen wir:

$$0{,}000984 \cdot 365 \approx 0{,}36$$

Zu Teil d):
Hier handelt es sich um eine klassische 3-M Aufgabe.

Schritt 1:
Formuliere den Sachverhalt in Form einer Gleichung:

$$P_n(X \geq 1) \geq 0{,}8$$

Schritt 2:
Gehe zum Gegenereignis über. Das Gegenereignis von mindestens einem Sechser ist gar kein Sechser.

$$P_n(X = 0) \leq 1 - 0{,}8$$

Schritt 3:
Bestimme die Wahrscheinlichkeit des Gegenereignisses:

$$P_n(X = 0) = \left(\frac{20}{13.983.816}\right)^n$$

Schritt 4:
Setze das Ergebnis in die Ungleichung ein und löse auf.

$$\left(\frac{20}{13.983.816}\right)^n \leq 0{,}2 \quad \Rightarrow \quad n \geq \frac{\ln(0{,}2)}{\ln\left(\frac{20}{13.983.816}\right)} \approx 1.125.303,84$$

Wenn man pro Spiel 20 mal tippt, muss man also ungefähr 1.125.303,84 mal spielen.

Lösung zu Aufgabe 289

Zu Teil a):
Gefragt ist nach der Wahrscheinlichkeit, dass ein zufällig ausgewählter Student die Klausur bestanden hat. Dies kann beispielsweise mit einer Vier-Felder-Tafel ermittelt werden. Wir definieren folgende Ereignisse:

T: „Der Student hat an einem Tutorium teilgenommen."

B: „Der Student hat die Klausur bestanden."

Wir können dem Text entnehmen:

$$|T \cap \overline{B}| = 30$$
$$|T| = 210$$

Zudem können wir ablesen:

$$P_{\overline{T}}(B) = 0{,}25$$

Mit der Definition der bedingten Wahrscheinlichkeit erhalten wir also:

$$P(B \cap \overline{T}) = P_{\overline{T}}(B) \cdot P(\overline{T}) = 0{,}25 \cdot 0{,}4 = 0{,}1$$

Damit erhalten wir folgende Vierfeldertafel:

	T	$\overline{T}$	
B	180	35	215
$\overline{B}$	30	105	135
	210	140	350

Die blau markierten Werte wurden aus der Angabe entnommen. Wir können damit ablesen:

$$p = P(B) = \frac{215}{350} \approx 0{,}6$$

Zu Teil b):
Gefragt ist nach der statistischen Abhängigkeit der zwei Ereignisse B und T. Wir wissen aus Teilaufgabe a):

$$P(B \cap T) = \frac{180}{350} = 0{,}51$$
$$P(B) = \frac{215}{350} = 0{,}61$$
$$P(T) = \frac{210}{350} = 0{,}60$$

Es gilt:

$$P(B \cap T) = 0{,}51 \neq 0{,}37 = P(B) \cdot P(T)$$

Die Ereignisse sind also statistisch abhängig und das Bestehen der Klausur korreliert mit dem Besuch der Tutorien.

Zu Teil c):
Wir nehmen an, dass es sich bei der Zahl der Studenten, die die Klausur bestehen um eine binomial-verteilte Zufallsvariable handelt. Aus der Angabe folgt $p = 0{,}7$. Die Stichprobenlänge n entspricht der Anzahl an Studenten, also $n = 350$. Der Erwartungswert ergibt sich damit zu

$$\mathbb{E}(X) = n \cdot p = 350 \cdot 0{,}7 = 245.$$

Die Standardabweichung ist

$$\sigma = \sqrt{n \cdot p \cdot (1-p)} = \sqrt{350 \cdot 0{,}7 \cdot 0{,}3} \approx 8{,}6.$$

Die Werte, welche sich um maximal eine Standardabweichung vom Erwartungswert unterscheiden, liegen also im Intervall

$$I = [237, 253].$$

Dieses Jahr bestanden 215 Studenten die Klausur. Dieser Wert liegt demnach nicht im Intervall I.

Zu Teil d):
Es handelt sich um eine binomialverteilete Zufallsgröße mit $n = 100$ und $p = 0{,}6$. Es gilt:

$$\text{i)}: \quad P(30 < X < 70) = P(X \leq 69) - P(X \leq 30) \approx 0{,}975$$
$$\text{ii)}: \quad P(X > 50) = 1 - P(X \leq 50) = 0{,}973$$

Zu Teil e):
Gefragt ist, ob das Ergebnis der Umfrage innerhalb des Annahmebereichs der Nullhypothese $H_0 : p \leq 0{,}5$ liegt, wenn die Irrtumswahrscheinlichkeit weniger als fünf Prozent betragen soll. Zudem wissen wir, dass die Stichprobenlänge 100 Studenten umfasst.
Es genügt hier also den Annahmebereich des Signifikanztests mit den besagten Parametern zu bestimmen und dann zu entscheiden, ob der Wert von 47 Studenten in diesem liegt. Gesucht ist die Entscheidungsregel k.

Schritt 1:
Bestimme die Nullhypothese:

$$H_0\colon p \leq 0{,}5$$

Es handelt sich also um einen rechtsseitigen Hypothesentest.

Schritt 2:
Bestimme die Stichprobenlänge n und das Signifikanzniveau α:

$$n = 100 \quad \text{und} \quad \alpha = 0{,}05$$

Schritt 3:
Stelle den Annahmebereich A, sowie den Ablehnungsbereich $\overline{A}$ allgemein auf:

$$A = \{0, ..., k\} \quad \text{und} \quad \overline{A} = \{k+1, ..., n\}$$

Schritt 4:
Die Wahrscheinlichkeit zufällig im Ablehnungsbereich zu landen muss kleiner sein als das gegebene Signifikanzniveau.

$$\begin{aligned} P(X \geq k+1) &\leq 0{,}05 \\ 1 - P(X \leq k) &\leq 0{,}05 \qquad \Big| + P(X \leq k),\ -0{,}05 \\ P(X \leq k) &\geq 0{,}95 \end{aligned}$$

Der entsprechende Wert kann im Tafelwerk abgelesen werden. Wir erhalten:

$$k = 58$$

Beachte dabei $n = 100$ und $p = 0{,}5$ zu benutzen. Zudem sollte beachtet werden, dass in der Spalte der kummulierten Wahrscheinlichkeit abgelesen werden muss.

Schritt 5:
Gib den Annahme, sowie den Ablehnungsbereich an:

$$A = \{0, ..., 58\} \quad \text{und} \quad \overline{A} = \{59, ..., 100\}$$

Schritt 6:
Der Wert von 47 Studenten, den die Umfrage ergab, liegt also im Annahmebereich.

Zu Teil f):
Ein Fehler zweiter Art wird begangen, wenn eine falsche Hypothese angenommen wird. Gesucht ist also nach der Wahrscheinlichkeit zufällig im Annahmebereich zu landen. Es ist zu beachten, dass hier nun $p = 0{,}6$ benutzt werden muss. Die Stichprobenlänge bleibt unverändert bei $n = 100$.
Wir erhalten für die Wahrscheinlichkeit im Annahmebereich (aus der vorherigen Teilaufgabe) zu landen:

$$P(X \leq 58) \approx 0{,}377$$

Man begeht also mit etwa 37,7 prozentiger Wahrscheinlichkeit einen Fehler zweiter Art.

Zu Teil g):
Es gibt 90! verschiedene Reihenfolgen, wie die Studenten auf die zwei Räume verteilt werden können. Allerdings spielt die Reihenfolge der Studenten innerhalb dieser Räume keine Rolle. Daher muss noch einmal durch deren Anzahl geteilt werden. Es gilt also

$$N = \frac{90!}{50!40!} \approx 6 \cdot 10^{25}.$$

Alternativ hätte man auch von Beginn an den Binomialkoeffeizienten benutzen können.

Zu Teil h):
Es gibt 40! mögliche Reihenfolgen die Studenten auf die acht Fünfergruppen zu verteilen. Allerdings spielt die Reihenfolge innerhalb jeder der Gruppen keine Rolle. Wir teilen also durch $(5!)^8$. Zudem spielt die Reihenfolge der Gruppen selbst keine Rolle. Wir teilen also noch einmal durch 8! und erhalten

$$N = \frac{40!}{(5!)^8 8!} \approx 4{,}7 \cdot 10^{26}.$$

Alternativ kann folgendermaßen argumentiert werden:

Zuerst werden aus 40 Studenten fünf für die erste Gruppe ausgewählt, anschließend aus 35 Studenten weitere fünf für die zweite Gruppe usw. Dies ergibt:

$$\binom{40}{5} \cdot \binom{35}{5} \cdot \binom{30}{5} \dots \binom{10}{5} = \frac{40!}{(5!)^8}$$

Auch hier spielt die Reihenfolge der Gruppen selbst wieder keine Rolle, weswegen noch einmal durch 8! geteilt wird. Man erhält das selbe Ergebnis wie zuvor.

Lösung zu Aufgabe 290

Zu Teil a):
Wenn die Ereignisse $M1$ und $M2$ als unabhängig angenommen werden gilt:

$$P_{M1}(M2) = P(M2) = P_{\overline{M1}}(M2) = 0{,}16$$

Da sich zudem die Wahrscheinlichkeiten auf allen Ästen einer Ebene zu Eins aufsummieren müssen, wissen wir auch

$$P_{M1}(\overline{M2}) = 1 - 0{,}16 = 0{,}84.$$

Damit erhalten wir:

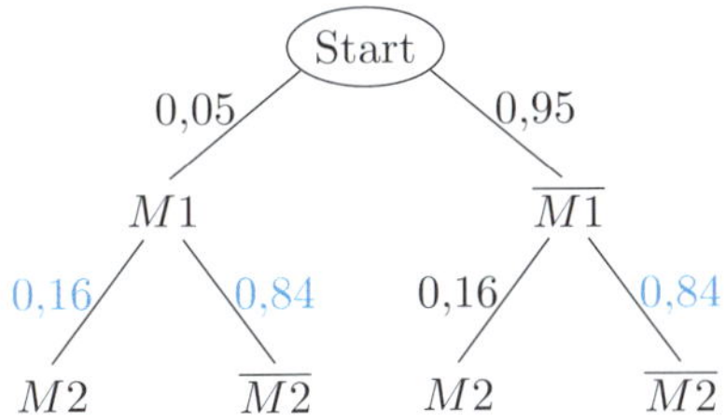

Zu Teil b):
Wir definieren das Ereignis

M: „Ein zufällig ausgewähltes Teil ist mangelhaft."

Um $P(M)$ zu bestimmen bietet es sich an mit dem Gegenereignis zu arbeiten:

$$P_1(M) = 1 - P(\overline{M}) = 1 - 0{,}95 \cdot 0{,}84 \approx 0{,}2$$

Zu Teil c):
Hier ist nach dem erwarteten Gewinn den die beiden Maschinen während der Lebensdauer der neuen Maschine erwirtschaften gefragt. Dazu müssen wir zuerst die

Fehlerwahrscheinlichkeit der zweiten Maschine bestimmen. Hierzu kann wieder die Gegenwahrscheinlichkeit benutzt werden:

$$P_2(M) = 1 - P(\overline{M}) = 1 - 0{,}95 \cdot 0{,}95 \approx 0{,}1$$

Damit erhalten wir für den erwarteten Gewinn der beiden Produktionseinheiten:

$$\mathbb{E}_1(X) = 10^6 \cdot 0{,}8 \cdot 7€ = 5{,}6 \cdot 10^6€$$
$$\mathbb{E}_2(X) = 10^6 \cdot 0{,}9 \cdot 7€ = 6{,}3 \cdot 10^6€$$

Das heißt die neue Maschine erwirtschaftet im Mittel 700.000 € mehr als die Alte. Da sie jedoch in der Anschaffung 800.000 € kostet liegt der erwartete Nettogewinn bei -100.000 €. Die Investition lohnt sich also auf den ersten Blick nicht.

Zu Teil d):
Die Investition kann doch lohnenswert sein, da wir in der Modellrechnung aus Teilaufgabe c) angenommen haben, dass die alte Maschine noch mindestens die gleiche Lebensdauer hat wie die neue. Dies muss nicht der Fall sein. Würde die Alte Maschine beispielsweise nach 200.000 Produktionseinheiten kaputt gehen könnte es lohnenswert sein, von Beginn an die neue Maschine zu nutzen.

Zu Teil e):
Die Nullhypothese muss so gewählt werden, dass der α-Fehler dem Ereignis entspricht, dass vermieden werden soll. Hier gibt es zwei Möglichkeiten:

$$H_0 : p \leq 0{,}1$$
$$H_0 : p \geq 0{,}1$$

Im ersten Fall handelt es sich um einen rechts- und im zweiten um einen linksseitigen Hypothesentest. Im ersten Fall bedeutet der α-Fehler, dass der Mitarbeiter tatsächlich weniger als 10% Fehltage hat, dies jedoch fälschlicherweise abgelehnt wird. Das würde zu einem unberechtigten Kürzen seines Gehalts führen. Das ist genau der Fall der vermieden werden soll. Wir benutzen also die erste Hypothese.

Gesucht ist die Entscheidungsregel k.

Schritt 1:
Bestimme die Nullhypothese:

$$H_0\colon p \leq 0{,}1$$

Schritt 2:
Bestimme die Stichprobenlänge n und das Signifikanzniveau α:

$$n = 100 \quad \text{und} \quad \alpha = 0{,}1$$

Schritt 3:
Stelle den Annahmebereich A, sowie den Ablehnungsbereich $\overline{A}$ allgemein auf:

$$A = \{0, ..., k\} \quad \text{und} \quad \overline{A} = \{k+1, ..., n\}$$

Schritt 4:
Die Wahrscheinlichkeit zufällig im Ablehnungsbereich zu landen muss kleiner sein als das gegebene Signifikanzniveau:

$$\begin{aligned} P(X \geq k+1) &\leq 0{,}1 \\ 1 - P(X \leq k) &\leq 0{,}1 \qquad \qquad \Big| + P(X \leq k), \ -0{,}1 \\ P(X \leq k) &\geq 0{,}9 \end{aligned}$$

Der entsprechende Wert kann im Tafelwerk abgelesen werden. Wir erhalten:

$$k = 14$$

Beachte dabei $n = 100$ und $p = 0{,}1$ zu benutzen. Zudem sollte beachtet werden, dass in der Spalte der kummulierten Wahrscheinlichkeit abgelesen werden muss.

Schritt 5:
Gib den Annahme, sowie den Ablehnungsbereich an:

$$A = \{0, ..., 14\} \quad \text{und} \quad \overline{A} = \{15, ..., n\}$$

Zu Teil f):
Bei einer Bernoulli-Kette wird angenommen, dass aufeinanderfolgende Ereignisse unabhängig sind. Dies ist bei Fehltagen nicht zwingend der Fall. Fehlt ein Mitarbeiter zum Beispiel an einem Tag aufgrund von Krankheit, ist es sehr wahrscheinlich, dass er am nächsten Tag immer noch fehlt.

Zu Teil g):
Wir haben $n = 50$ und $p = 0{,}1$. Damit können wir im Tafelwerk ablesen:

$$\begin{aligned} \text{i)}: &\quad P(X = 5) = 0{,}185 \\ \text{ii)}: &\quad P(X < 5) = P(X \leq 4) = 0{,}431 \end{aligned}$$

Zu Teil h):
Hier handelt es sich um eine klassische 3M-Aufgabe.

Schritt 1:
Stelle den Sachverhalt in einer Gleichung dar:

$$P_n(X \geq 1) \geq 0{,}99$$

Der Index n deutet hierbei an, dass wir die Stichprobenlänge (Anzahl der untersuchten Teile) nicht kennen. Diese ist gesucht.

Schritt 2:
Gehe zum Gegenereignis über:

$$1 - P_n(X = 0) \geq 0{,}99$$

Schritt 3:
Berechne die Wahrscheinlichkeit $P_n(X = 0)$. Die Wahrscheinlichkeit, dass ein Teil einwandfrei ist, beträgt jedes mal $p = 0{,}9$. Also:

$$P_n(X = 0) = (0{,}9)^n$$

Schritt 4:
Setze das Ergebnis in die Ungleichung ein und löse diese auf:

$$\begin{aligned} 1 - (0{,}9)^n &\geq 0{,}99 && \big| -1, \ \cdot(-1) \\ (0{,}9)^n &\leq 0{,}01 && \big| \ln \\ n \cdot \ln(0{,}9) &\leq \ln(0{,}01) \end{aligned}$$

Teilen wir nun durch $\ln(0{,}9)$ dreht sich das Ungleichheitszeichen um:

$$n \geq \frac{\ln(0{,}01)}{\ln(0{,}9)} \approx 43{,}71$$

Man muss also mindestens 44 Teile untersuchen.

Notizen

Notizen

Notizen

Notizen